RNA工学の基礎と応用

Basic and Application of RNA Engineering

監修：中村義一
大内将司

シーエムシー出版

刊行にあたって

RNA 研究の源流は分子生物学の黎明期，年数にして実に半世紀以上前にまでさかのぼる。その当初よりRNAは，生命現象の根幹をなすセントラルドグマに深く関わる重要な分子として認識されてきたものの，その役割はあくまでもDNAと蛋白質との仲介役にすぎなかった。しかしながら，1980年を前後してなされた，一連の転写後プロセスの解明とRNA酵素（リボザイム）の発見によって，RNAが担う予想外の動的なはたらきが明らかにされた。

RNAに関わる予想外の現象はその後も次々と発見され，特にこの10年間になされた業績は，RNA研究を生命科学の檜舞台に押し上げたといっても過言ではないだろう。結晶構造解析によって明示された究極のリボザイムとしてのリボソーム，ヒトゲノムにコードされる予想外に少ないタンパク質遺伝子と逆に大量に存在する非翻訳RNA（non-protein-coding RNA，ncRNA），RNA interference（RNAi）やそれに関連する現象の発見など，まさに生命科学のパラダイムシフトにつながるような研究が並行して進行しているのである。

このような基礎研究の成果は，必然的に応用研究の潮流を引き起こし，医学や分子生物学，細胞生物学，工学，農学等をひろく包括した「RNA工学」と呼ぶべき研究分野をもたらしたのである。RNA工学には，いまだ確立期にあり即実践的な技術とはよべない領域も数多くある。しかしながら昨今の生命科学，とくにRNA研究の進捗状況をみると，これらの技術が我々の身近なところで活躍する日も遠いものではないだろう。その先駆けとなる機能性RNA医薬が2004年12月に米国FDAにより認可され上市された。

本書は，RNAに関する発見の経緯や関連分野の動向が的確にまとめられ，総説として優れているだけでなく，実験のプロトコルを組み込んだ，役に立つ専門書となっている。本書の執筆には，RNA研究，とくにRNA工学分野において，国際的に第一線の研究をおこなっている先生方に，忙しい時間を割いてご協力を頂いた。ここに，深くお礼申し上げる次第である。又，本書の出版を企画して頂いた（株）シーエムシー出版の初田竜也氏のご尽力にもお礼申し上げたい。本書がRNA工学の，ひいては我々人類の明日への一助となれば幸いである。

2005年12月

東京大学　医科学研究所

中村義一，大内将司

普及版の刊行にあたって

本書は2005年に『RNA工学の最前線』として刊行されました。普及版の刊行にあたり，内容は当時のままであり加筆・訂正などの手は加えておりませんので，ご了承ください。

2010年9月

シーエムシー出版　編集部

執筆者一覧(執筆順)

中村義一	(現) 東京大学　医科学研究所　遺伝子動態分野　教授
稲田利文	(現) 名古屋大学　理学研究科　准教授
中村幸治	(現) 筑波大学　生命環境科学研究科　准教授
三好啓太	徳島大学　ゲノム機能研究センター　分子機能解析分野 COE研究員 (現) 慶應義塾大学　医学部　分子生物学教室　助教
塩見美喜子	(現) 慶應義塾大学　医学部　分子生物学教室　准教授
飯田直子	㈱理化学研究所　発生・再生科学総合研究センター 発生ゲノミクス研究チーム　研究員
杉本亜砂子	㈱理化学研究所　発生・再生科学総合研究センター 発生ゲノミクス研究チーム　チームリーダー (現) 東北大学　大学院生命科学研究科　教授
高橋邦明	国立遺伝学研究所　系統生物研究センター　無脊椎動物遺伝研究室　助手
上田龍	国立遺伝学研究所　系統生物研究センター　無脊椎動物遺伝研究室　教授
蓮輪英毅	(現) 大阪大学　微生物病研究所　附属遺伝情報実験センター 助教
岡部勝	(現) 大阪大学　微生物病研究所　附属遺伝情報実験センター 教授
横田隆徳	(現) 東京医科歯科大学　脳神経病態学分野　准教授
仁科一隆	東京医科歯科大学　大学院医歯学総合研究科　脳神経病態学(神経内科)　大学院生 (現) 東京医科歯科大学　大学院脳神経病態学　特別研究員
竹下文隆	(現) ㈱国立がん研究センター研究所　がん転移研究室　研究員
落谷孝広	(現) ㈱国立がん研究センター研究所　がん転移研究室　室長
神津知子	埼玉県立がんセンター　臨床腫瘍研究所　主幹
内藤雄樹	東京大学　大学院理学系研究科
山田智之	東京大学　大学院新領域創成科学研究科　特任助手
程久美子	(現) 東京大学　大学院理学系研究科　生物化学専攻　准教授
森下真一	(現) 東京大学　大学院新領域創成科学研究科　教授

(つづく)

西郷　薫　東京大学　大学院理学系研究科　教授
櫻井仁美　国立遺伝学研究所　生命情報・DDBJ研究センター　研究員
ロベルト・バレロ　(現) Murdoch University Senior Research Fellow
五條堀　孝　(現) 国立遺伝学研究所　生命情報・DDBJ研究センター 副所長・教授
山田佳世子　(元) B-Bridge International Inc.　Business Development
水谷隆之　(元) B-Bridge International Inc.　Business Development Director
大内将司　東京大学　医科学研究所　基礎医科学部門　遺伝子動態分野 助手
小黒明広　東京大学　医科学研究所　基礎医科学部門　遺伝子動態分野 助手
(現) 東京慈恵会医科大学　分子生物学講座　講師
Penmetcha K. R. Kumar　(現) ㈱産業技術総合研究所　バイオメディカル研究部門 主任研究員
井上　丹　(現) 京都大学　大学院生命科学研究科　教授
井川善也　九州大学　大学院工学研究院　助教授
菅　裕明　(現) 東京大学　大学院理学系研究科　化学専攻　教授
舩渡忠男　(現) 東北福祉大学　医療経営管理学科　教授
高橋美奈子　東北大学　大学院医学系研究科　免疫血液病学
(現) おおば医院
羽生勇一郎　千葉工業大学；㈶エイズ予防財団　リサーチ・レジデント
黒崎直子　(現) 千葉工業大学　工学部　生命環境科学科　教授
高久　洋　(現) 千葉工業大学　工学部　生命環境科学科　教授
北原　圭　東京大学　大学院工学系研究科　化学生命工学専攻　大学院生
鈴木　勉　(現) 東京大学　大学院工学系研究科　化学生命工学専攻　教授
和田　猛　(現) 東京大学　大学院新領域創成科学研究科　准教授
宮川　伸　㈱リボミック
北村義浩　東京大学　医科学研究所　先端医療研究センター　感染症分野 助教授
原田和雄　(現) 東京学芸大学　広域自然科学系講座　生命科学分野　教授

執筆者の所属表記は，注記以外は2005年当時のものを使用しております。

目　　次

序　章　RNA入門　　中村義一

第1章　RNA interference(RNAi)とmicroRNA(miRNA)

第2章　アプタマー

第3章 リボザイム

第4章 RNA工学プラットホーム

序章　RNA入門

1　はじめに

中村義一*

1.1　RNA研究の歴史

RNA研究の開始は，今から約半世紀前に遡る。1953年，DNAの二重らせん構造が発見され，遺伝子の複製機構が提唱された。1955年にDNAの遺伝情報とタンパク質配列とを仲介するアダプター分子の存在が予想されると，その翌年には，アダプター分子である「伝令RNA（messenger RNA，mRNA）」と「転移RNA（transfer RNA，tRNA）」が発見された。これらの発見をうけて，1957年，「DNA→RNA→タンパク質」という分子生物学の中央命題，「セントラルドグマ」が提唱された。これらの研究の中から，3塩基の配列が1アミノ酸を指定するというトリプレット仮説が提唱され，具体的な遺伝暗号ルールの解明が進められた。その結果，1965年までに，無細胞タンパク質合成系とtRNA・リボソーム結合実験系を用いて61種類のセンスコドンが決定され，また遺伝学的な解析によって残る3種類が終止暗号であることも明らかにされた（遺伝暗号表の完成）。これと並行して，複数のRNA因子（ribosomal RNA，rRNA）とタンパク質因子から構成されるリボソーム（ribosome）がタンパク質の合成装置であり，タンパク質合成の際にはリボソーム上に結合したmRNAのコドンをtRNAが解読するという考えが確立した。このように，1960年代にセントラルドグマが確立して以来，RNAは生命に不可欠な要素であることが実証されたものの，ゲノム情報の伝達役（mRNA）やタンパク質合成の補助役（tRNA，rRNA）として受動的役割を担っているに過ぎないと考えられてきた。1970年代に入ると，転写や翻訳の装置に関する分子遺伝学や生化学的な研究と並行して，個別の遺伝子の発現調節に関する研究が推進されるようになった。しかし，現在のようなDNAテクノロジー（塩基配列解析と遺伝子組み換えの技術）が登場する以前だったため，RNAに対する受動的なイメージを変えるような発見はなかった。

1977年，それまでタンパク質配列を指示するコドンの単なる羅列にすぎないと考えられていたmRNAのイメージを，根底から覆す発見がなされた。真核生物におけるスプライシングの発

---

*　Yoshikazu Nakamura　東京大学　医科学研究所　基礎医科学部門　教授

見である。さらに，1981年にはひとつのmRNA前駆体から複数の成熟mRNAを作り出す選択的スプライシング（alternative splicing）が発見され，転写後段階でのRNAプロセシングによって配列の再編成がおこなわれることが明らかとなった。これらの研究と並行して，RNAの能動的でダイナミックなはたらきを強烈に印象づけたのが，触媒活性をもつRNAの発見である。1982年，テトラヒメナのrRNA前駆体に存在するイントロンが，自己触媒的にスプライシング反応をおこなうことが報告された。また翌年には，tRNA前駆体の5'リーダー配列の切断をおこなうRNA・タンパク質複合体，リボヌクレアーゼP（RNase P）が，RNA因子単独で反応をおこなうことも発見された。さらに，自己触媒的に切断・連結反応をおこなう比較的小型なRNAモチーフも複数発見され，触媒活性をもつこれらのRNAは，"ribonucleic acid enzyme（RNA酵素）"を省略して，「リボザイム（ribozyme）」と命名された。このように，mRNAスプライシングとリボザイムの発見を契機として，RNAの機能とその存在意義が大きく見直されるようになった。RNAの新しい動的機能の発見という80年代を象徴するように，1989年のノーベル化学賞がCech，Altman両博士の「酵素活性を持つRNA分子」の発見に対して授与され，又1993年のノーベル医学生理学賞がSharp，Roberts両博士の「mRNAスプライシングの発見」に対して授与された。このようにして，「RNAルネッサンス」の黎明期ともよぶべき序章が始まった。

1.2 RNAルネッサンス

1990年代に入ると，RNAの能動的な働きが，多様な生物の多くの遺伝子発現や生命現象の研究の中から次々と明らかになった。mRNAは古典的な設計情報のハードコピーから，量的，質的，あるいは時間的，空間的にその発現を調節する多元的なプログラムを内蔵したソフトコピーへと概念が変貌したのである。さらに，新機能性RNA分子の発見や創製が相次ぎ，RNA擬態性タンパク質も発見された。現在では，RNAは単に遺伝情報の仲介者だけでなく，遺伝子発現の基本過程に深くかかわる分子であることが広く認識され，高次な細胞機能や病気，あるいは生命の起源や分子工学といった領域にも直接関与する分子として注目されている。このように，90年代はRNAの動的機能に関する多様な知見が蓄積し，生命科学におけるRNA科学の重要性を鮮明にした年代ということができる。そして，2000年前後の新世紀への節目で成し遂げられた4つの偉業によって，RNAこそがゲノム情報発現制御システムにおいて中核となる役割を果たしているという生物学における大きなパラダイムシフトをもたらした。

第1に，超RNP（ribonucleo-protein complex）マシーンであるリボソームの構造が解明され，RNAのもつ高いポテンシャルが機能と構造の両面で明らかにされた[1]。さらに，翻訳研究の中から，タンパク質とRNAの分子擬態という生物学の新しい概念も提唱された（図1）[2~4]。第2に，mRNAの特異的分解経路であるRNA干渉（RNA interference，RNAi）や，マイクロ

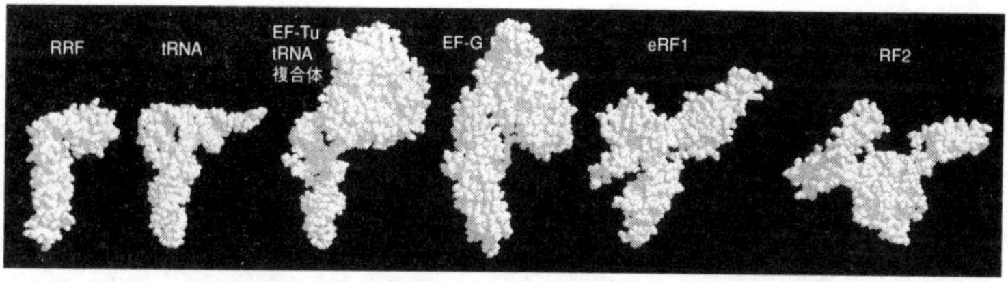

図1　tRNAと翻訳因子の間の分子擬態（space filling model）

X線回折法により翻訳因子の結晶の構造が明らかになった。RRF，*Thermus thermophilus*のリボソーム再生因子（PDB登録コード1EH1）。tRNA，酵母フェニルアラニンtRNA。EF‐Tu:tRNA複合体，*Thermus aquaticus* EF‐Tu/GTP/フェニルアラニンtRNAの複合体（PDB登録コード1TTT）。EF‐G，*Thermus thermophilus* EF‐G/GDP複合体（PDB登録コード1DAR）。eRF1，ヒトのペプチド鎖解離因子（PDB登録コード1DT9）。RF2，大腸菌のペプチド鎖解離因子2：RF2の単体結晶構造（PDB登録コード1GQE）をリボソーム複合体上のRF2クリオ電子顕微鏡構造（PDB登録コード1ML5）へ変換した（豊田友彦博士提供）。

RNA（miRNA）によるmRNAの翻訳抑制，染色体の構造変換による遺伝子発現抑制にRNAが能動的な役割をもつことが発見されたことである[5]。第3に，ヒトゲノム配列の解明により，ヒトのタンパク質の遺伝子の総数は22,000程度（ハエ並）であり，mRNAの選択的スプライシングによって20～30万種類のタンパク質が生み出されることが明らかになった。第4に，ゲノム研究と転写産物の網羅的解析によって，タンパク質をコードしないRNA（noncoding RNA, ncRNA）が多数発見されたことである。そして，ノンコーディングRNAの数は生物の複雑さに応じて増加し，高等生物の頂点にたつヒトでは，転写産物の98％もがノンコーディングRNAによって占められることが明らかになった[6,7]。これらの事実は，生物の複雑度を構築する上で，ノンコーディングRNAこそが複雑な生命システムの中核的役割を果たし，DNA/RNAのみならずタンパク質とも相互作用することによって，（ゲノム情報発現の新セントラルドグマともいうべき）複雑なゲノム情報発現制御ネットワークを形成するものであろう。

このように，ゲノム研究の「外風」とともに，RNA研究の内部にも強い「内風」（リボソームの結晶構造・分子擬態・新機能性RNAの発見等）が吹いて，新たなコンセプトを生みだす複数のブレークスルーが同時に進行し，RNAの重要性が広く認識されるようになったのである。このように，脇役からポストゲノムの桧舞台に躍り出たRNA研究だが，むしろ生命の誕生を触媒し，その根幹を支えてきたRNAの役割を深く洞察すれば，ようやく時代の進歩がRNAの重要性をキャッチアップしたと言うべきであろう。今，我々は「RNAルネッサンス」とも呼ぶべき時代にたっているのである。

1.3 RNA医工学と疾患

RNAi（RNA干渉）は，1998年に発表されて以来わずか数年で，すっかり遺伝子機能を解析するためのスタンダードな手段になった[5]。この技術の恩恵に与った研究者は数知れない。またこの技術の医療への応用も急速に進展している。RNAiによる遺伝子抑制機構は生体内に元々存在する遺伝子抑制メカニズムを利用していることが従来の核酸製剤と異なっており，このような性質をもつ機能性RNAは薬剤として広範に利用できる潜在力を有している。現在，研究開発の対象となっている機能性RNAの大部分は，RNAiを始めとして，遺伝子の配列相補性に依存して作用するものであり，これらの性質を利用するRNA薬剤は，高い治療効果と少ない副作用を備える優れた薬剤になりうる。感染症の場合，本来ヒトがもたない遺伝子配列を標的とすれば，きわめて薬効の高い薬剤を開発することが期待できる。しかしながら，機能性RNAの中には，遺伝子の配列相補性に依存せずに，高次構造を形成して標的タンパク質等に特異的に結合する抗体もどきの分子（アプタマー，後述）も存在する。配列相補性に依存した機能性RNAは，ノンコーディングRNA全体の中のごく一部にすぎず，その大部分は配列相補性に依存せずに働く分子（天然アプタマー）と考えられる。すでに，加齢黄斑変性症の治療薬として血管内皮細胞成長因子（VEGF）に対するRNAアプタマーが2004年12月に米国FDAにより認可され，第1号のアプタマー医薬（商標Macugen）が上市された。これを契機に，RNA医薬の開発が世界的に加速されている。

翻って，RNAと病気との関連について考えてみても，ガンや生活習慣病などの「ありふれた病気」の原因と発症の機序においていまなお未解明の多くの点が，新機能性RNAによって説明できる可能性があり，新たな医療や診断の方法を提供するものと期待される。ちなみに，RNA順遺伝学及び逆遺伝学的手法を用いた個体レベルでの解析により，1990年代以降，急速に，RNA結合タンパク質や機能性RNAによるゲノム情報発現調節機構が体軸決定，性決定，生殖細胞形成等の高次生命現象に果たす役割が明らかになってきた。また，最近では，神経系の発達と機能さらには幹細胞の増殖や分化にRNA情報発現系が極めて重要な役割を担っていることがわかってきた。このような結果に呼応するように，RNA機能発現の異常によると考えられる疾患が次々に見つかってきている。これらの疾患の中には，脆弱X症候群のようにRNAi分子装置の異常がその原因として疑われるものや，リボソームタンパク質遺伝子の突然変異によるダイアモンドーブラックファン貧血のように，生物にとってあまりに本質的すぎるため疾患という観点からはむしろ無視されてきたものの異常が疾患と関連しているということも明らかとなってきている。このような疾患の分子機序を理解することで，RNAが高次生命現象に果たす役割を解明することが可能になるものと期待される[8]。

1.4　展望

今，我々は，分子生物学の開拓期にRNAが注目されて以来，初めて本質的な意味でRNAの機能が再認識され，サイエンスに対して革命的な影響を与えるであろう「RNAルネッサンス」の時代に遭遇している。ルネッサンスには，中世の抑圧的な教会支配からの人間性の開放という意味と同時に，本質的・根源的なものへの回帰という意味がある。「RNAルネッサンス」は，このいずれにも該当するように考える。「RNAルネッサンス」は学術的なルネッサンスにとどまらず，新たなテクノロジーを開拓し新産業を創成する可能性を秘めている。RNA創薬は，一時期，アンチセンスやリボザイムの利用によって大きな期待を集めた。しかし，多くの試みが頓挫し，期待は大幅に後退。このような時代を経て，RNAiが発見され，今再び，RNAiを利用した医薬品の開発に期待が集まっている。同時に，人工進化RNAを利用した新しい医薬品の開発研究も進んでいる。「RNAルネッサンス」は学術分野のみならず工学分野でも進行し，大きな期待を集めている。このように，生物の複雑さを決めているのはなにかという謎の解明のみならず，統合的なRNA機能に関する研究は，生命の起源を含めた生体システムの本質的な理解に寄与し，さらに新機能性RNA分子の発見・創成や医工学分野への応用が期待される。

用　語　解　説

分子擬態：ある生体分子が，収斂進化によって，起源が異なる別の生体分子と構造上（ならびに機能上）の類似性を示すことを，動植物の擬態になぞらえて分子擬態と言う。翻訳因子群のtRNA擬態やヌクレアーゼ阻害因子のDNA擬態等が知られている。

noncoding RNA：転写されたRNAの中でタンパク質に翻訳される領域を持たないRNA。rRNA，tRNA，snRNAがその代表例。しかし，最近，RNAに転写されるゲノム情報の実に97-98％がnoncoding RNAであり，しかも，これらの多くが機能性RNAとして働いていることが明らかになってきた。

文　　献

1） 鈴木勉，渡辺公綱：蛋白質 核酸 酵素，**46**: 1268 - 1276,（2001）
2） Nissen, P., Kjeldgaard, M., Thirup, S., *et al.* : *Science*, **270** : 1464 - 1472,（1995）
3） Ito, K., Uno, M. & Nakamura, Y. : *Nature*, **403** : 680 - 684,（2000）
4） Nakamura, Y. & Ito, K. : *Trends Biochem. Sci.*, **28** : 99 - 105,（2003）
5） Hannon, G. J.編（中村義一，日本語版監修）: RNAi : A Guide to Gene Silencing, Cold Spring Harbor Laboratory Press,（2003）（日本語版，メディカル・サイエンス・インターナショナル，2004）
6） Mattick, J. S. : *Scientific American*, October p60 - 67,（2004）
7） Taft, R. J. & Mattick, J. S. [online] http:// www.arxiv.org / abs / q - bio.GN / 0401020,（2003）
8） 中村義一・塩見春彦編：「躍進するRNA研究」実験医学，**22**,（2004）

2 RNAとは（RNAの物性と代謝）

稲田利文*

RNAはRibonucleotic acidの略で，日本語名リボ核酸である。塩基と糖とエステル結合リン酸基からなる。同じ核酸であるデオキシリボ核酸（DNA）がフラノース型のβ-D-2-デオキシリボース（図1B）を持つのに対して，RNAフラノース型のβ-D-リボース（図1A）を持つ。RNAの2'-OH基が，RNAが不安定である原因であるとともに，RNAが様々な高次構造を形成し，酵素活性を示す物理的要因ともなっている。

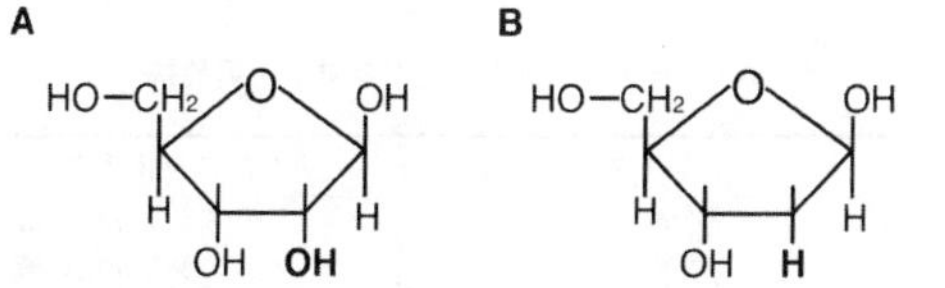

図1　β-D-リボース（A）とβ-D-2-デオキシリボース（B）の構造式

またDNAに含まれる塩基は，アデニンとグアニン（プリン塩基），シトシンとチミン（ピリミジン塩基）であるのに対して，RNAに含まれる塩基は，アデニンとグアニン（プリン塩基），シトシンとウラシル（ピリミジン塩基）である（図2）。

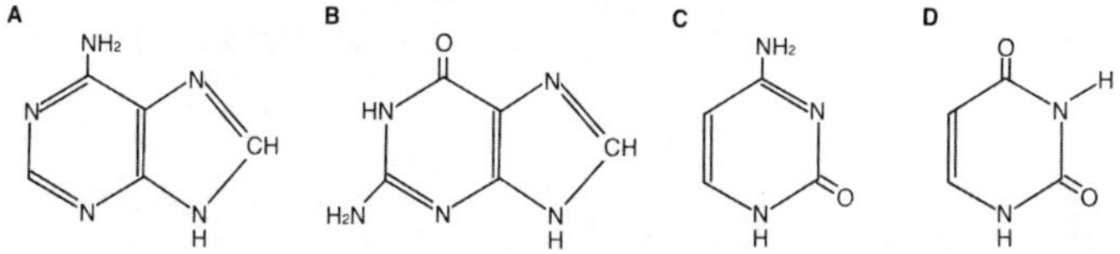

図2　RNAに含まれる塩基アデニン（A）とグアニン（B）シトシン（C）ウラシル（D）の構造式

プリンやピリミジン塩基がD-リボフラノースのC-1にN-β-グリコシド結合したものは，**リボヌクレオシド**と呼ばれる（図3）。プリンはN-9の位置で，ピリミジンはN-1の位置で結合する。

ヌクレオシドにリン酸がエステル結合したものを**ヌクレオチド**という。リボヌクレオチドの略称は以下の表1に示す。ATP（アデノシン3リン酸）は細胞のエネルギー通貨として特に重要であり，リン酸無水物の結合の加水分解により大きなエネルギーが遊離する。

環状ヌクレオチドについては，グアノシンもしくはアデノシンの3', 5'環状ジエステル（cGMP, cAMP）の作用について様々な生物において詳細に解析されている。

---

* Toshifumi Inada　名古屋大学　理学研究科　生命理学専攻　助教授

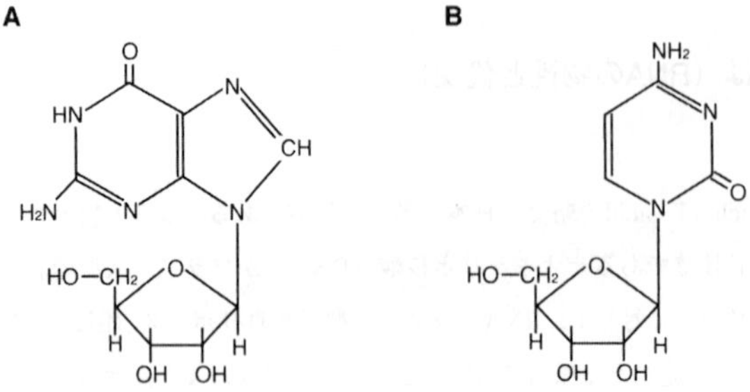

図3　ヌクレオシド（グアノシン(A)とシチジン(B)）の構造式

表1　ヌクレオシドとヌクレオシドの略称

塩基	リボヌクレオシド		リボヌクレオチド（5'リン酸）	
アデニン	アデノシン	A	アデノシン5'リン酸	AMP
グアニン	グアノシン	G	グアノシン5'リン酸	GMP
シトシン	シチジン	C	シチジン5'リン酸	CMP
ウラシル	ウリジン	U	ウリジン5'リン酸	UMP

2.1　RNAの共有結合構造

リボヌクレオチド同士が3' 5'ホスホジエステル結合して糖とリン酸が1つおきにつながったのがRNAの主鎖であり，ヌクレオチド残基の重合体（ポリマー）をポリヌクレオチドという（図4）。

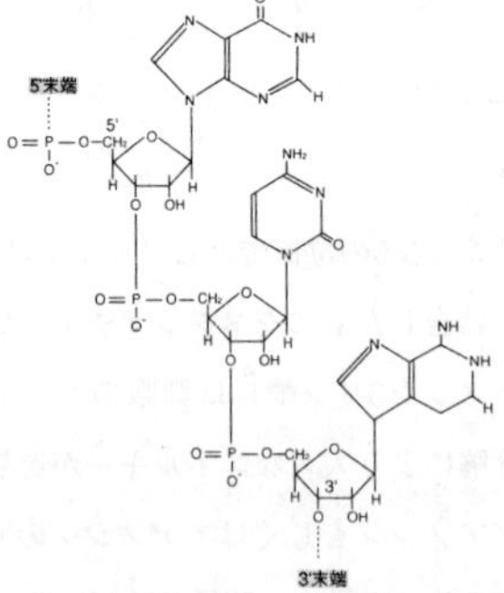

図4　トリリボヌクレオチドの構造式

2.2　修飾塩基

RNAには多様な修飾塩基が存在している。tRNAには，シュードウリジン（Ψ）やジヒドロウリジン（D），リボチミジン（m^5U）など，多くの修飾塩基が存在する（図5）。これらの修飾塩基はmRNA上のtRNAのコドンとCCA末端とがリボソーム内で正しい空間的配置をとるよう，tRNA自身がL字型構造を保持する様な役割を果たしている。コドンとアンチコドンの認識に重要な役割を果たしている修飾塩基としてはイノシンがある。イノシンはtRNAのアンチコドン1文字目に多く存在し，コドンの3文字目と塩基対を形成する“ゆらぎ塩基対”（wobble base pair）を形成する結果，1つのtRNAで複数のコドンに対応することができる。またミトコンドリアには2-タウリノミチル-2-チオウリジン（tm^5s^2U）や，キューオシン（Q），5-ホルミルシチジン（f^5C）などが含まれるが，これらもアンチコドン1文字目に存在し，コドンとアンチコドン間の認識に重要な役割を果たしている。

rRNAに多く存在する修飾塩基はシュードウリジン（Ψ）と2'-O-メチル（Gm）であり，リボソームの活性中心であるPTC（ペプチド鎖転移反応中心）周辺に多く存在する。部位特異的な修飾を担うのが核小体に存在する核小体低分子RNA（small nucleolar RNA: snoRNA）である。このsnoRNAはRNA修飾酵素であるタンパク質因子とRNA-タンパク質複合体（snoRNP）を形成し，snoRNAとrRNA間の塩基対形成によってrRNA上の基質となる塩基を決定し，塩基特異的な修飾を行う。

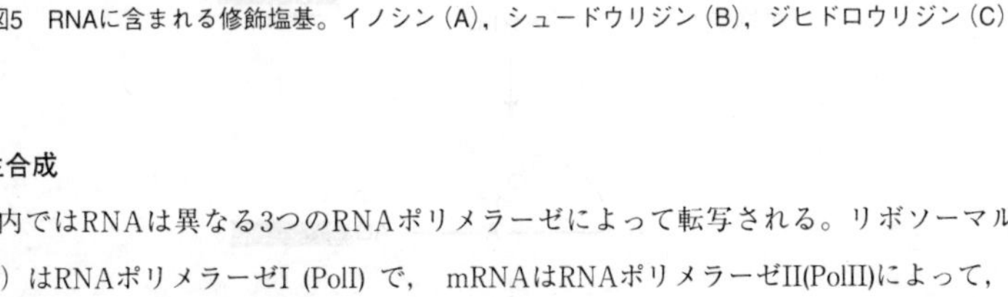

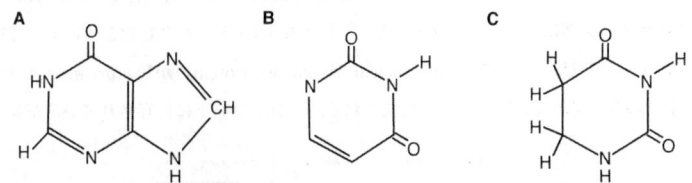

図5　RNAに含まれる修飾塩基。イノシン（A），シュードウリジン（B），ジヒドロウリジン（C）

2.3　生合成

生体内ではRNAは異なる3つのRNAポリメラーゼによって転写される。リボソーマルRNA（rRNA）はRNAポリメラーゼI (PolI) で， mRNAはRNAポリメラーゼII(PolII)によって，tRNAはRNAポリメラーゼIII(PolIII)によって転写される。mRNAの場合，5'末端にキャップ構造（m^7Gpppp）が付加される（図6）。末端のm^7G構造は共通であるが，第1及び第2のヌクレオチドの2'-OH基がメチル化されている場合（m^7GppppN1mpN2mp）が動物細胞では多い。また3'端にはほとんどの場合，ポリ（A）が付加される。ポリ（A）がmRNAの核外輸送や翻訳開始効率を促進する役割が明らかになっている。

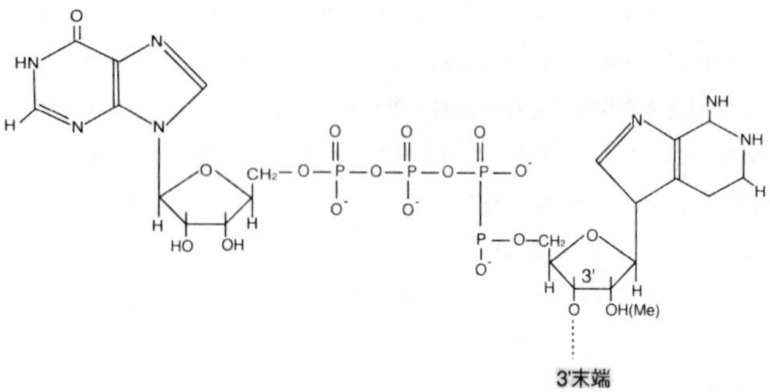

図6　キャップ構造

2.4　加工

mRNAの成熟化過程

スプライシング：真核生物の場合，RNAポリメラーゼによって合成されたmRNAはタンパク質に翻訳されないイントロンと呼ばれる部分を含む。その後，mRNAを切断してイントロン部分を取り除き，タンパク質に翻訳されるエキソン部分の再結合により成熟化型のmRNAができる(図7)。スプライシングはスプライソソームという巨大なRNA-タンパク質複合体によって行われる。U1, U2, U4/U6, U5 snRNP（small nuclear ribonucleoprotein）が順次pre-mRNA（前駆体mRNA）上で会合して行くことによって形成される。イントロン上に保存されている配列（5'ス

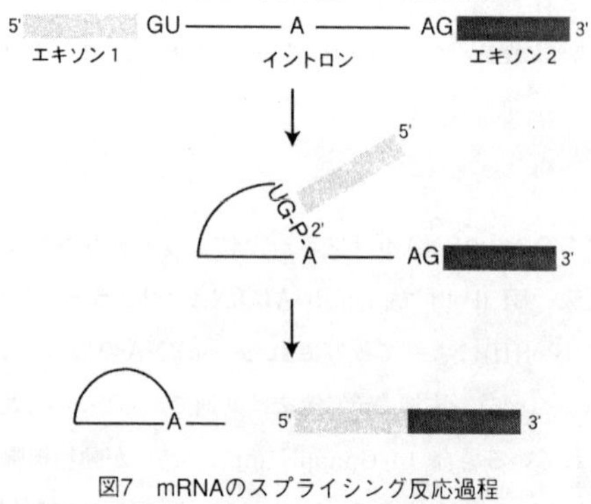

図7　mRNAのスプライシング反応過程

プイライシング配列， 3'スプイライシング配列，ブランチポイント配列）をsnRNPが認識し，ライアット構造を持ったイントロンが切り出される。ヒトのゲノム配列から予想される遺伝子の総数は，実際に存在するタンパク質の種類の総数より遥かに少なく，選択的スプライシングが多様性を獲得する機構として極めて重要である。

<u>エディティング</u>：転写後のRNAの塩基が挿入，欠失，置換などにより翻訳可能な成熟化型mRNAになる過程をRNAエディティングと呼ぶ。RNAエディティングは多くの生物種で発見されており，植物の葉緑体とミトコンドリア，原生動物（トリパノソーマ）のミトコンドリア，粘菌でも発見されている。高等動物でも脂質代謝に重要なアポリポタンパク質BのmRNAで発見され，チミンデアミナアーゼを含む複合体によってエディティングが行われる。その後神経細胞のグルタミン酸受容体mRNAにおける塩基置換が発見された。植物の葉緑体におけるRNAエディティングはトウモロコシ葉緑体のリボソームタンパク質L2で最初発見され，開始コドンを生成するようなACG コドンからAUGコドンへの変換であった。葉緑体におけるRNAエディティングは一般的にCからUへの置換であり，ORF 内でも起こる。

<u>tRNAの成熟化過程</u>：前駆体tRNAはpolIIIによって転写されるが，5'端と3'端部分に，それぞれリーダー領域，トレーラー領域と呼ばれる配列を持つ。原核生物ではRNaseP, E, III などのエンドヌクレアーゼによって切断された後，RNaseII, RNaseBN, RNasePHにより5'端と3'端部分が削除（トリミング）される。その後，アミノ酸を受容するCCA配列が付加酵素により付加され，成熟体tRNAとなる。真核生物の場合も5'端と3'端部分が核内で除去されるが，さらに修飾等をうけた成熟体tRNAのみが核外へ輸送される。最近イントロンを持つtRNAの再結合が細胞質で行われ，tRNAが核と細胞質を頻繁にシャトル（行き来）することが明らかになった。tRNAの成熟化過程と品質管理に関しては，まだ解決すべき問題が残っている。

<u>rRNAの成熟化過程</u>：rRNAの成熟化過程はリボソームのアセンブリーと共役して行われる。原核生物では30S前駆体rRNAはRNase IIIによってpre-16S, pre-23S, pre-5Sに切断されたのち， 5'端と3'端部分が削除（トリミング）され成熟体が形成される。リボソームが試験管内でrRNAリボソームタンパク質のみで自己集合することが野村博士らによって証明された。近年Eraなどの低分子GTP結合タンパク質がリボソームのアセンブリーに関与することが明らかになり，生体内におけるリボソームのアセンブリーの分子機構の解析が進められている。

真核生物でのrRNAの成熟化は核内で行われるが，リボソームのアセンブリーと共役している。リボソーマルRNA（rRNA）は18S, 5.8S, 25Sを含む35S pre-rRNAとして転写されるが，リボソームタンパク質が結合し，90S pre-ribosomeとして存在している。その後の成熟化過程は大変複雑であるが，ラージサブユニットの場合は66Sスモールサブユニットの場合は43Sを経て細胞質へ輸送され，成熟体となる。このアセンブリーの特異的な段階に関与する因子にタグ配列を付加

し，生成されたアセンブリー中間体（nascent ribosome: 新生リボソーム）を精製することで，各段階で存在するrRNAやリボソームタンパク質，また成熟化に関与する様々な因子の同定が進められている。核内での成熟化の過程で，snoRNPによるrRNAの塩基特異的な修飾も行われる。

2.5 分解等

RNA 鎖の切断反応：

RNAを37℃で18時間0.3M NaOHで処理すると定量的にヌクレオシド2'リン酸もしくはヌクレオシド（2',3'）-リン酸になる。これは塩基性の条件下でRNAの2'-OH基がアルコキシド基になり，3'に結合しているリン原子を攻撃する結果生じる。この反応は加水分解ではなく，分子内でのリン酸エステルの移動によってポリヌクレオチド鎖は切断される（図8）。RNaseによる切断はこのリン酸エステルの移動を促進することによってRNAを効率よく切断する。RNaseAの切断反応の解析から，この酵素は一般酸塩基触媒反応を行うとともに，2'-OH基と5'オキシアニオンが直線上に位置するように基質であるRNAの構造を変化させることでも反応を促進させている。

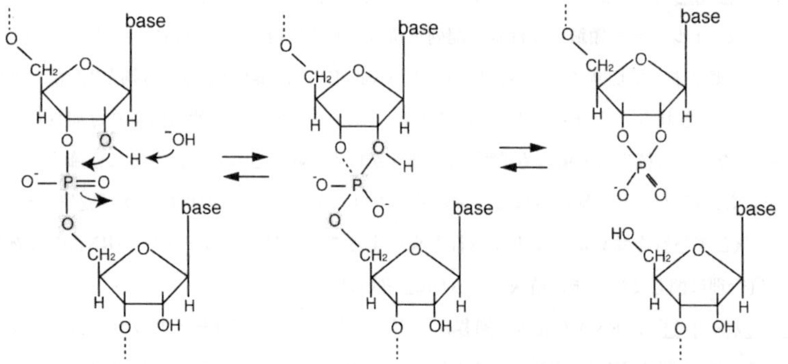

図8 分子内でのリン酸エステルの移動によるRNA鎖の切断の反応過程

分子内リン酸エステルの移動によるRNA鎖の切断は，低い効率でありながら中性条件下でも起こる。その反応効率は2'-OH基とリン酸原子とリン酸基を含まない側の5'の酸素原子との空間的位置に依存する。具体的にはこれらの原子が直線上に位置した場合に効率のよいリン酸エステルの分子内移動が起こる。その為，RNAの全体的な立体構造が特定の部位でのRNA鎖の切断効率に影響する。このことを利用し，中性条件におけるRNAの自己反応は，異なる条件下でのRNA鎖の高次構造の解析手法として用いられている。通常のRNaseT1や化学修飾剤を用いた解析が塩基特異的であるのに対して，この方法は基本的には塩基に依存しない。この手法を用いてBreaker博士らは原核生物で，リボスイッチ（riboswitch）を発見した。リボスイッチ

(riboswitch）とは，RNA鎖が低分子の代謝産物と直接結合して構造を変化させることにより遺伝子発現を制御する機構である。シス因子として下流のmRNAの翻訳効率を制御するリボスイッチが，明らかになっている。

RNaseの種類と反応機構：

リボヌクレアーゼ（RNase）には，RNAに作用して，ヌクレオチド鎖の3'末端または5'末端から1つずつヌクレオチドを切断してモノヌクレオチドを生ずるエキソリボヌクレアーゼと，ヌクレオチド鎖の内部の3', 5'ホスホジエステル結合を切断してオリゴリボヌクレオチドを生ずるエンドリボヌクレアーゼがある。エンドリボヌクレアーゼには3'-ヌクレオチドと，5'-ヌクレオチドを生成するものに分類される。

3'-ヌクレオチドを生成するRNaseは環状化RNaseと呼ばれ，RNA鎖の分子内でのリン酸エステルの移動による切断と，これに続く加水分解反応によってRNA鎖を切断する（図9）。このRNaseには塩基特異性の異なる多くのRNaseが含まれる。グアニル酸残基の3'側のホスホジエステル結合を切断するグアニン特異的RNase（RNaseT1），プリン残基特異的RNase（RNaseU2），ピリミジン特異的RNase（RNaseA），塩基非特異的RNase（RNaseT2）などが知られている。

5'-ヌクレオチドを生成するRNaseには，RNAの高次構造を認識するRNaseが含まれる。例えば，2重鎖RNAを切断するRNase IIIやDNA-RNAのハイブリッドのRNA鎖を切断するRNase H, tRNAの前駆体を切断するRNase Pなどがある。

RNaseIIIの機能構造解析：

真核生物における中心的な転写後制御としてのRNAiの発見以来，二本鎖RNAを認識し切断するヌクレアーゼに対する興味が高まっている。RNaseIIIは代表的な二本鎖RNA（dsRNA）特異的切断酵素であり，最もよく解析されている二本鎖RNA（dsRNA）特異的エンドリボヌクレアーゼである。RNaseIIIが二本鎖RNAを特異的に認識し切断する分子機構は遺伝学的，生化学的解析に加え，構造の面からも解析が進んでいる。RNaseIIIの二本鎖RNA（dsRNA）ドメインの構造がNMRにより決定され，逆平行の3つのβ-シートの同じ面の側に2つのヘリックスが位置する，αβββα構造であった。この構造はすべての二本鎖RNA結合モチーフ間で保存されている。アフリカツメガエルの二本鎖RNA（dsRNA）タンパク質XlrbpAと10塩基からなる二本鎖RNAとの共結晶構造解析から，認識機構が明らかになった。2つのα-ヘリックスが同軸上で並び，二本鎖RNAの片側の面と主に水素結合により相互作用していた。この相互作用には塩基は関与しておらず，塩基配列非特異的な認識を説明できる。Aquifex aeolicus 由来のRNaseIIIの構造を用い，触媒ドメインと二本鎖RNAとの複合体モデルが作られた。このモデルによると，RNase IIIは23塩基対のdsRNAと結合し，2つの複合活性部位が独立的に切断活性を行って，2塩基の3'突出端を持った9塩基対のdsRNAを生成する。

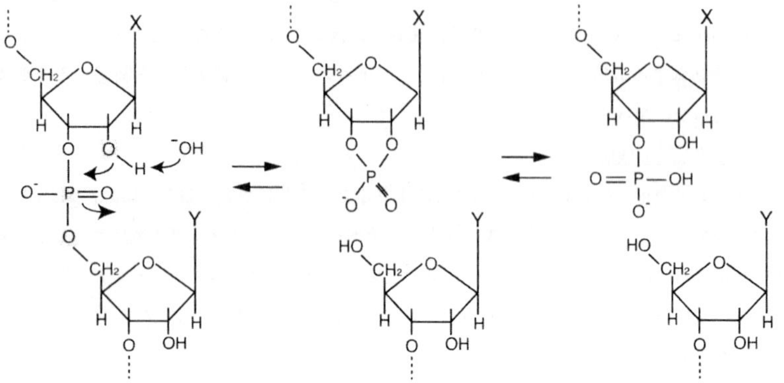

図９　環状化RNaseによるRNA鎖切断反応
X=G：グアニン特異的RNase (RNaseT1)
X=C,U：ピリミジン特異的RNase (RNaseA)
X =A,G：プリン特異的RNase (RNaseU2)

2.6　RNaseを用いた解析

個々のRNaseは，その特異性を利用した様々な実験に用いられている。その幾つかについて簡単に説明する。

（1）RNase protection法；

細胞内に存在するmRNAの種類と量を決定する方法としては，ノーザン法が一般的であるが，感度が良くかつ比較的容易な方法としてはRNase protection法が挙げられる（図10）。RNAサンプルとラベルされたアンチセンス鎖RNAプローブ（リボプローブ）をハイブリダイズさせ，標的RNAと2重鎖を形成しなかったRNAプローブを一本鎖RNA特異的RNaseであるRNaseT1, RNaseAで処理する。残されたRNAプローブをアクリルアミド等で分離し，オートラジオグラフィ等で検出する方法である。

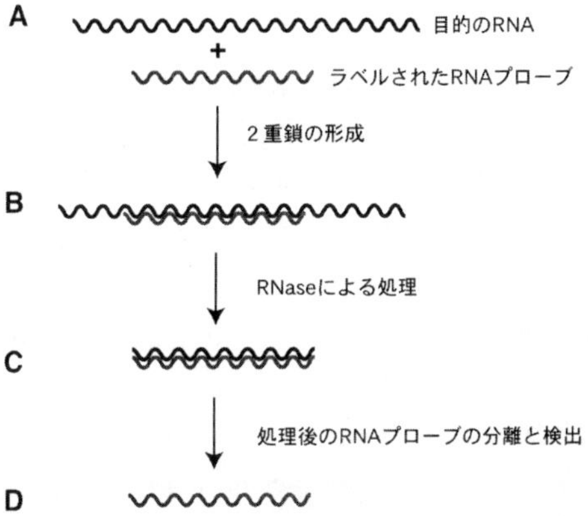

図10　RNase protection法

（2）RNaseによるfoorprinting法；

RNAの機能を解析する為には，RNAの形成する複雑な高次構造を解析することが必要である。RNAの高次構造を明らかにする為に，化学修飾等の方法に加え，RNaseによる部分的消化実験が用いられる。ラベルされたRNAを一本鎖RNA特異的RNaseであるRNaseT1, RNaseAで緩やかな条件で処理すると，一本鎖になった部分を優先的に切断する為，RNAのどの領域が1本鎖あるいは2本鎖を形成するか解析することができる。

（3）ポリ（A）鎖長の決定法；

真核生物のmRNAにはポリ（A）鎖が付加されているが，ポリ（A）鎖の長さはmRNAの安定性や翻訳効率に大きな影響を与える。mRNAのポリ（A）鎖の長さを決定する方法としては，RNase Hを用いた方法が一般的である。目的のmRNAから100ヌクレオチド程度上流の領域にオリゴヌクレオチドをハイブリダイズさせた後に，DNA-RNAのハイブリッドのRNA鎖を切断するRNase Hで処理する。処理後のRNAをアクリルアミド等で分離し，ポリ（A）鎖の上流領域のプローブを用いてポリ（A）鎖を含む3'-UTR（非翻訳領域）領域の長さを決定することができる。

RNAの試験管内合成

RNAの生化学的解析には，精製されたRNAが相当量必要となる場合が多い。試験管内で目的のRNAを合成する方法は以下の様な方法が一般的である。バクテリオファージ由来のT7等のRNAポリメラーゼに認識されるプロモーターの下流に目的の配列を挿入したプラスミドを作製する。制限酵素で直鎖状にした後，基質NTPとRNAポリメラーゼを加え反応を行い，RNA産物を確認し精製する。

2.7 RNAの構造と機能

RNAの立体構造と機能は，単純な二重らせん構造をもつDNAと比較した場合，はるかに複雑多様である。RNAの塩基は，A,C,G,Uの4種類であり，これらは「AとU」,「CとG」間での水素結合に加えて「GとU」,「GとA」の会合様式を持つ。この多様な塩基対形成により，DNAよりはるかに複雑な立体構造を形成することができる。さらに，多くの修飾塩基も，RNAの多様な機能と構造に重要な役割を果たしている。

1980年代に触媒機能を持つRNAであるリボザイム（ribozyme）がCech博士らにより発見され，セントラルドマにおける遺伝情報の仲介分子としてだけでなく，RNAの持つ多様な活性や機能が明らかになった。最初のリボザイムは自己スプライシング機能を持つrRNAとしてテトラヒメナで発見された。それと同時期に，tRNAの5'端のプロセッシングを行う酵素RNasePの活性がRNAに担われていることが，志村博士，Altman博士，Pace博士らによって明らかになった。さらに，RNAが形成する多様な局所構造（ハンマーヘッド，ヘアピンなど）が，自己切断機能を持つことが明らかになり，RNAが持つ機能とそれを担う高次構造の研究が飛躍的に進んだ。

リボザイムの発見は，タンパク質のみでなくRNAも触媒（酵素）活性を持って機能しうることを明確にし，RNA研究のみならず生命科学全体に大きな影響を与えた。リボソームによるタンパク質合成にrRNAが必須であることは，Noller博士らによる生化学的な解析から明らかにされた。また，最近のリボソームのX線結晶解析により，ペプチド鎖転移反応の活性中心にはタンパク質が存在しないことが示され，リボソームによるタンパク質合成の中心はrRNAであることが明確になった。さらに，核内でのmRNAのスプライシングは，スプライソゾームと名付けられた巨大なRNA-タンパク質複合体によって行われるが，その活性中心もRNAであることが示されている。その後，機能未知のRNA分子の機能解析が進み，テロメラーゼRNAやtmRNA等の機能性RNAが発見されてきたが，広汎な生命現象に関与し，最近特に注目されているのはRNAiである。21-23ヌクレオチオドからなる低分子RNAの生成過程，siRNAによる標的mRNAの切断活性の分子機構の解明やその生体内での役割，またmiRNAによる標的遺伝子の発現抑制機構等，について精力的に研究が進められている。

生命の基本は遺伝と代謝であるが，代謝産物がRNAに直接結合して構造を変化させ，翻訳段階で発現を制御することが原核生物で最近明らかになり（前述），リボスイッチという概念が提唱されている（図11）。現在までに同定されているリボスイッチはシス因子として機能し，代謝産物への結合を介して下流の遺伝子の翻訳開始効率を制御している。リボスイッチの発見は，遺伝子発現のみならず，代謝反応に関与するRNAが存在する可能性を示唆しており，RNAワールド仮説の実験的検証につながるものと考えられる。

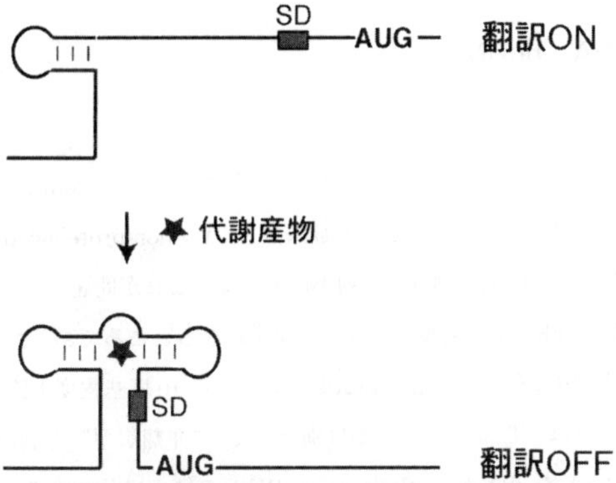

図11　リボスイッチによる翻訳制御の概念図

3　非翻訳型RNA（ncRNA）

中村幸治*

生体内のRNAを2つのクラスに分けるとタンパク質をコードするmRNAと，タンパク質をコードせず，転写後，RNAとして機能する非翻訳型RNA（non-protein-codimg RNA, ncRNA）に分けられる。ncRNAはその名の通り，配列中に大きな（これが問題であるが）ORFをもたず，RNAとして機能する。ncRNAの定義はしばしば論議になるところであるが，原核生物では，明瞭で，ORFが仮に配列中に存在しても，翻訳開始コドンの10塩基程度上流にリボソーム結合配列（SD配列）がなければ，機能性かどうかは別として，“非翻訳型”と判断される。ncRNAの代表的なものは，tRNAやrRNA，spliceosome RNAの構成成分であるsmall nuclear RNA（sRNA），rRNAやUsnRNAの修飾ガイドとして機能するsmall nucleolar RNA（snoRNA），シグナル認識粒子（signal recognition particle, SRP）の構成成分であるSRP RNA（7SL RNA）などがある。これらは生体内で重要な機能を持ち，その機能は十分解明されている。しかし，多くのncRNAはその機能についてはよくわかっていないが，ncRNAは多くの生物種で発見され，予想以上に多くの種類のncRNAが存在することから，機能も多彩であるとの認識に至った[1]。

ncRNAの代表的な例であるmicroRNA（miRNA）やsmall interfering RNA（siRNA）については，他の章で詳細にふれられているので，ここでは特に，真正細菌で多彩な機能を示すncRNAについて，中心に述べたい[2]。

3.1　生体内で安定に存在するncRNAの探索

ncRNAの機能解析が進むにつれ，これまで予想もしなかった機能をncRNAが持つことが明らかとなってきた。特に，後述するように細胞が環境中のストレスを感知し，これに対応するために様々な遺伝子の発現を制御していることが明らかとなってきた。ゲノム解析が進み，多くのモデル生物でそのゲノム塩基配列が決定され，そのORFの解析が進む中，予想以上に，多くのncRNAが存在することが示唆されてきた。この中で，電気泳動で直接検出でき，安定に存在するRNAに注目して，その同定・機能解析を行う研究が行われた。現存し，最小の大きさのゲノムを持つと考えられるマイコプラズマにおいては，1993年に，*Mycoplasma capricolum*において，MCS1～6の6種類のncRNAが同定されている。MCS1, MCS5, MCS6については，機能解析が進められ，さらに，その後，MP200, MP170と命名された2種類のncRNAが，*Mycoplasma pneumoniae*と*M. genitalium*において発見されている[3]。このうち，10SaRNAは，後に，

* Kouji Nakamura　筑波大学　生命環境科学研究科　助教授

tmRNAと名付けられ，終止コドンを持たない翻訳途中のmRNAを認識し，翻訳終結を誘導させることが明らかとなり，ncRNAが持つ新たな遺伝子発現制御機構となった。しかし，興味深いことに，最小のゲノムを持つマイコプラズマ属で見出されたncRNAは，他の生物でも共通していると考えられたが，これまで，tmRNA以外，広く共通して保存されているRNAは見出されていない。大腸菌では，tmRNAやRNAseP RNAの他にも，OxyS RNAや6S RNAなど併せて10種類のncRNAの存在が報告されていた[4)]。しかし，長年，その機能解析には至らず，ncRNAの機能解析の困難さを提示していた。一方，枯草菌の全RNAを抽出し，電気泳動した結果，tRNA，5S rRNA，及び，scRNA（SRP RNAと相同性を示すRNA）以外に明確な2本のバンドが検出できた（図1，バンドA及びB）。これらのバンドを電気泳動したゲルから精製し，3'末端にPAPによりポリA付加後，cDNAを作成し，塩基配列を決定した。その結果，バンドA及びBは，いずれも機能未知なORFに挟まれた遺伝子間領域にコードされていた。配列上，枯草菌の主要なσ因子であるσ[A]によって転写されるプロモーターを持ち，相当する遺伝子間領域を増幅し，大腸菌に導入したところ，枯草菌で検出されたバンドと同じ大きさのバンドを得ることができたことから，独立した転写単位から構成されることが明らかとなった。2つの遺伝子から転写されるRNAの配列を解析したところ，いずれも，ORFや翻訳に必要なSD配列は見出すことができず，ncRNAとして機能していると推定された。これらのRNAをその大きさからBS190 RNA及びBS203 RNAと名付け，遺伝子破壊株を作成し，機能解析を行った[5, 6)]。その結果，BS190 RNA，BS203 RNAのいずれの欠損株も対数増殖期で明

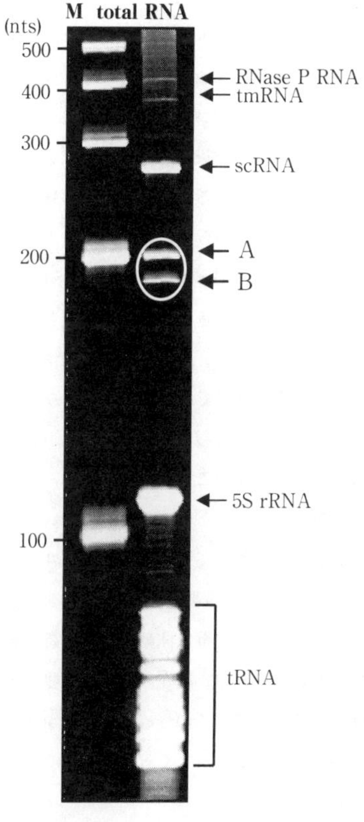

図1　枯草菌菌体より抽出した全RNAの電気泳動
枯草菌野生株（168TrpC2）より，全RNAを抽出し，尿素を含む変性ポリアクリルアミドゲル電気泳動により展開し，分離し，エチジウムブロミドで染色した。枯草菌の既知の非翻訳型RNAであるRNAseP RNA（401nt），tmRNA（361 nt），及び，scRNA（271 nt）以外に，約200 ntの付近に2種類のRNAバンドが検出された。解析の結果，BS190 RNA（190 nt）（mature）とその前駆体（precursor）であることがわかった。

確には生育の変化は示さず，これらのRNAは通常の生育には必須ではないと考えられた。また，全タンパク質を解析できるプロテオーム解析では，野生株と破壊株で発現量が顕著に異なるスポットは検出されなかった。しかし，DNAマイクロアレイ解析を行った結果，BS190 RNAの欠損株で，1つのオペロン上に位置する6種類の遺伝子の発現が野生型と比較して30倍以上，上昇していた。この結果から，野生型において，BS190 RNAは，このオペロンの発現を転写レベルで負に制御していると考えられた。BS190 RNAにより制御を受けるオペロンの5'非翻訳領域には，約400塩基からなる非翻訳領域があり，tRNAにより制御を受けるいわゆるT-box配列を有していた。この制御領域の配列をBS190 RNAと比較したところ，20塩基からなる相補的な配列を見出すことができ，これが遺伝子発現制御に係わっていると推察された。詳細な遺伝子発現制御機構については，現在，解析中であるが，少なくとも，BS190 RNAに相同性を示すncRNAは，他の真正細菌では見出されていない。いくつかの生物により，安定な低分子RNAを抽出し，その機能解析を行っていくことにより，これまで予想もしなかったncRNAの遺伝子発現制御機構が明らかになることが期待される。しかし，同定したncRNAの機能解析には，ゲノム解析などで用いられている手法を導入していくなど新たな展開も必要である。また，外界の環境変化やストレスに応答して発現誘導され，生物の環境適応に必要とされるncRNAも多く報告されている[7]。このような重要な機能を有するncRNAの機能解析には，タンパク質において行われているように，2次元電気泳動→質量分析解析などによるハイスループットな方法論的なブレークスルーも必要である。現在，多くの生物では，全ゲノムをカバーする非常に詳細な転写解析が可能なタイリングアレイの作成が進められているが，このようなツールはncRNAの機能解析にとって非常に有効となってくる。

3.2 ゲノムワイドなスクリーニングによる新規ncRNAの同定

ncRNAの機能に注目が集まり，ncRNAの機能解析が進む中，「1つの生物において何種類のncRNAが存在しているのか」といった疑問が提示される。この点について，新規ncRNAの同定は多くのモデル生物において，RNomicsとよばれる新分野を開拓しつつ，網羅的に進められた。比較的低分子のRNA画分からアダプター配列などを付加してcDNAライブラリーの構築をもとにした実験的なncRNAの同定法（“experimental RNomics”）により大腸菌をはじめとし，ヒトに至るまで多くのモデル生物種において新規のncRNAが発見されている。しかし，原核生物や古細菌ですでに機能解析が行われているncRNAと相同な配列やモチーフを持たないことから，発見されたncRNAのうちおよそ半数しか機能は明らかとなっていない。一方，実験的なncRNAの同定法に加え，ncRNAに特徴的な構造的な要素，自由エネルギー，配列モチーフをコンピューターによって計算・検出する方法（computational RNomics）も多くの試みが報告されている。これまでに，細菌のみならず，ヒトやマウス，酵母，キイロショウジョウバエ，シロイヌナズナや古細菌などにおいて数多くのncRNAの存在が判明しており，予想以上に，ncRNAは生物界に保存されていると考えられる。この中で，マウスでは，200種類以上のncRNAの存在が報告され，構造上の特徴から，多くのものは，boxC/DやH/ACAボックス型のsnoRNAに属していることが明らかになっている。これらは，ターゲットとなるRNAの2'のOH基のメチル化やシュードウリジン化に関与している。当初，snoRNAのターゲットは，rRNAだけであったが，その対象は，snRNAやtRNAにまで及び，生体内で極めて重要な機能を有している。このように，重要な機能を有するsnoRNAであるが，最近，さらに，"オーファンsnoRNA"が，数多く同定されている[8,9]。"オーファンsnoRNA"は，他のncRNAの機能発現にRNAシャペロンとして機能したり，修飾塩基導入のガイドの役割を持っていると推察されるが，まだその詳細な機能はわかっていない。

ゲノム解析が終了した真正細菌はすでに数百種類に及ぶが，その配列情報をもとにして，遺伝子間領域から，ncRNAを検索する試みも行われている。枯草菌のゲノム上には，アノテーションされているORFは，約4,200個存在するが，遺伝子間領域（ORFがアノテーションされていないという意味で）は，大きさが，500塩基以上のもので123箇所見出された。この領域について，相当する配列を持ったDNAプローブを作成し，対数増殖期の全RNAに対して，ノーザン解析を行った結果，15ヶ所について，転写物の確認ができた。転写物の大きさと転写物の5'及び3'末端をそれぞれ決定し，コード領域を推定した。いずれの領域も枯草菌での代表的なσ因子であるσ^A依存性のプロモーターを持っていた。決定された転写単位をPCRにより増幅し，大腸菌プラスミドへ導入したところ，枯草菌で検出されたバンドと同じ大きさのRNAを検出することができ，これらの遺伝子間領域が独立した転写単位であることを証明した。これらの領域から，転写されるRNAの配列を解析したところ，適当な大きさのORFは持たず（あるいは，ORFは存在するが，終止コドンを持たない），また，翻訳に必要なSD配列も見出すことができなかった。従って，これらのRNAは他の遺伝子の転写の際の分解物でなく，ncRNAとして機能していると考えられる。各ncRNAの遺伝子について，薬剤耐性遺伝子で置き換えた枯草菌破壊株を作成し，生育への影響を調べたところ，いずれのncRNA欠損株においても顕著な生育阻害を示さなかった。しかし，DNAマイクロアレイ解析の結果では，転写レベルで発現が変化するものを同定しており，同定したncRNAが転写レベルで遺伝子発現制御を行っていることが示唆された。

大腸菌では，このような解析の結果，55種類以上のncRNAが同定されているが，このうち，約2％が実際には，タンパク質をコードすることが明らかとなっているが，ncRNAとして機能するものもその解析が進んできた。

3.3　真正細菌における機能性 ncRNA の遺伝子発現制御機構

大腸菌で見つかった ncRNA の多くは，ターゲットの mRNA の SD 配列の近傍の配列と相補的な塩基配列を持つことで，この領域での 2 次構造変化させることにより，翻訳レベルでの遺伝子発現制御機構を持っている。この中で，DsrA RNA と RprA RNA は，*rpoS* の mRNA と相同配列を持つことにより，翻訳レベルで正に制御している。一方，酸化ストレスにより特異的に発現される OxyS RNA は，*rpoS* や *fhlA* 遺伝子を翻訳レベルで負に制御している。

CsrA タンパク質は，*glg* オペロンの mRNA と結合し，mRNA 上の SD 配列をふさぐことにより，翻訳レベルで負に制御している。一方，CsrB RNA は369塩基の ncRNA であり，特徴的な 2 次構造を持つと予想される。CsrB RNA 1 分子に 6 分子の CsrA タンパク質が結合し，この結果，CsrA タンパク質を競合的に *glg* の mRNA から離脱させる。これにより，SD 配列近傍の 2 次構造は解放され，タンパク質合成が開始される（図 2 a）。また，spot42 とよばれる ncRNA は，長い間，その機能解析が遅れていたが，この ncRNA は，*galETKM* の mRNA 内部配列と相補的

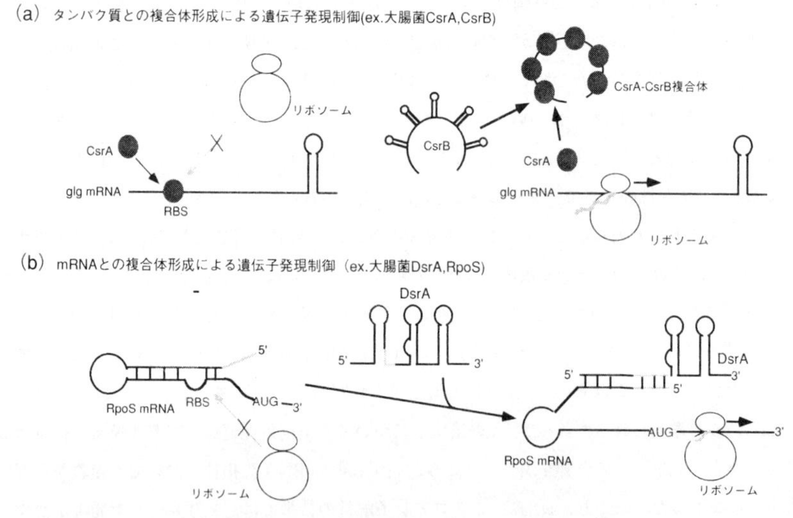

図 2　大腸菌における非翻訳型 RNA による遺伝子発現制御機構

大腸菌で発見された CsrB RNA や DsrA RNA は，非翻訳型 RNA として機能することが明らかとなっている。このうち，CsrB RNA は，CsrA タンパク質の結合部位を持っており，1 分子の CsrB RNA につき 6 分子の CsrA タンパク質が結合することができる(a)。CsrA タンパク質-CsrB RNA 複合体形成が行われると CsrA タンパク質は，ターゲットの mRNA から遊離し，結合していた RBS（リボソーム結合部位）からのタンパク合成を開始させる。一方，DsrA RNA は，多くの遺伝子の mRNAの 5' UTRと塩基対合することができ，2 次構造形成によって 2 本鎖 RNA 部分にあった RBS を解放し，リボソームの結合を促すと同時に，タンパク質合成を開始させる(b)。

な配列を有し，翻訳を抑制する。一方，RyhB RNAは，それ自身，鉄が欠乏すると発現し，鉄を含む多くのタンパク質の遺伝子の翻訳を負に制御している。特に，ncRNAの機能解析の結果，明らかになった点は，ncRNAがターゲットのmRNAと相互作用し，これまで考えられたように，SD配列近傍の2次構造を変化させ，翻訳に関与するだけでなく，両者の相互作用が，ターゲットmRNAの安定性を変化させる働きがあることである。RyhB RNAはターゲットの1つである含鉄スーパーオキシドディスムターゼ遺伝子である*sodB*のmRNAと相互作用し，塩基対合を形成する。この複合体形成が，引き金となり，RNaseEなどのRNA分解酵素の作用を誘導する。一方，DsrA RNAは，87塩基と比較的低分子のncRNAであるにもかかわらず，大腸菌において，非常に多くの遺伝子の発現制御に関わっていることで注目される（図2b）。DsrA RNAは，3つの特徴的なステム-ループ構造を有し，塩基配列の比較から，異なるステム及びループには，*hns, rpoS, argR, ivlH, rbsD*などの遺伝子（mRNA）と12〜16塩基の連続した相補的な配列を持つ。このうち，ステム-ループ2では，グローバルな遺伝子に対してリプレッサー効果を持つH-NSの遺伝子（*hns*）遺伝子の5' 及び3' 末端の翻訳開始コドン，及びストップコドンを含む領域と相補的な配列的な相互作用し，このmRNAのターンオーバーの速度を著しく増加させる。その結果，H-NSの翻訳が押さえられ，リプレッサーであるH-NSタンパク質の制御下にある遺伝子の発現が見かけ上，上昇する。一方，DsrA RNAは，σ因子である*rpoS*遺伝子のRNAに対しては全く異なった機構で遺伝子発現を制御している。この場合，*rpoS* mRNAのSD配列近傍と相補的な配列でこの領域と2本鎖形成していた5' 上流域とDsrA RNAのステム-ループ1とにおいて，塩基形成が行われた結果，SD配列が解放され，翻訳が促進される。このように，DsrA RNA上には，他の遺伝子の5' や3' 非翻訳領域，または，SD配列近傍の2次構造を変化させることにより，ターゲットの遺伝子発現を正にも負にも制御しうる非常に興味深い機構を有している。

3.4　病原細菌におけるncRNAの機能解析

病原微生物では，病原性に関わる2次代謝産物，及び，毒素遺伝子の発現は厳密に制御されており，外部環境の変化に応じて，これらの遺伝子を発現している。最近，病原性遺伝子発現に関与するncRNAが多く発見されている。ウェルシュ菌は，グラム陽性細菌の芽胞形成性嫌気性桿菌であり，菌から分泌される毒素・酵素群の作用によりヒトにガス壊疽などの致死的感染症状を引き起こす。ウェルシュ菌には，*virR/virS*遺伝子によって構成される二成分制御系が存在し，α-毒素，θ-毒素，κ-毒素，プロテアーゼ，シアリダーゼの産生を正に調節する[10, 11]。解析の結果，VirR/VirSシステムはウェルシュ菌における毒素や病原性に関する遺伝子を転写レベルで調節することが明らかとなった[12]。しかし，VirR/VirS系システムが直接的に，ターゲット遺伝子に働きかけるのではなく，下位の調節遺伝子システムが存在することが示唆された。VirR/virS

によって制御されるレギュロンを同定したところ，そのうちの１つがncRNAとして機能するVR-RNAであった[13]。VR-RNA遺伝子の機能解析により，VR-RNAは，α-毒素，κ-毒素遺伝子の転写を正に調節するが，θ-毒素遺伝子の転写には影響を与えないことが示唆された。さらに，VR-RNA遺伝子はこれらの遺伝子以外にも多くの遺伝子の発現にも影響を与えることが明らかとなり，グローバルな調節遺伝子として機能していると考えられた。VR-RNA上には小さなタンパク質をコードするORFは存在するが，ORFの部分欠損株の解析から，VR-RNAがRNAとして機能することが明らかにされ，機能に重要な3' 末端の領域をVR-RNA活性領域（IR=important region）とよばれる（図3a）。著者らは，このVR-RNA活性領域結合タンパク質を同定しており，これがVR-RNAの機能に重要であると考えている。これまで述べてきたように，真核生物や真正細菌において，ncRNAが様々な遺伝子の転写・翻訳調節に関与し，細胞の基本的な機能に重要な役割を果たしているが，病原細菌にも細胞機能だけでなく，病原性を制御する上で重要な役割を果たす機能性ncRNAが存在することが示唆された。これらの病原性に関与するncRNAは，黄色ブドウ球菌や緑膿菌などでも報告されている[14, 15]。黄色ブドウ球菌では，この病原性に関わるncRNAとして，RNAIIIが報告されており（図3b），*spa*遺伝子（表面タンパク質A）や*hla*（α-ヘモリシン）遺伝子の発現をそれぞれ制御する。しかし，RNAIIIは，*spa*遺伝子の mRNAのSD配列近傍と２本鎖を形成することで翻訳を負に制御するが[16]，一方，*hla* mRNAとは，SD配列より下流と相補的相互作用することにより，ステム構造の中にあったSD配列を解放し，翻訳を促進するなど他種類の毒素遺伝子に対し，全く逆の制御を行っている点で

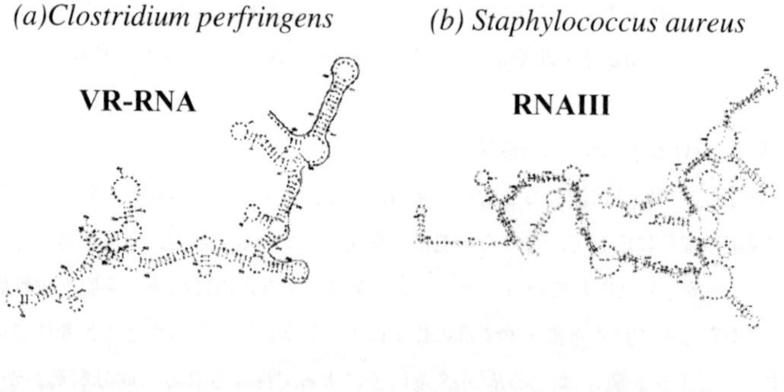

図３　病原細菌における毒素及び病原性に関する遺伝子発現に関与する非翻訳型RNA推定２次構造

ウエルシュ菌（*Clostridium perfringens*）のVR-RNA（a），及び，黄色ブドウ球菌（*Staphylococcus aureus*）のRNAIII（b）は，それぞれ，毒素の産生や病原性に関する遺伝子発現に関与している遺伝子として単離され，解析の結果，非翻訳型RNAとして機能することがわかった。5' 末端解析や転写産物の長さなどから明らかにされた全配列をもとに，RNA２次構造予測ソフトウエアMulfoldを用いて予想した推定２次構造を示す。

非常に興味深い[17]。

病原性細菌において毒素産生や病原性遺伝子の発現に関与するncRNAは，その相同性を示すRNAは，他の真正細菌には見られず，機能解析を進めることにより，新たな抗生物剤のターゲットとなることが期待される。

3.5　アロステリックなリボスイッチによる遺伝子発現制御機構

これまで述べてきたようにncRNAは，多彩な機能を発揮することがわかってきており，真正細菌を中心に機能解析が進められている。一方，生物は，外部環境の変化に応答し，これに適応するために多様な遺伝子発現制御機構を獲得している。タンパク質性の調節因子は，これらの外部環境の変化に伴う化学的な代謝産物や物理的なストレスを察知し，構造を変化させる。この結果，DNAとの親和性が変化することにより，様々な遺伝子の転写量を調節している。その様式は様々であり，調節因子の代表的なLacリプレッサータンパク質は，リガンドと結合することによりアロステリックな構造変化を引き起こし，オペレーター領域から遊離することにより転写を制御している。PyrRタンパク質は，これとは異なる機構で転写終結をコントロールしている。一方，転写されつつあるmRNAの5' UTR（非翻訳領域）のとりうる構造が，下流に存在するRNAポリメラーゼの活性を変化させるアテニュエーター機構が広く知られている。真正細菌で

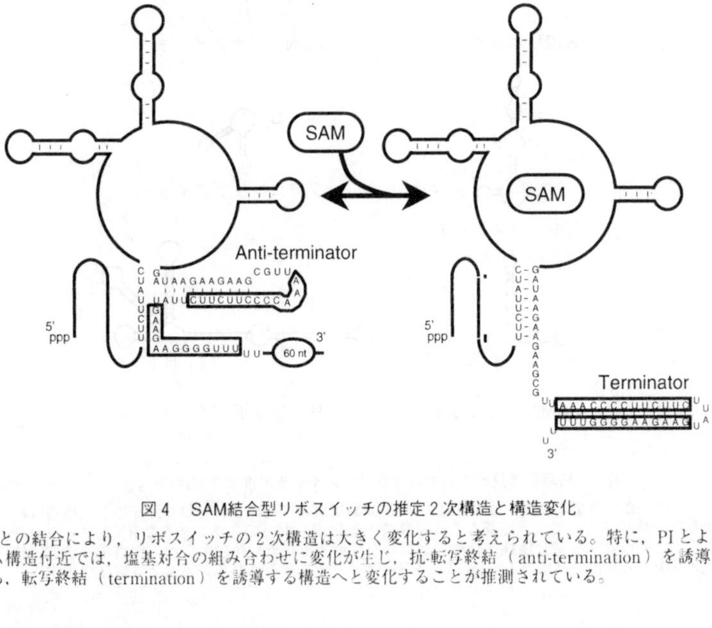

図4　SAM結合型リボスイッチの推定2次構造と構造変化

SAMとの結合により，リボスイッチの2次構造は大きく変化すると考えられている。特に，PIとよばれるステム構造付近では，塩基対合の組み合わせに変化が生じ，抗-転写終結（anti-termination）を誘導する構造から，転写終結（termination）を誘導する構造へと変化することが推測されている。

は，トリプトファン合成遺伝子群をコードするオペロンのmRNAの5' UTRの領域で，転写終結を誘導する構造（ターミネーター）とこれに拮抗する構造（アンチターミネーター）をとり得り，環境中のトリプトファンの量をモニターしながら構造変化させている。枯草菌の場合では，この5' UTR内にトリプトファンを含む短いタンパク質をコードするリーダー配列が存在し，外部のトリプトファンの量により，このリーダー配列の翻訳速度が変化し，それによってとりうる2次構造が変化する。これに対し，最近，代謝産物がその代謝に関与する遺伝子（または，オペロン）のmRNAの5' UTRに直接結合することにより，構造変化を引き起こし，発現調節をする例が報告されている（図4）。このようなリボスイッチ（riboswitch）は，枯草菌において多く見つかっており，リガンドの種類によって3種類のクラスに分類されている。リボスイッチ自身，これまで述べてきたような“ncRNA”とは厳密な意味では異なるが，RNA自身が行う遺伝子発現制御機構という点で非常に興味深い。各クラスのリボスイッチは，非常に高い選択性で，補酵素B_{12}，チアミン，チアミンのピロリン酸（TPP），フラビンモノヌクレオチド（FMN）などと結

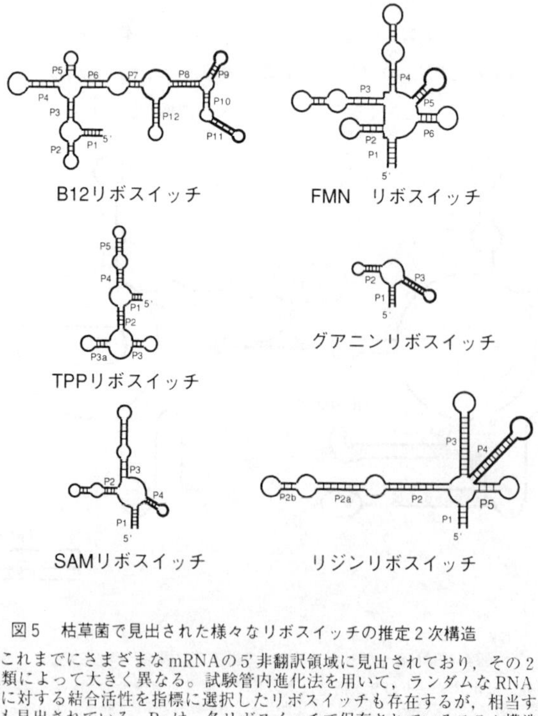

図5　枯草菌で見出された様々なリボスイッチの推定2次構造

リボスイッチは，これまでにさまざまなmRNAの5'非翻訳領域に見出されており，その2次構造は結合する化合物の種類によって大きく異なる。試験管内進化法を用いて，ランダムなRNAプールから標的とする化合物に対する結合活性を指標に選択したリボスイッチも存在するが，相当する構造は枯草菌のゲノム中にも見出されている。Pnは，各リボスイッチで保存されているステム構造を示す。

合する[18, 19]（図5）。さらに，最近，メチオニンの生合成に関与する遺伝子においても代謝産物であるSAM（S-adenosyl-methionine）と高い親和性結合するリボスイッチの存在が明らかとなった。このSAM結合能を有するリボスイッチは，SAMのメチル基を持たない誘導体，SAH（S-adenosyl-homocysteine）との結合性は低く，メチオニンや他の誘導体（S-adenosyl cysteine, SAC）とは全く結合しない。このリボスイッチを含む領域は，メチオニン存在下では，SAMと結合することにより，2次構造変化を起こし，この結果，転写終結に必要な構造を誘導すると考えられる。エフェクター分子のmRNAへの結合が引き起こす局所的な構造変化がどのような機構でアロステリックな効果を持ち，最終的な転写終結を引き起こすかについては不明な点が多い。一方，リボスイッチに特徴的なRNAの構造は，真核生物や古細菌のゲノム中にも見出されることから，リボスイッチによる代謝産物の感知システムは，進化的にも保存されていると考えられる[20]。

これらの真正細菌で得られたncRNAの機能に関する知見は，今後，他の生物での非翻訳型RNAの機能解析に役立っていくものと思われる。

また，ncRNAの機能発現には，結合タンパク質であるHfqの機能が重要であることが，多くのncRNAの研究から，明らかになってきた[21, 22]。Hfqタンパク質は，Smファミリーに属し，真正細菌に保存されているRNA結合タンパク質であり，ncRNAとターゲットのRNA間での相補的な塩基を用いた相互作用に関与する（図6）。Hfqタンパク質に対する抗体を用いた免疫沈降

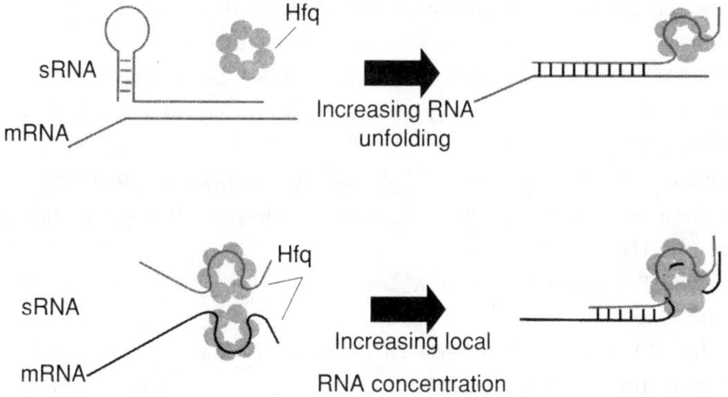

図6　非翻訳型RNAによる遺伝発現制御機構におけるHfq RNAシャペロンの機能

大腸菌において見出されている，hfqタンパク質は，多くの真正細菌において保存されているRNA結合タンパク質である。Hfqタンパク質は，非翻訳型RNAとターゲットのmRNAとの塩基対合による相互作用に関与し，遺伝子発現制御機構に関わっている。Hfqタンパク質は，RNAシャペロンとして機能し，相互作用しやすいように非翻訳型RNAの2次構造を変化させるだけでなく，6量体のHfq同士を介した相互作用により，非翻訳型RNAとターゲットのmRNAとの相互作用を促進する働きもある。

実験から，Hfqは，すでに知られている46種類の低分子RNAのうち，少なくとも15種類と相互作用している可能性が示唆されている。さらに，*arg*X-*his*R-*leu*T-*pro*Mオペロンとの結合に対し，Hfqタンパク質は，RNA分解酵素，RNaseEと競合し，このオペロンのmRNAのプロセシングと安定性を制御していることが明らかとなっている。

Hfqの機能解析は，今後，重要になってくると思われるが，さらに，ncRNA，RNA結合タンパク質による遺伝子発現制御機構の全貌の解明が待たれる。

文　献

1) Huttenhofer, A, Schattner, P, polacek, N, *Trends in Genetics*, **21**, 289-297 (2005)
2) Gottesman, S, *Trends in Genetics*, **21**, 399-404 (2005)
3) Gohlmann, HW, Weiner, J, Schon, A, Hermann, R, *J. Bacteriol.*, **182**, 3281-3284 (2000)
4) Wassarman, KZ, Zhang, A, Storz, G, *Trends in Microbiol.*, **7**, 37-45 (1999)
5) Ando, Y, Asari, S, Suzuma, S, Yamane, K, Nakamura, K, *FEMS Micorbiol. Lett.*, **207**, 29-33 (2002)
6) Suzuma, S, Asari, S, Bunai, K, Yoshino, K, Ando, Y, Kakeshita, H, Fujita, M, Nakamura, K, Yamane, K, *Microbiol.*, **148**, 2591-2598 (2002)
7) Repoila, F, Majdalani, N, Gottesman, S, *Mol. Microbiol.*, **48**, 855-861 (2003)
8) Bachellerie, JP, Cavaille, J, Huttenhofer, A, *Biochemie*, **84**, 775-790 (2002)
9) Kiss, AM, Jady, BE, Bertrand, E, Kiss, T, *Mol. Cell Biol.*, **24**, 5797-5807 (2004)
10) Lyristis, M, Bryant, AE, Sloan, J, Awad, MM, Nisbet, IT, Stevens, DL, Rood, JI, *Mol. Microbiol.*, **12**, 761-777 (1994)
11) Shimizu, T, Ba-Thein, W, Tamaki, M, Hayashi, H, *J. Bacteriol.*, **176**, 1616-1623 (1994)
12) Ba-Thein, W, Lyristis, M, Ohtani, K, Nisbet, IT, Hayashi, H, Rood, JI, Shimizu, T, *J. Bacteriol.*, **178**, 2514-2520 (1996)
13) Shimizu, T, Yaguchi, H, Ohtani, K, Banu, S, Hayashi, H, *Mol. Microbiol.*, **43**, 257-265 (2002)
14) Wildrman, P, Sowa, NA, FitzGerald, DJ, FitzGerald, PC, Gottesman, S, Ochsner, U, Vasil, M, *PNAS*, **101**, 9792-9297 (2004)
15) Tegmark, K, Morfeldt, E, Arvidson, S, *J. Bacteriol.*, **180**, 3181-3186 (1998)
16) Huntzinger, E, Boisset, S, Saveanu, C, Benito, Y, Geissmann, T, Namane, A, Lina, G, Etienne, J, Ehresmann, B, Ehresmann, C, Jacquier, A, Vandenesch, F, Romby, P, *EMBO J.*, **24**, 824-825 (2005)
17) Morfeldt, E, Taylor, D, von Gabain, A, Arvidson, S, *EMBO, J*, **14**, 4569-4577 (1995)
18) Nahvi, A, Sudarsan, N, Ebert, MS, Zou, X, Brown, KL, Breaker, RR, *Chemi. Biol.*, **9**, 1043-

1049 (2002)
19) Winkler, WC, Cohen-Chalamish, S, Breaker, RR, *PNAS*, **99**, 15908-15913 (2002)
20) Sudarsan, N, Barrick, JE, Breaker, RR, *RNA*, **9**, 644-647 (2003)
21) Zhang, Wassarman, KM, Rosenow, C, Tjaden, BC, Storz, G, Gottesman, S, *Mol. Micorbiol.*, **50**, 1111-1124 (2003)
22) Lease, RA, Woodson, SA, *JMB*, **344**, 1211-1223 (2004)

第1章　RNA interference（RNAi）と microRNA （miRNA）

1　概論

三好啓太[*1]，塩見美喜子[*2]

1.1　はじめに

RNA interference（RNAi）は，二本鎖RNAの存在が引き金となって起こる配列特異的な標的mRNAの切断機構である。RNAiは，酵母からヒトに至る様々な生物種において起こる。RNAiの発見は，1998年に線虫を用いた実験によりなされ，それ以降，その分子メカニズムを明らかにしようとする試みが精力的に進められてきた。これまでの研究成果として，RNAiとは，21-23塩基の低分子RNAと種々の蛋白質因子がRISC複合体（RNA-induced silencing complex）を形成し，これが低分子RNAの配列に従って標的mRNAを認識し，切断する，という経路であることが判っている。RNAi機構で機能する低分子RNAはsmall interfering RNA（siRNA）と名付けられており，これは，RNAiの引き金となる長鎖二本鎖RNA（double-stranded RNA：dsRNA）からDicer蛋白質によって作り出される。RNAi機構の最終反応は標的mRNAの切断であるが，この様に切断を受けたmRNAは細胞内でさらに分解を受け，蛋白質発現の鋳型となり得ない。このため，RNAiは遺伝子発現抑制機構の一つであると考えられている。この様にRNAによって引き起こされる遺伝子発現制御機構を，最近ではRNA silencingと総称する。

siRNAと分子量が似ている機能性低分子RNAに，microRNA（miRNA）がある。miRNAは内在性ヘアピン構造型のdsRNAから切り出される22塩基程度の一本鎖RNAである。miRNAは，相補的な配列を含む標的mRNAに対合することによって，その翻訳を時空間的に抑制し，それによって発生や細胞死などいろいろな生体内プロセスを制御する機能を持つ事が次第に明らかになってきている。「siRNAによるRNAi機構」と「miRNAによる翻訳制御機構」は，標的mRNAの切断を伴うか，伴わないかという点に大きな違いはあるものの，両者とも機能性低分子RNAの作用によって引き起こされるRNA silencingである。分子レベルにおいても多くの類似性，共通性を示し，実際，これら二つの機構では，幾つかの蛋白質が同等の機能を担う事も次第に明らかになってきている。

＊1 Keita Miyoshi　徳島大学　ゲノム機能研究センター　分子機能解析分野　COE研究員
＊2 Mikiko C. Siomi　徳島大学　ゲノム機能研究センター　分子機能解析分野　助教授

1.2　RNAi のメカニズム

先にも述べた様に，RNAi は最初，線虫を用いた実験によって発見された。その後しばらくは，線虫の遺伝学を駆使してその分子経路の解析が進められたが，ショウジョウバエや哺乳動物の細胞，またはそれらの細胞抽出液を用いても RNAi を起こしうる事が実験的に示されて以来，生化学的手法によって RNAi を解明しようとする動きが盛んになった。

RNAi 機構は，大まかに 4 つのステップに分けることが出来る（図1）。冒頭に述べたように，RNAi は，外来性もしくは内在性の長鎖 dsRNA の存在が発端となって起こる。dsRNA は，まず，RNaseIII ドメインを有する Dicer 蛋白質によって 21 - 23 塩基の siRNA へと変換される[1, 2]。この反応直後の siRNA は二本鎖であるが（これを siRNA duplex と呼ぶ），続いて一本鎖 siRNA へと解きほぐされる。この siRNA duplex 解きほぐし反応は，ATP 依存的に行われる。siRNA duplex の解きほぐし反応は，siRNA の両端のうち，比較的対合性の弱い側から起こる，とされている[3]。対合性の弱い側に 5' 末端があった siRNA，つまり 5' 末端から解きほぐされた siRNA が以降の RNAi 反応において実質的に用いられ，もう一方の siRNA（3' 側から解きほぐされた方）は分解へと導かれる[4]。siRNA duplex の一本鎖化に関わる因子は，未だ同定されていない。

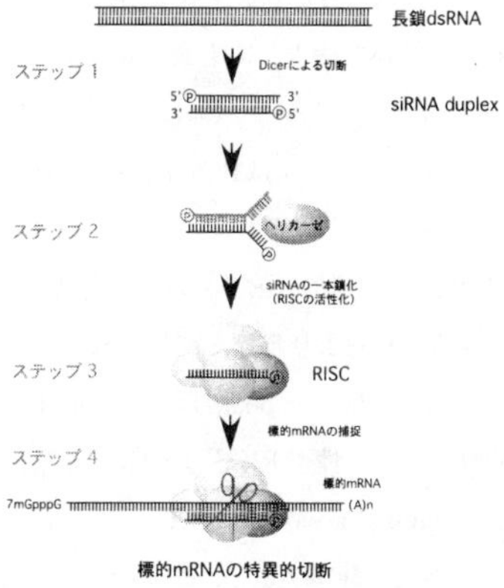

図 1　RNAi の分子機構

RNAi 機構は大きく 4 つのステップに分ける事が出来る。ステップ 1：RNAi の引き金分子である長鎖 dsRNA は，まず Dicer により切断され，20 - 23 塩基の siRNA duplex へと変換される。切断された siRNA duplex の 3' 末端は OH 基を持ち，相補鎖に比べて 2 塩基突出している事を特徴とする。siRNA duplex の 5' 末端はリン酸基を有する。ステップ 2：siRNA duplex が，ATP 依存的に一本鎖 siRNA（ss - siRNA）に解きほぐされる。しかしこの一本鎖化に関わる因子は，未だ不明である。解きほぐし反応が 3' 末端から始まった方の siRNA（グレー）は，このステップの後，分解されて RISC に取り込まれない。ステップ 3：ss - siRNA が RISC に取り込まれる。ss - siRNA 結合する因子は，Argonaute である事が，最近示された。ステップ 4：ss - siRNA がガイド分子となって，配列特異的に標的 mRNA へと RISC を導く。最終的に，標的 mRNA は，RISC に含まれるヌクレアーゼである Slicer によって切断される。最近の研究により，Slicer は Argonaute である事が示された。

一本鎖となったsiRNAは，続いてRNAiの中心的な役割を担う RISC（RNA-induced silencing complex）複合体へと取り込まれる。RISCはどれくらいの大きさなのか，RISCにどの様な蛋白質が含まれるか，を解明することは大きな研究課題であり，実際，現在までに多くの蛋白質がRISC構成因子として同定されてきた。しかし，全てのRISC構成因子の同定までには至っていない。一本鎖siRNAを含む活性型RISCが出来上がると，RISCはsiRNAの配列に従って標的mRNAを認識し，それを切断へと導く。以下，RNAi機構において必須である事が明らかになっている因子（DicerとArgonaute）及びRISC複合体に関して解説する。

Dicerはヘリカーゼドメイン，PAZドメイン，RNaseIIIドメイン，dsRNA結合ドメイン（dsRBD）を持つ蛋白質で，長鎖dsRNAを認識し，siRNAへと切断する[2]。切断後，siRNAの5'両末端にはリン酸が残り，3'両末端は水酸基となる。また，3'両末端は相補鎖と比べ二塩基突出している事を特徴とする。ヒトや線虫は，Dicer遺伝子を一つずつ有するが，ショウジョウバエには二つのDicer遺伝子が存在し，Dicer-1，Dicer-2と名前が付けられている。ショウジョウバエDicer-2は，R2D2（二つのdsRBD（R2）を有し，Dicer-2（D2）に相互作用することからこの様に名付けられた）と呼ばれるdsRNA結合性蛋白質とヘテロダイマーを形成し，この複合体が長鎖dsRNAのsiRNAへの変換，及びRISCへのsiRNAの取り込みに関わる[4]。R2D2はDicer-2と協調的にdsRNAに結合するが，それ自身はdsRNAの切断には関与しない。RNAi活性を有する細胞抽出液からDicer-1を特異的抗体で除去しても長鎖dsRNAをsiRNAへと変換する活性は失われない。また，Dicer-1変異体ショウジョウバエにおいても，野生型と同様に長鎖dsRNAはsiRNAへと変換される[5]ことから，Dicer-1は長鎖dsRNAの切断には関与しないと考えられている。

一本鎖化されたsiRNAを取り込み，標的mRNAの切断を遂行する複合体がRISCである。RISCは最初，ショウジョウバエ培養細胞より単離・精製された[6]。これまで同定されたRISCの大きさは様々で，～160kDa[7]，～200kDa[8]，～500kDa[9]，～550kDa[10, 11]などが報告されている。Phamらは，標的mRNAを分解しうる活性型RISCは80Sと非常に大きい複合体である事を示した[12]。彼らは*in vitro* RISC assembly assayによって，siRNAを含む複合体は，三種類（R1, R2, R3）存在する事を示した。経時的に観察すると，まず始めにR1が形成され，その後R2，R3が形成される。前述したDicer-2-R2D2複合体はこれら全ての複合体に含まれる。R1とR2が二本鎖siRNAを含むのに対し，R3は一本鎖化されたsiRNAを含み，実際に標的mRNAを切断する能力を持つ，つまり活性化RICSである事が示された。R3は，これまでRISCと相互作用すると報告された蛋白質因子（VIG[13]，TSN[14]，AGO2，dFMR1[15]）を含む。ショウジョウバエ胚抽出液に既在するR3（siRNAを添加しなくても細胞内にもともと存在するR3）には，VIG，TSN，AGO2，dFMR1，Dicer1は含まれていたが，Dicer-2およびR2D2は含まれていない。この内在性 R3 は miRNA 機構で機能しているのではないかと推測されているが，その真偽は不明である。RISC に含まれるその他の因子としては，ヒトでは，Gemin3（DEAD box 型 RNA ヘリカーゼ）と Gemin4（機能不明）[16]，ショウジョウバエでは，Dmp68（DEAD box 型 RNA ヘリカーゼ）が掲げられる[15]。Gemin3 と Dmp68 に配列上の相同性は見られないものの，その性質上，siRNA の一本鎖化に関わる因子としての可能性が挙げられるが，それを示す実験データは未だ無いのが現状である。

RISC の構成因子として初めて同定された蛋白質は，ショウジョウバエ Argonaute2（AGO2）である[13]。AGO2 相同体は，植物やアカパンカビ，ヒトといった，RNAi 機構を有する生物全てに存在する[17]。線虫では RNAi 必須因子として同定された RDE-1 が AGO2 相同体に相当する[18]。これらの蛋白質はいずれも Argonaute ファミリーに属し，Piwi-Argonaute-Zwille（PAZ），PIWI と呼ばれる二つのドメインを持つ事を特徴とする。2004 年，RNAi 機構の最終反応，つまり標的 mRNA の切断を担う蛋白質（Slicer）は Argonaute 蛋白質である，との報告がなされた。さらにその RNase 活性中心は，Argonaute の PIWI ドメインであることが示された。

Joshua-Tor らは，超好熱古細菌 ***Pyrococcus furiosus***（***P. furiosus***）の Argonaute 蛋白質（PfAGO）の X 線結晶構造を明らかにした[19]。PfAGO は N 末端領域，PAZ ドメイン，中央領域，そして PIWI ドメインから成る。最も興味深い点は，PfAGO の PIWI ドメインの立体構造が，RNase H ファミリー蛋白質の構造と酷似していたことである。RNase H は，RNA と DNA の混成二本鎖の RNA 鎖のみを特異的に分解する。この RNase 活性には二価の金属イオンが必須であり，RNA のホスホジエステル結合を解裂して 5'-リン酸末端と 3'-OH 末端を生ずる[20]。これは，活性型 RISC が標的 mRNA の切断に Mg^{2+} を必要とすること，また切断された RNA 末端に見られる特徴と同じである[21, 22]。また，RNaseH の活性中心（アミノ酸）も，PfAGO において保存されている。これらのことから，AGO が Slicer であると推測された。Hannon らは，293T 細胞から免疫沈降により精製した hAGO2 用いて ***in vitro*** で RNAi アッセイを行い，実際に hAGO2 に Slicing 活性がある事を証明した[23]。彼らは AGO2 ノックアウト（$Ago2^{-/-}$）マウス繊維芽細胞（mouse embryo fibroblast : MEF）の作製も行った，$Ago2^{-/-}$ MEF は siRNA に依存した RNAi 活性を持たないが，この細胞に hAGO2 を再導入すると RNAi 活性は回復することを示した。以上の結果より，Argonaute が Slicer である事がより強く示唆された。興味深い事に，ヒト Argonaute サブファミリーに属する hAGO1，hAGO3，hAGO4 は，hAGO2 とアミノ酸配列上は高い相同性を示すものの，Slicer 活性は示さない[23]。ショウジョウバエにおいても AGO2（dAGO2）が Slicer であると報告されている[24]。アミノ酸配列の相同性からはショウジョウバエ AGO1（dAGO1）の方が dAGO2 よりも hAGO2 に似ているが，dAGO1 に Slicer 活性があるか否かは現在のところ不明である。

2005年，二つの研究グループによって，*Archaeoglobus fulgidus*のPiwi蛋白質のX線結晶構造が発表された[25, 26]。この蛋白質は，RNase H－様ドメイン（Bドメイン）と共に，Nサブドメイン（Nドメイン）とサブドメインA（ドメインA）を有する。PAZドメインを持たないため，この蛋白質自身はArgonauteファミリーには属さないが，Argonaute－PIWIドメインに相当する蛋白質分子として取り扱われている。このX線結晶構造解析から，Argonaute－PIWIドメインがSlicerの活性中心であることに加え，新たにsiRNA結合ドメインでもある事が明らかになった。siRNAの5'末端一塩基は，PIWIのsiRNA結合ポケットに入り込んでいるため，標的RNAと対合しないが，二塩基目からは標的RNAと対合出来る事も示されている。

1.3　miRNAによる翻訳制御機構のメカニズム

miRNAは，まず，RNAポリメラーゼIIにより不完全なdsRNA構造をとる一次前駆体（primary miRNA：pri-miRNA）としてゲノムより転写される[27]（図2）。pri-miRNAは，RNaseIII活性を有するDroshaにより，核内で60-70塩基のヘアピン中間体（pre-miRNA）となる[28, 29]。

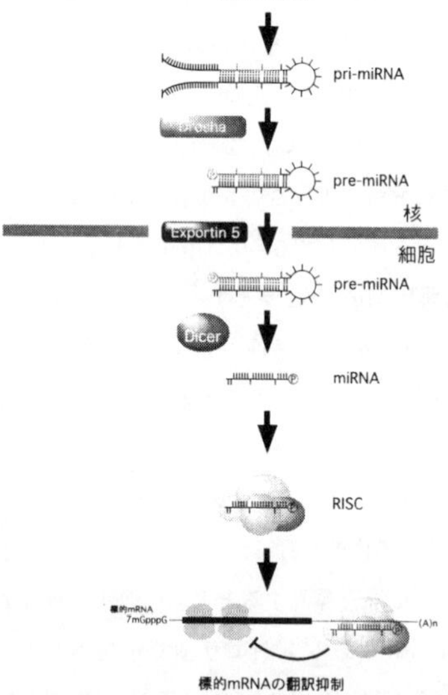

図2　miRNA機構

miRNAは，標的mRNAに対合することによって，その翻訳を抑制する。miRNAは，まず，RNA polymeraseIIによって，ヘアピン構造をとる数十から数百塩基の長い前駆体RNA（pri-miRNA）として転写される。このpri-miRNAは，核に局在するDroshaによりpre-miRNAへと変換され，細胞質にExportin5によって輸送された後に，さらにDicerにより成熟型miRNAへと変換される。成熟型miRNAはRISCに取り込まれ，RISCはmiRNAをガイド分子とし，標的mRNAを認識して，その翻訳抑制を引き起こすとされている。翻訳抑制反応自身の分子メカニズムは，未だ明らかにされていない。

そしてExportin 5によって核外輸送され[30]，RNaseIII活性を有するDicerにより成熟型miRNAへと切断される。ショウジョウバエではDicer-1がこの反応を担う。その後，成熟型miRNAは一本鎖となり，RISCに取り込まれ，標的mRNAの3' 非翻訳領域に対合し，翻訳抑制を引き起こす。

miRNAによる翻訳抑制機構は，siRNAによるRNAi機構と多くの類似点を示す。RNAi機構とmiRNA機構の相違点のひとつは，低分子RNAの前駆体にある。RNAiでは，siRNAの前駆体は，完全なdsRNAであるが，miRNAでは不完全な対合性を示すヘアピン構造型dsRNAである。もう一つの相違点は，miRNA機構においては，miRNAと標的mRNAとの相補性が完全ではなく，RNAiとは異なり，標的mRNAの切断を伴わずに翻訳を抑制する事にある。しかし，miRNAと完全な相補配列を持つ人工的なRNAは，miRNAによって切断を受ける[31]。つまり，miRNAを含むRISCは，標的mRNAの切断と翻訳抑制という両方の反応を行うことができるといえる。RISCがどちらの制御を選択するかは，そこに含まれるsiRNAやmiRNAが，標的mRNAに完全に相補的であるか否かによって決定される事が判っている。一般に植物のmiRNAは，標的mRNAとの相補性が高いため標的mRNAの切断を引き起こす[20]。

miRNA前駆体（pri-miRNAとpre-miRNA）の切断には，RNaseIII活性を有する蛋白質－DroshaとDicer－に結合するパートナー蛋白質が重要な役割を占めることが判っている（図3）。Droshaは，パートナー蛋白質として，dsRBDを有するPashaを必要とする[32, 33, 34, 35]。ショウジョウバエRNAi機構に必須なDicer-2も，上述した様にdsRBD蛋白質R2D2と相互作用し，機能する[36]。最近，miRNAのプロセシングに関わるDicer-1も，dsRBDを有するLoquacious（Loqs）をパートナー蛋白質として持つ事が示された[37, 38]。Loqs自身にはpre-miRNAを切断する機能はないが，精製したDicer-1のpre-miRNA切断能を高める事が示された。興味深い事に，Loqsと結合していないDicer-1は，pre-miRNAのみならず，siRNA前駆体に相当する長鎖dsRNAをも切断する。しかし，この反応にリコンビナントLoqsを添加すると，dsRNAの切断反応は起こらなくなる。つまりLoqsは，Dicer-1の基質特異性を上げる効果も持ち合わせているといえる。

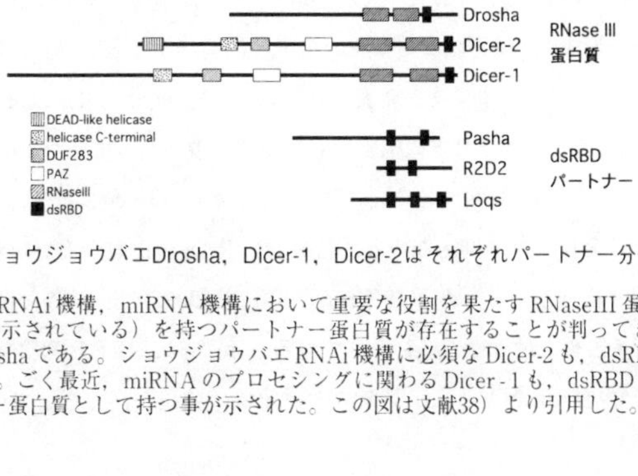

図3　ショウジョウバエDrosha，Dicer-1，Dicer-2はそれぞれパートナー分子を持つ

最近の研究により，RNAi機構，miRNA機構において重要な役割を果たすRNaseIII蛋白質には，それぞれdsRBD（黒色の箱で示されている）を持つパートナー蛋白質が存在することが判ってきた。Droshaのパートナー蛋白質は，Pashaである。ショウジョウバエRNAi機構に必須なDicer-2も，dsRBD蛋白質R2D2と相互作用し，機能する。ごく最近，miRNAのプロセシングに関わるDicer-1も，dsRBDを有するLoquacious（Loqs）をパートナー蛋白質として持つ事が示された。この図は文献38）より引用した。

miRNA機構による翻訳抑制の分子メカニズムについては，殆ど明らかになっていない。線虫において最初に発見されたmiRNAの一つであるlin-4は，lin-14 mRNAを標的とする。lin-4の発現上昇によりLIN-14蛋白質合成は減少するが，驚いたことにlin-14 mRNAのポリソームへの局在パターンや量は，翻訳抑制前後においてほとんど変化しない[39]。このことは，lin-4のもう一つの標的であるlin-28 mRNAにおいても同様であった[40]。これらの結果から，lin-4は，標的mRNAの翻訳開始以降，翻訳途中の段階で翻訳を抑制する，と考えられる。つまりリボソームの翻訳速度を遅らせる，あるいは止めることによって翻訳を制御している可能性が挙げられる。miRNAが作用する事によって，標的mRNAを鋳型として新たに合成された蛋白質が，直ちに分解されているのかもしれない，という説もある。miRNAによる翻訳抑制機構を明らかにするためには，これを忠実に再現できる*in vitro*システムの開発が必要であり，今後の研究に期待が寄せられる。

1.4 siRNAとmiRNAによる生体内プロセスの制御

これまでmiRNAは，ショウジョウバエにおいて150程度，ヒトにおいては250以上発現している事が確認されている。それら全てのmiRNAが内在性－つまりmiRNAをコードする遺伝子がゲノム内に存在する－であるのに対して，内在性siRNAというのは，それ程知られていないのが現状である。転写後型遺伝子発現抑制機構（post-transcriptional gene silencing : PTGS）を引き起こす内在性siRNAとしては，Stellate（Ste）遺伝子の発現を制御するものがある。ショウジョウバエ雄においては，Suppressor-of-Stellate［Su (Ste)］というStellateアンチセンスが発現し，両転写産物が対合して出来上がる二本鎖RNAがStellateの発現を抑制することが雄の生殖能を正常に導くために必須であることが判っているが，この機構がRNAi，つまりsiRNAの働きによるとされている[41]。

miRNA機構が個体レベル，または生体内反応レベルでどのような影響を与えるかに関する報告は，相次いでなされている。例えば，ショウジョウバエでは細胞増殖や細胞死，脂質代謝[12,13]，線虫では神経パターン形成[14]，植物では葉や花の発生[15]に関与するという報告が挙げられる。最近では，miRNAと癌の関係を示す論文が発表されている。let-7は元来，線虫において発現が確認されたmiRNAであるが，これはヒトの細胞でも発現する事が判っていた。Johnsonらは，let-7がヒト癌遺伝子の一つ，RASに作用することによって，その発現を負に抑える働きがあることを示した。let-7がRAS発現を負に抑えないと，結果的にRAS蛋白質が高発現し，そのことが癌化（肺ガン）の原因となりうることが示唆された[46]。miRNAの発現と特定の癌との関係を知るためのマイクロアレイ解析も最近盛んに行われている。Heらは，ヒトB細胞リンパ腫において，mir-17やmir-92を含むmiRNA遺伝子クラスター領域の発現が高くなっていることを見出した[47]。また，彼らは，この遺伝子領域を強制的に過剰発現させると，c-mycと協調して働き，ヒトB細胞リンパ腫が発生する事も実験的に証明している。つまり，ある種のmiRNAは，oncogeneと成りうる可能性がこれで示されたこととなった。今後，個々のmiRNAの発現と種々の癌発生の相互関係がさらに詳細に明らかになれば，miRNAの発現を調べる事によって癌診断が可能となるため，さらなる研究に期待がもたれる。

最近まで，クロマチンレベルでの転写制御といえば，配列特異性をもったDNA結合蛋白質因子によるものが大半を占めていた。しかし最近では，RNAi機構によるクロマチンレベルでの転写制御機構（transcriptional gene silencing : TGS）の存在が明らかになりつつある。RNAiに関わる因子であるDicer（*dcr1*$^{+}$），Argonatute（*ago1*$^{+}$），RNA依存性RNAポリメラーゼ（*rdp1*$^{+}$）破壊分裂酵母株では，ヘテロクロマチン形成に欠損が生じる。ヘテロクロマチンは，ヒストンH3のリジン残基（H3K9）のメチル化を発端として，HP1蛋白質の高密度な結合によって形成され，ひいては遺伝子発現や染色体分配に影響を及ぼす。前述した三種の破壊株では，ヘテロクロマチンが形成されるセントロメア領域内に挿入されたマーカー遺伝子の転写産物が蓄積するとともに，この領域におけるH3K9のメチル化とHP1（Swi6）の結合量が減少していた。このことは，RNAi機構が，ヘテロクロマチン形成，及びこの領域内に存在する遺伝子の発現抑制に関与することを示唆する。さらに，分裂酵母のセントロメア近傍に位置する反復配列の両鎖から転写が起こること[48]や，この反復配列に対合するsiRNAが細胞内に存在することが見出されている[49]。このsiRNAは，反復配列の両鎖から転写されて出来上がるdsRNAからDicerの作用によって作り出される[50]。さらに，ヘアピン構造をとるRNAを分裂酵母に導入すると，RNAi依存的にヘテロクロマチン形成が誘導され，相補配列をもったプロモーターからの転写が抑制されると報告されている[51]。

植物においては，あるRNAが過剰に存在すると，その配列に相補的なDNAがメチル化され，遺伝子発現抑制が起こることが古くから知られていた。この初期現象は植物で最初に見いだされ，RdDM（RNA-directed DNA methylation）と名付けられた[52,53]。RdDMは，引き金となるRNAに相補性を示すDNA領域中の全シトシン残基の*de novo*メチル化を誘導する。RdDMの場合もRNAiと同様に，長鎖dsRNAから作り出される約20塩基対の低分子RNAが関与する。

RdDMは，PTGSの多くの場合において見られるDNAメチル化の起因であると考えられる。また，プロモーター配列を含むdsRNAによって引き起こされるある種のTGSにもRdDMが関与すると考えられている。RdDMによるメチル化は，PTGSの場合，蛋白質をコードする領域においてみられ[54]，TGSの場合，プロモーター領域において見られる[55,56]。プロモーター配列を二つ逆向きに有した反復DNAからの転写産物であるdsRNAは，標的プロモーターのメチル化とTGSを引き起こす[57,58]。さらに内在性miRNAも実際にプロモーター配列を標的としうることが示されている[59]。このように，低分子RNAは，配列特異的にDNAのメチル化酵素を標的配列へとリクルートし，それによってRdDM，ひいてはTGSやPTGSを引き起こすことが次第に明らかになってきている。

テトラヒメナにおけるゲノム再編成も，RNAiとよく似た機構によって制御されていると考えられている[60]。テトラヒメナは，小核と大核という二種類の核を有する。小核は，ゲノムを完全に持つが，遺伝子発現は起こらない。大核のゲノムは，ゲノム再編成の結果として一部欠失しているものの，遺伝子発現が起こる。最近，このゲノム再編成には，siRNA様の低分子RNA（scanRNA：28塩基長）が重要な役割を担っていることが示された。scanRNAは，小核のゲノムから転写されて出来上がった二本鎖RNA鎖から作られる低分子RNAである。Argonaute蛋白質をコードするTWI1遺伝子を破壊すると，ゲノム再編成が生じなくなる事から，ゲノム再編成は，RNAiによって起こると考えられている。

1.5 おわりに

RNAi現象が発見されてから，七年の時が経った。RNAiは，本文でも述べたように真核生物において広く保存されている現象であり，ヒトの細胞でも起こりうる。また，遺伝子発現抑制の効果が高く，RNAという本来生体内に存在する物質を，安定な二本鎖の形で細胞に導入する事によって簡便に開始できるという利点もあり，RNAiを遺伝子治療等，医薬領域において応用しようという試みが盛んに謳われている。しかし，それを実現するには，RNAiとは一体どんな分子機構で行われるか，を正しく理解しなくてはならず，そういった要求や圧力があってか，極めて短い時間で，その全貌はほぼ理解されようとしている。miRNAによる遺伝子発現抑制機構は，RNAiと分子メカニズムが似ているといわれているにも関わらず，最終的に，では，どのような因子がどの様に働くことによって遺伝子発現が翻訳レベルで抑制されているか，また，その解除機構などに関して，未だ不明な点が多いのが現状である。ヒトにおいて250以上発現しているmiRNAの標的でさえ，不明のものが大多数を占める。miRNAと癌との関係などが徐々に明らかに成りつつある今，miRNAによる遺伝子発現抑制機構はさらに重要な研究分野となることが予想される。今後，miRNAの研究領域がさらに拡大し，研究成果が確実に上がる事を期待する。

文　献

1) S.M.Elbashir *et al., Gene Dev,* **15**, 188 (2001)
2) E.Bernstein *et al., Nature,* **409**, 363 (2001)
3) A.Khvorova *et al., Cell,* **115**, 209 (2003)
4) Q.Liu *et al., Science,* **301**,1921 (2003)
5) Y.S.Lee *et al., Cell,* **117**, 69 (2004)
6) S.M.Hammond *et al., Nature,* **404**, 293 (2000)
7) J.Martiez *et al., Cell,* **110**, 563 (2002)
8) A.Nykanen *et al., Cell,* **107**, 309 (2001)
9) S.M.Hammond *et al., Science,* **293**, 1146 (2001)
10) Z.Mourelatos *et al., Genes Dev.,* **16**, 720 (2002)
11) G.Hutvagner *et al., Science,* **297**, 2056 (2002)
12) J.W.Pham *et al., Cell,* 117, **83** (2004)
13) S.M.Hammond *et al., Science,* **293**, 1146 (2004)
14) A.A.Caudy *et al., Genes Dev.,* **16**, 2491 (2002)
15) A.Ishizuka *et al., Genes Dev.,* **16**, 2497 (2002)
16) Z.Mourelates *et al., Genes Dev.,* **16**, 720 (2002)
17) H.Cerutti *et al., Trend. Genet,* **19**, 39 (2003)
18) H.Tabara, *et al., Cell,* **99**,123 (1999)
19) J.-J.Song *et al., Science,* **305**, 1434 (2004)
20) U.Wintersberger *et al., Pharmacol. Ther.,* **48**, 259 (1990)
21) J.Martinez *et al., Genes Dev.,* **18**, 975 (2004)
22) D.S.Schwarz *et al., Curr. Biol.,* **14**, 787 (2004)
23) J.Liu *et al., Science,* **305**, 1437 (2004)
24) T.A.Rand *et al., Proc. Natl Acad. Sci. USA,* **101**, 14385 (2004)
25) J.S.Parker *et al., Nature,* **434**, 663 (2005)
26) J.-B.Ma *et al., Nature,* **434**, 666 (2005)
27) Y.Lee *et al., EMBO J.,* **23**, 4051 (2004)
28) Y.Lee *et al., Nature,* **425**, 415 (2003)
29) E.Basyuk *et al., Nucleic Acids Res,* **31**, 6593 (2003)
30) R.Yi *et al., Genes Dev.,* **17**, 3011 (2003)
31) G.Hutvagner *et al., Science,* **297**,2056 (2002)
32) A.M.Denli *et al., Nature,* **432**, 231 (2004)
33) R.I.Gregory *et al., Nature,* **432**, 235 (2004)
34) J.Han *et al., Genes Dev.,* **18**, 3016 (2004)
35) M.Landthaler *et al., Curr. Biol.,* **15**, 2162 (2004)
36) Q.Liu *et al., Science,* **301**, 1921 (2003)
37) K.Saito *et al., PLoS Biol.,* **3**, e235 (2005)

38） K.Forstemann *et al., PLoS Biol.*, **3**, e236（2005）
39） P.H.Olsen *et al., Dev. Biol.*, **216**, 671（1999）
40） K.Seggerson *et al., Dev. Biol.*, **243**, 215（2002）
41） A.A.Aravin *et al., Curr. Biol.*, **11**, 1017（2001）
42） J.Brennecke *et al., Cell*, **113**, 25（2003）
43） P.Xu *et al., Curr. Biol.*, **13**, 790（2003）
44） S.M.Johnson *et al., Dev. Biol.*, **259**, 364（2003）
45） M.J.Aukerman *et al., Plant Cell*, **15**, 2730（2003）
46） S.M.Johnson *et al., Cell*, **120**, 635（2005）
47） L.He *et al., Nature*, **435**, online（2005）
48） T.A.Volpe *et al., Science*, **297**, 1833（2002）
49） B.J.Reinhart *et al., Science*, **297**, 1831（2002）
50） T.Jenuwein *et al., Science*, **297**, 2215（2002）
51） V.Schramke *et al., Science*, **301**, 1069（2003）
52） M.Wassenegger *et al., Plant Mol. Biol.*, **43**, 203（2000）
53） M.Wassenegger *et al., Int. Rev. Cytol.*, **219**,61（2002）
54） I.Ingelbrecht *et al., Proc. Natl Acad. Sci. USA.*, **91**, 10502（1994）
55） H.Vaucheret *et al., Plant J.*, **2**, 559（1992）
56） M.Vincentz *et al., Plant J.*, **3**, 315（1993）
57） M.F.Mette *et al., EMBO J.*, **18**, 241（1999）
58） M.F.Mette *et al., EMBO J.*, **19**, 5194（2000）
59） W.Park *et al., Curr Biol.*, **12**, 1484（2002）
60） Y.Liu *et al., Proc. Natl. Acad. Sci. USA*, **101**, 1679（2004）

2 線虫（*C.elegans*）におけるRNAiの応用

飯田直子[*1]，杉本亜砂子[*2]

2.1 はじめに

RNAiは，特定の遺伝子配列に対応する二本鎖RNAの導入により，対応するmRNAが特異的に分解されて遺伝子発現が抑制される現象として，線虫（*Caenorhabditis. elegans*）で最初に見出された[1]。線虫は筋肉，消化管，神経系，上皮など動物として基本的な体制を持っており，その発生は細胞レベルで解析され，成虫は一定の細胞分裂様式で生じた959個の体細胞から構成されている[2]。そのため，変異体の発生異常を個々の細胞レベルで検出することが可能である。線虫は，大腸菌を餌として，約3日の短いライフサイクルで自家受精によって増殖する雌雄同体であり，簡単に培養できる点からもモデル生物として広く用いられている。新しく発見された線虫でのdsRNAの高い遺伝子機能抑制効果（RNAi）は，迅速な線虫遺伝子の機能解析法として広まり，さらに，1998年のゲノムの全塩基配列発表（*C. elegans* Sequencing Consortium）以降，ゲノム規模でのRNAiによる遺伝子機能解析が進められている。

この章では，線虫でのRNAi法の概説とこれまでに行われてきたRNAiを用いた線虫遺伝子の網羅的機能解析について述べ，さらに，線虫を用いたRNAi実験プロトコールを紹介する。

2.2 線虫RNAiの概説

RNAiの発見後，RNAiの作用機構が遺伝学的および生化学的に解析され，RNAiに関わる因子とその機能が分かってきた。ここでは遺伝子機能解析法としてのRNAiに着目し，その特徴について述べる。

・ 線虫において，RNAi法は非常に簡便な遺伝子機能抑制法である。哺乳動物細胞では二十数bpのsiRNAを用いる必要があるのに対し，線虫では500bp以上の長いdsRNAの導入で，そのRNAに相補的な配列を持つ遺伝子のmRNAが効率的に破壊され，遺伝子機能抑制が起こる。

・ 線虫に導入したdsRNAは，処理した線虫と次世代線虫の両方においてRNAi効果を継承する[1]。世代を越えた効果は，RNAiの過程で，導入したdsRNAの増幅が起こるためだと考えられている[3]。

・ RNAiの効果は個体全身に伝播する。線虫の生殖腺にdsRNAを導入した場合でも，他の組織

＊1 Naoko Iida　(独)理化学研究所　発生・再生科学総合研究センター　発生ゲノミクス研究チーム　研究員

＊2 Asako Sugimoto　(独)理化学研究所　発生・再生科学総合研究センター　発生ゲノミクス研究チーム　チームリーダー

においてRNAiの効果が現れる。この全身伝播性を利用することで，dsRNAの導入方法には，微量注入法[1]に加え，線虫をdsRNA溶液に浸すsoaking法[4]，線虫にdsRNAを産生する大腸菌を食べさせるfeeding法[5, 6]が用いられている（図1-1）。多くの場合，若い成虫にdsRNAを導入し，RNAi処理した線虫と次世代線虫の表現型を観察する方法が用いられている（図1-2）。これら3つの方法は，使いやすさ，再現性，拡張性が異なる。実験を行う場合は，目的の表現型を感度よく検出するため，dsRNAを導入する時期や時間の最適化を行い，最適なアッセイ方法を選ぶことが重要になる。

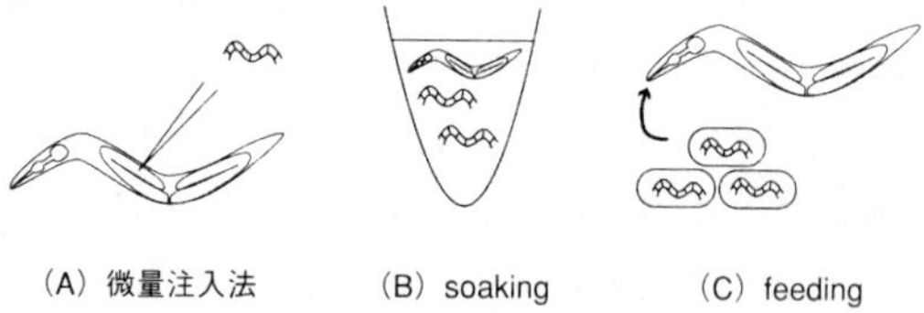

図1-1　dsRNA導入方法

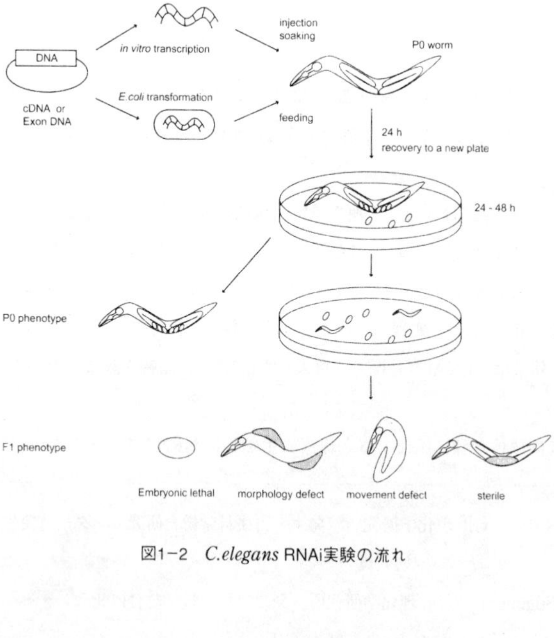

図1-2　*C.elegans* RNAi実験の流れ

1）微量注入法によるdsRNAの導入

成虫線虫にdsRNAを直接微量注入する方法である[1]。この方法では一回で確実にdsRNAを線虫体内へ導入し，処理した線虫の全身と次世代線虫における遺伝子発現を抑制することができる。この方法は特に胚発生過程における効果が高い。微量注入装置が必要であり，一匹ずつ手で注入しなければならないので多くの線虫を必要とする実験やハイスループットなRNAi解析にはむかない。

2）Soaking法によるdsRNA導入

線虫をdsRNA溶液に24～48時間浸けることでdsRNAを導入する方法で，処理した線虫と次世代線虫の表現型を観察する[4,7]。dsRNA溶液に浸す線虫の発生時期を選ぶことで，時期特異的な遺伝子機能抑制が可能である。この方法による表現型の浸透度は高く，再現性よく結果が得られる。1種類のdsRNAに対し多くの線虫を処理するための実験のスケールアップや，96穴プレートを用いて一度に多種類のdsRNAで実験を行うことが容易にできる。

3）Feeding法によるdsRNA導入

目的のdsRNAを発現させた大腸菌を線虫に連続的に食べさせながら，観察を行う方法である[6]。食べさせ始める線虫の発生時期はいつでもかまわないが，dsRNAが連続的に摂取されており効果が徐々にあらわれるため表現型がどの時期での遺伝子機能抑制によるものかの判断が難しい。しかし，dsRNAを連続的に摂取させるのは，孵化後発生や老化等の長期間にわたる表現型を観察するには効果的である。feeding法によるRNAiは表現型の浸透度が低く，偽陰性確率が高いことが示されているが[8]，多くの遺伝子を解析するのが容易であり，多量の線虫を処理することも容易なのでハイスループット化が可能である。

2.3　RNAiを用いた線虫遺伝子の網羅的機能解析

1）ゲノムワイドなRNAiスクリーニング

全ゲノム塩基配列の決定した線虫において，RNAiは大量の遺伝子の機能を解析するのに有用な方法である。RNAiによってゲノム上の遺伝子を包括的にスクリーニングした研究はすでに複数行われている。Tony Hymanらのグループは，微量注入法により全遺伝子の約98%に対してRNAiスクリーニングを行った[9,10]。彼らは1668個（9%）の遺伝子について何らかの表現型を見出し，胚発生の初期に必要な遺伝子を661個同定した。さらに，RNAiによって見られた初期発生の表現型は詳細に解析され，細胞質分裂や紡錘体の形成など初期発生で働く新規な遺伝子を同定した。われわれのグループは，線虫cDNAクローンライブラリーを鋳型に合成したdsRNA を用い，soaking法により体系的な必須遺伝子スクリーニングを行った[7]。小原雄治教授ら（国立遺伝学研究所）のESTプロジェクトで作製された，予測遺伝子の半数以上に相当する約10,000遺伝子についてのcDNAクローン（yk clone）が鋳型として用いられた。胚発生だけでなく，不稔性，成長，形態，運動など発生全般の異常について表現型が観察され，約30%のクローンについて表現型が見いだされた。feeding法を用いた発生全般の表現型を調べたスクリーニングで[11,12]，ゲノム上の約86%以上の遺伝子が解析され，約10%の遺伝子についてRNAi表現型が見いだされた。この研究で用いられたfeeding法用の大腸菌ライブラリー（feedingライブラリー）（http://www.hgmp.mrc.ac.uk/geneservice/reagents/products/descriptions/Celegans.shtml）を利用してハイスループットなRNAiスクリーニングが容易に行えるようになったため，様々な生物学的機構を対象にfeedingライブラリーを用いたスクリーニングが行われている。たとえば，老化[13,14]，脂質代謝[15]，ゲノムの安定性[16]に関わる遺伝子の探索に利用されている。

ゲノムワイドなRNAiスクリーニングでは本質的に偏りのない遺伝子群について網羅的にデータが収集されているため，ゲノム上の遺伝子機能についての全体像の理解，遺伝子配列や染色体上の位置情報との関連の解析など体系的な解析が可能である。また，これらのデータはより詳細な遺伝子機能の解析の出発点となる。例えば，Sonnichsenらは胚性致死遺伝子の中から初期発生に関わる遺伝子を同定することを目的にし，タイムラプス録画顕微鏡を用いてRNAi表現型を詳細に解析し，その結果，彼らは初期胚の発生過程で働く新規の遺伝子を多数同定している[10]。

2）特定の遺伝子群に対するRNAi

ゲノムワイドなスクリーニングとは異なり，はじめに特定の遺伝子群を選択してRNAiを行う方法も遺伝子機能の研究には有効な方法である。たとえば，ゲノムの遺伝子配列情報を利用してある生化学的過程に関わると考えられる遺伝子群を探索し，それらについてRNAi表現型を解析するスクリーニングも行われている。Jonesらはユビキチン化に関係する線虫の遺伝子群をゲノムから検索し，それら遺伝子のRNAi表現型を調べ，胚発生に必須なユビキチン化タンパク質を同定した[17]。Parrishらは，DNaseおよびRNaseについてRNAiを行い，アポトーシスにおけるDNA分解に関わる因子を同定した[18]。

3）*in vitro*・*in silico*スクリーニングで得られた遺伝子群に対するRNAi

線虫ではyeast two-hybrid法を利用したタンパク質間相互作用の解析やマイクロアレイによる遺伝子発現解析などの体系的遺伝子機能解析も行われている。これらの解析で得られた遺伝子群の生物学的機能をRNAiで調べることで，より正確に遺伝子間の関係を明らかにすることができる。このような研究例としては，BoultonらによるDNA修復機構の解析がある[19]。彼らはBlast解析により線虫のゲノムからDNA修復機構に関与する因子を探索し，75個の遺伝子を得た。次に，yeast two-hybrid法を用いて，因子間の相互作用マップを作成し，新規の相互作用因子を同定した。さらに，RNAiを用いて，新規相互作用因子の多くがDNA修復機構，またはチェックポイントに関わる役割を持っていることを示したのである。

4）機能重複した二遺伝子の遺伝的相互作用を調べるためのRNAi

これまでに紹介した網羅的RNAi解析は，単一遺伝子の機能抑制による表現型を調べるものであるが，機能重複した二つ以上の遺伝子の機能抑制による表現型，合成表現型（synthetic phenotype）を示す遺伝子の同定にもRNAi法は利用できる。Gottaらは複数ある線虫Gタンパク複合体のGαサブユニットについてRNAiによる二重遺伝子機能抑制を行った。その結果，***goa-1***，***gpa-1***の単独RNAiでは表現型が現れないが，同時に***goa-1***と***gpa-1***のRNAiを行った場合，一細胞胚での極性異常が起こることを見つけた[20]。

また，変異株に対して体系的RNAiを行うことにより，遺伝的相互作用のある遺伝子をスクリーニングすることができる。van Haftenらは自然変異率が高くなった変異株に対し網羅的RNAiスクリーニングを行い，合成致死性を指標にDNA損傷応答に関わる遺伝子を同定した[21]。Baughらは，胚後方の発生の解析を目的とし，発現様式や既存データから26個の候補遺伝子を単離し，それらの遺伝的相互作用を変異株とRNAiを用いて同定した[22]。

5）発生時期特異的RNAi

致死や不稔性を示す必須遺伝子の複数の発生時期における機能について調べる場合もRNAi法は有効である。従来は温度感受性変異株を用いなければ発生時期特異的な遺伝子機能破壊は行えなかった。しかし，RNAi法では，RNAi処理をする発生時期を変えるだけで，簡便に時期特異的な遺伝子機能抑制を行うことができる。すなわち，若い成虫の線虫に対しRNAiを行い，次世代線虫が胚性致死になった場合，孵化後の表現型は見ることが出来ないが，同じ遺伝子について孵化後の一齢幼虫に対しRNAiを行えば，孵化後の表現型を調べることが出来る[23]。孵化後の小さな幼虫に対するRNAiはsoaking法が適している。線虫に直接RNAを導入する微量注入法は小さな幼虫に対しては困難であり，feeding法はRNAi処理中に線虫が成長するため，時期特異的な遺伝子機能抑制は難しい。筆者らの研究室では，胚性致死または不稔性を示す遺伝子群について，soaking法により体系的に孵化後発生における遺伝子機能を解析中である。

以上，RNAiを用いた網羅的遺伝子機能解析について示した。これらのRNAi表現型データは線虫データベースWormBase（http://www.wormbase.org）で収集され公開されている。RNAi法は完全な遺伝子機能破壊ではなく，遺伝子毎・実験毎に効果にばらつきが生じることは念頭に置いておく必要があるが，大量のRNAiデータによって線虫遺伝子の機能の理解はめざましく進歩したことは明らかである。今後もRNAiが活用されることにより，ゲノム全体の機能が明らかになり，遺伝子ネットワークが解明されていくと期待される。

2.4 実験プロトコール

2.4.1 プロトコール1： dsRNAの合成

dsRNA合成はcDNAまたはゲノムDNAのエクソン部分を鋳型として*in vitro*転写反応で行う。線虫のcDNAは小原雄治教授ら（国立遺伝学研究所）のESTプロジェクトにより作成され(http://nematode.lab.nig.ac.jp/db/index.html)，予測遺伝子の半数以上に相当する約10,000遺伝子についてcDNA（yk clone）が整備されている。dsRNAの合成は，微量注入法とsoaking法に必要である。feeding法の場合には，Julie Ahringerらが予測遺伝子の86%を含むfeeding用大腸菌ライブラリーを作成しているので[12]，それを用いるのが便利である。

ここではyk clone等のpBluescript系ベクターにクローニングされているcDNAクローンからのdsRNA合成法を述べる。

手順

・cDNA断片を増幅し，両端にT7プロモーター配列を付加するためのPCR

図2を参考にPCRによりcDNA断片を増幅する。

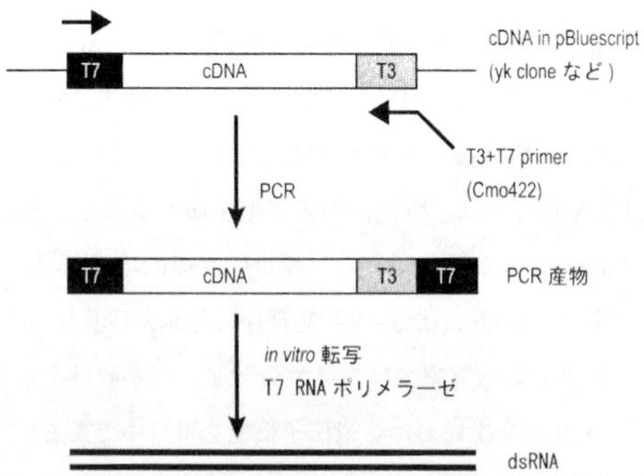

図2 dsRNA合成

PCR反応液		（最終濃度）
primer T7 (10 mM)	1 μl	(0.2 mM)
primer Cmo422 (10 mM)	1 μl	(0.2 mM)
dNTPs	4 μl	(0.2 mM)
鋳型DNA		(1～10ng)
Taq DNAポリメラーゼ (5 U/μl)	0.25 μl	(0.25 U/10 μl)
total	50 μl	

primer T7 5'- GTAATACGACTCACTATAGGGC -3'

primer Cmo422 5'- GCGTAATACGACTCACTATAGGGAACAAAAGCTGGAGCT -3'

（下線部：T7ポリメラーゼの認識部位）

▼

・*in vitro* RNA転写

鋳型DNAとしてPCR産物を用いてRNAを合成する。

反応液		（最終濃度）
NTPs (25mM)	1 μl	(0.25 mM)
T7 RNAポリメラーゼ (50 U/μl)	2 μl	(1 U/μl)
付属　10x buffer	10 μl	
PCR産物	7 μl	
Total	100 μl	

反応時間は37℃，90分。

▼

・DNaseI処理

合成したRNA溶液にDNase I (5 U/μl) 1 μlを加えて，鋳型DNAを分解する。

▼

・RNAの精製

1. フェノール処理，フェノール･クロロフォルム処理，クロロホルム処理を行う。次に，1/10量の3M酢酸ナトリウム（pH 5.2）および等量のイソプロパノールを加えて遠心し，沈殿を70%エタノールでリンスした後，10～20 μlの滅菌水に懸濁。

2. 核酸精製用シリカメンブレンカラムで精製する。筆者らの研究室では，Promega社製Wizard Plus SV Minipreps DNA Purification System のカラムを使用し，同社製SV total RNA isolation system付属プロトコールを参考にしたバッファーで精製している。精製後，イソプロパノール沈殿またはエタノール沈殿を行い，20 μlの滅菌水に懸濁することで濃度調整を行う。この方法では0.5〜1 μg/μlのRNA溶液が出来る。

3. 微量注入に用いる場合には，細かい夾雑物を除くためにTaKaRa SUPREC-1で濾過する。

▼

・RNAの電気泳動による確認

アガロースゲルで電気泳動し，RNA量とサイズを確認する。RNA濃度は波長260 nmの吸光度で測定する。換算率：1 Abs260 = 40 mg/ml。

2.4.2 プロトコール2： dsRNAの導入と表現型の観察

線虫で一般に必要なものは参考文献[24,25]を参照のこと。

1. 微量注入法

準備するもの

- 倒立型微分干渉顕微鏡
- マイクロマニピュレーター
- ミネラル用オイル　(SIGMA M-3516など)
- ニードルプラー

手順

・インジェクション

カバーガラスの上に溶かしたアガロースをのせ，その上にすばやくカバーガラスを被せアガロースパットを作成する。ガラス針にdsRNA溶液を充填する。

▼

アガロースパットにミネラルオイルをのせ，その上に線虫の若い成虫をのせる。

▼

マイクロマニピュレーターでdsRNAを線虫に微量注入する。dsRNAは線虫のどの位置にでも注入することが可能であるが，多くの場合，生殖腺か腸に注入する。この線虫をP0線虫とする。

▼

インジェクション後は，餌の塗ったプレート[1]に移す。20℃で培養する。

▼

・線虫の植え継ぎと表現型観察

一晩置いた後，P0線虫を新しい餌プレート[2]に移す。一晩の間に生まれた卵はRNAiが効いてないものも含まれるので，表現型の観察には使わない。

▼

8～10時間後に，P0線虫を新しい餌プレート[3]に移す。プレート[2]に生まれた卵にRNAi効果が現れることが多いため，培養を続けて観察する。

▼

一晩培養した後，P0線虫を新しい餌プレート[4]に移す。餌プレート[3]に生まれた卵にRNAiが良く効く場合もあるので，培養を続けて観察を行う。

2. soaking法

準備するもの

・ x5 soaking buffer　（最終濃度）

x5 M9 buffer	3.75 ml	(x1.25)
1 M Spermidine (Sigma, S2626)	0.225 ml	(15 mM)
1% gelatin	3.75 ml	(0.25%)
滅菌水	7.275 ml	
total	15 ml	

0.22 μmのフィルターで濾過滅菌後，少量づつ分注して-30℃で保存。

手順

・soaking

線虫を培養しておいたプレートから四齢幼虫（L4）を拾い，餌（大腸菌）の無いプレートに移す。30分ほど放置し，線虫の体についた大腸菌を除く。

▼

0.2 mlチューブに8 μlのdsRNA溶液と2 μlのx5 soaking bufferを混ぜる。

▼

準備したL4線虫を4～6匹，dsRNA溶液に入れる。20℃で24時間静置する。

▼

・虫の植え継ぎと表現型観察

溶液ごとピペットマンを使って，線虫を餌プレート[1]に移し，25℃で培養する。この線虫をP0線虫と呼ぶ。

▼

24時間後，P0線虫を新しい餌プレート[2]に移す。

▼

さらに24時間後，P0線虫を新しい餌プレートに移す。餌プレート[1,2]に生まれたF1世代線虫の表現型を観察する。胚性致死率を調べるには，P0線虫をプレートから除いて14〜18時間後，F1世代の幼虫が成虫になり卵を産み始める前に観察する。

3. feeding法

準備するもの

- *E. coli*株：HT115 (DE3) (Caenorhabditis Genetics Centerから入手)
- Feeding用プラスミド　（ベクターpPD129.36 (L4440)）
- LB + Amp + Tet培地（アンピシリン100 μg/ml，テトラサイクリン12.5 μg/ml）
- プレート（NGM +1 mM IPTG+アンピシリン100 μg/ml+テトラサイクリン12.5 μg/ml）

手順

・Feeding用プラスミドを持った大腸菌を用意する。

Feeding用プラスミドベクターpPD129.36（L4440）に機能破壊したい遺伝子のcDNAまたはエキソン部分をクローニングしたプラスミドで*E.coli*株：HT115（DE3）を形質転換する。

または，公表されているfeeding RNAi用の大腸菌ライブラリー（http://www.hgmp.mrc.ac.uk/geneservice/reagents/products/descriptions/Celegans.shtml）から必要な大腸菌を入手する。

▼

・dsRNA発現誘導とfeeding

LB + Amp + Tet培地で37℃で大腸菌を一晩培養する。IPTGを含むfeedingプレートに大腸菌を塗り，大腸菌内でのdsRNA発現を誘導する。dsRNAを発現させるため，一晩プレートを置く。

▼

大腸菌の生えたfeedingプレート（1）に四齢幼虫L4を数匹置き，培養する。この線虫をP0線虫と呼ぶ。P0線虫が若い成虫になったら，新しいfeedingプレート（2）に移す。

▼

24時間後，P0線虫をプレートから取り除く。feedingプレート（2）に生まれたF1世代の線虫の表現型を観察する。

RNAiは技術的には非常に簡便な方法であるが，重要なステップは表現型解析にある。プロトコール内に示した表現型の観察方法は一例に過ぎず，調べたい表現型（発生時期や組織）によって，dsRNAの導入法と観察方法をデザインすることがRNAi実験の重要なポイントである。

文　　献

1） A. Fire *et al.*, *Nature*, **391**, 806-11 (Feb 19, 1998)
2） W. B. Wood, *Dev Biol (N Y 1985)*, **5**, 57-78 (1988)
3） T. Sijen *et al.*, *Cell* ,**107**, 465-76 (Nov 16, 2001)
4） H. Tabara, A. Grishok, C. C. Mello, *Science* ,**282**, 430-1 (Oct 16, 1998)
5） L. Timmons, A. Fire, *Nature* ,**395**, 854 (Oct 29, 1998)
6） L. Timmons, D. L. Court, A. Fire, *Gene* ,**263**, 103-12 (Jan 24, 2001)
7） I. Maeda, Y. Kohara, M. Yamamoto, A. Sugimoto, *Curr Biol* ,**11**, 171-6 (Feb 6, 2001)
8） F. Piano *et al.*, *Curr Biol* ,**12**, 1959-64 (Nov 19, 2002)
9） P. Gonczy *et al.*, *Nature* ,**408**, 331-6 (Nov 16, 2000)
10） B. Sonnichsen *et al.*, *Nature* ,**434**, 462-9 (Mar 24, 2005)
11） A. G. Fraser *et al.*, *Nature* ,**408**, 325-30 (Nov 16, 2000)
12） R. S. Kamath *et al.*, *Nature* ,**421**, 231-7 (Jan 16, 2003)
13） A. Dillin *et al.*, *Science* ,**298**, 2398-401 (Dec 20, 2002)
14） S. S. Lee *et al.*, *Nat Genet* ,**33**, 40-8 (Jan, 2003)
15） K. Ashrafi *et al.*, *Nature* ,**421**, 268-72 (Jan 16, 2003)
16） J. Pothof *et al.*, *Genes Dev* ,**17**, 443-8 (Feb 15, 2003)
17） D. Jones, E. Crowe, T. A. Stevens, E. P. Candido, *Genome Biol* ,**3**, RESEARCH0002 (2002)
18） J. Z. Parrish, D. Xue, *Mol Cell* ,**11**, 987-96 (Apr, 2003)
19） S. J. Boulton *et al.*, *Science* ,**295**, 127-31 (Jan 4, 2002)
20） M. Gotta, J. Ahringer, *Nat Cell Biol*, **3**, 297-300 (Mar, 2001)
21） G. van Haaften, N. L. Vastenhouw, E. A. Nollen, R. H. Plasterk, M. Tijsterman, *Proc Natl Acad Sci U S A* ,**101**, 12992-6 (Aug 31, 2004)
22） L. R. Baugh *et al.*, *Genome Biol* ,**6**, R45 (2005)
23） H. Kuroyanagi *et al.*, *Mech Dev* ,**99**, 51-64 (Dec, 2000)
24） I. Hope, Ed., *C. elegans : A Practical Approach* (Oxford University Press, Oxford, 1999)
25） H. F. Epstein, D. C. Shakes, Eds., *Caenorhabditis elegans : Modern Biological Analysis of an Organism.* (Academic press, San Diego, 1995)

3 ショウジョウバエ（*D.melanogaster*）におけるRNAiの応用

高橋邦明[*1]，上田　龍[*2]

3.1 はじめに

RNAiは，機能を阻害したい遺伝子の特定領域と相同なセンスRNAとアンチセンスRNAからなる二本鎖RNA(double-stranded RNA, dsRNA)が，標的遺伝子の転写産物であるmRNAの相同部分を干渉破壊するという現象で，1998年に線虫を用いた実験によって発見された[1]。このRNAiを利用した遺伝子機能解析は，線虫のみならず，植物，ショウジョウバエさらにはほ乳類を含む脊椎動物など多くの生物種に広がり，現在では遺伝子機能解析の一般的な手法として普及しつつある。RNAiそのものの性質や原理等については，他稿を参照いただくとして[2]，ここでは，我々が現在作製しているショウジョウバエ誘導型RNAi変異体バンクの概略とプロトコールについて紹介したい。

3.2 RNAiハエバンクについての概要

2000年3月，キイロショウジョウバエ(*Drosophila melanogaster*)の120 Mbにおよぶ全ゲノム配列が決定された。その後の解析から，ショウジョウバエのゲノムに存在する約13,600個の遺伝子の約70%がヒト遺伝子と相同性を持つことが判明している。同様に，これまで判明している癌，神経性疾患などの原因遺伝子についても，その7割ほどをショウジョウバエのゲノム中に見いだすことが出来る。近代遺伝学の発展の中でショウジョウバエは遺伝学の材料として多用されてきたが，発生学や生理学の分野では昆虫という異なる体制を持った材料としてヒトを含む哺乳類とは区別して考えられてきた。しかしながら近年，ショウジョウバエを用いたヒト遺伝子の機能解析が盛んに行われるようになり，ヒト遺伝子の機能を調べるための「モデル生物」としての期待が急速に高まりつつある。遺伝子の機能を調べるためには，その遺伝子の機能を阻害した際にどのような異常が起きるかを調べる遺伝学的手法が有効であるが，ショウジョウバエでは，従来からトランスポゾンP因子や化学変異原により作り出された突然変異体を用いた順遺伝学的手法で個々の遺伝子の機能が解析されてきた。しかしながら，ランダムに突然変異を誘発する方法では，全ての遺伝子に対してその突然変異体を得ることは難しく，同定された13,600個の遺伝子のうち未だ突然変異体が得られておらずその機能が未知の遺伝子が多数，存在する。

ゲノム配列が既知となった今日，特定の遺伝子に狙いを定めて変異体を作製し，その表現型を解析する逆遺伝学的アプローチが可能となったが，RNAiはポストシークエンス時代の遺伝子機

*1　Kuniaki Takahashi　国立遺伝学研究所　系統生物研究センター　無脊椎動物遺伝研究室　助手
*2　Ryu Ueda　国立遺伝学研究所　系統生物研究センター　無脊椎動物遺伝研究室　教授

能解析に最適な技術であるといえる。発見当初，RNAiを利用した研究では，*in vitro* で合成した二本鎖RNAをマイクロインジェクション法により体内（初期胚）に導入していたが，現在では体内でヘアピン型の二本鎖RNAを産生するという「誘導型」へその主流が移りつつある[3,4]。ショウジョウバエではGAL4-UAS法とRNAiとを組み合わせて用いることにより，誘導型RNAiを行うことが可能である。酵母の転写調節因子であるGAL4タンパク質は，UAS (upstream activation sequence) とよばれるDNA配列に特異的に作用し，UASの下流にある遺伝子の発現を活性化する。染色体上のエンハンサーを補足したGAL4エンハンサートラップ系統を用いると，時期・組織特異的にGAL4が発現した特定の組織で，あるいは特定の時期にRNAiを行うことが出来る。特に，発生段階の初期に重要な役割を担う遺伝子の変異体の場合には，その多くが胚致死となり，発生後期の遺伝子機能を解析するのが困難であった。しかしながら，誘導型RNAi法では，適切なGAL4系統を用いることで，この問題をクリアすることが可能である（詳細については次項参照）。筆者らの研究室では，個々の遺伝子の機能解析はもとより，網羅的な遺伝子ネットワーク解析をも可能とするため，ショウジョウバエ全遺伝子の機能解析ができるRNAiハエバンクの開発を行っている。タンパク質をコードする遺伝子13,600のうち，誘導型RNAiが有効であると考えられる10,000遺伝子についてその変異体バンクを構築中であるが，現在までに，7,500遺伝子分のベクターを構築し，6,500遺伝子分の系統が変異体として利用可能である。この誘導型RNAi変異体バンクを用いた共同研究は国内外84箇所におよび，形態形成・免疫・サーカディアンリズム・寿命などの生体機能に働く遺伝子のネットワークの解析に利用され，成果を上げつつある。現在のところ，構築したRNAi変異体のうち，1,500の系統をRNAiハエバンクとして公開している。

3.3　ショウジョウバエ誘導型RNAiの原理

誘導型RNAiでは，ヘアピン型dsRNAを産生するためのコンストラクトをハエ染色体に導入する（図１A）。このコンストラクトはターゲットする遺伝子の断片（350～500bp）を逆向き反復配列の形でプロモーターの下流に挿入したものである。RNAiは優性の変異をもたらすため，プロモーターとしては熱ショックタンパク質（Hsp70）遺伝子プロモーターなどのように，その発現を人為的にコントロールできるものが望ましい。

ここではGAL4-UASシステムを使った遺伝子強制発現系を利用した誘導型RNAi法を紹介する。このシステムでは２種類のハエを使用する（図１B)。片方は酵母の転写調節因子GAL4タンパク質を発現するハエ（GAL4ドライバーと呼ばれる）であり，もう一方がGAL4の認識配列であるUAS配列の下流に逆向き反復配列をつないだUAS-IR transgeneを持ったハエである。GAL4ドライバーには

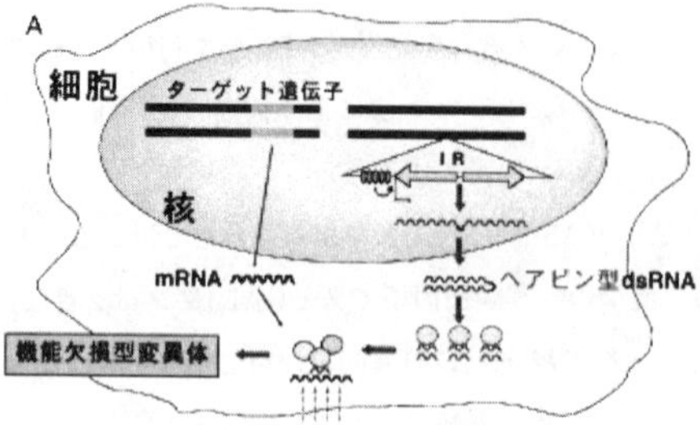

A: 遺伝子断片の逆向き反復配列（IR）を発現するとヘアピン型RNAが産生され，21bpに切断された後，ホストのmRNAを配列特異的に分解する。細胞ではターゲット遺伝子の機能が阻害され，機能欠損型（loss-of-function）変異が誘導される。

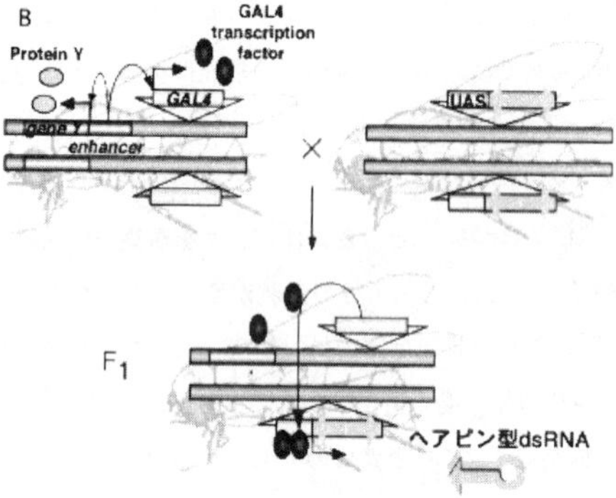

B: GAL4エンハンサートラップ・ドライバーを用いたIRの発現。ドライバーのハエ（左上）では，GAL4 transgeneが染色体のエンハンサー配列の制御下で組織/時期特異的にGAL4転写調節因子を発現する。UASプロモーター下にIRをつないだtransgeneを導入したハエ（右上）をドライバーのハエと交配すると，次世代のハエではIRが組織/時期特異的に発現し，その細胞でのみRNAiが誘導される。

図1　ショウジョウバエの誘導型RNAi

1）Hsp70プロモーターや，Act5Cプロモーターのように特定遺伝子のプロモーターをGAL4タンパク質の発現に利用したもの

2）GAL4エンハンサートラップ法により作り出されたもの

の2種類がある。2）のドライバーではゲノムDNAのエンハンサーをモニターしてGAL4を発現するtransgeneが染色体に挿入されている。染色体上の位置によって（モニターするエンハンサーの種類によって）GAL4はそれぞれ組織/細胞特異的あるいは発生時期特異的な発現パターンを示す。これらの2種類のハエを交配して生まれる子孫（F_1）のハエでは，2種類のtransgene

が共存し，GAL4が発現する細胞でのみヘアピン型RNAが産生され，RNAiによる遺伝子機能阻害がおこる。

このように誘導型RNAiはいわゆる条件変異（conditional mutation）を誘導するものである。例えば眼原基の細胞でのみGAL4を発現するGMR-GAL4ドライバーを用いれば，仮にターゲットする遺伝子が胚期の形態形成にも重要な役割を果たしているとしても，眼の形成というシグナル伝達カスケードを解析するのに都合がよい発生の場で，その遺伝子機能を詳細に調べることが可能となる（図2C）。誘導型RNAiの特徴をまとめると，

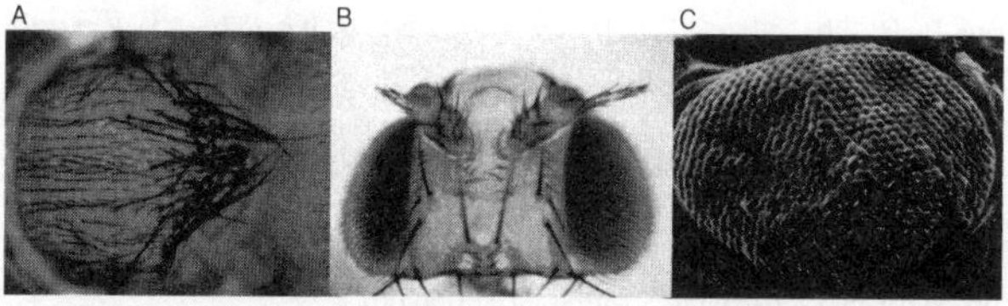

図2　誘導型RNAiの具体例

これらの遺伝子は，完全に遺伝子活性がなくなるnull変異ではいずれも胚致死となる。誘導型RNAiを用いると成虫組織での遺伝子機能を調べることができる。

A: ***extramachrochaetae* (*emc*)** 遺伝子RNAi。*dpp*-GAL4ドライバーで成虫のSC領域を中心に ***emc*** 遺伝子をノックダウンした。感覚毛が増加していることがわかる。

B: ***tango* (*tgo*)** 遺伝子RNAi。*dll*-GAL4ドライバーを使い付属肢先端で ***tgo*** 遺伝子をノックダウン。触覚が肢に変化している。

C: ***canoe* (*cno*)** 遺伝子RNAi。GMR-GAL4ドライバーを使い複眼のみで ***cno*** 遺伝子をノックダウンした。Cone 細胞の増加により，いわゆるrough eye 表現型が誘導されている。

1）多面的発現をする（pleiotropic）遺伝子の機能解析に有利

2）交配するだけで数多くの安定した変異体個体を作出できるので，生化学的，分子生物学的解析に適用可能

3）transgeneを使うので，遺伝子の染色体上の位置に依存しない。すなわち多重変異体の作製など遺伝学的な解析が容易

4）またRNAiの一般の特徴として，染色体上でオーバーラップした遺伝子の解析という点でも通常の染色体変異に比べて有利

5）一般的に，遺伝子機能を完全に失ったnull mutationを作ることが難しい。（多くの場合，hypomorphic mutationである。）ただし，誘導条件を調節することにより，遺伝子機能阻害の程度をコントロールすることが可能

といった点が挙げられる。

[メモ]

ここで使用するハエ系統は国立遺伝学研究所系統生物研究センターより入手可能（URL: http://www.shigen.nig.ac.jp/fly/nigfly/）。国内の研究室で維持されている系統は，伊藤　啓氏（東京大学）が運営しているJfly（URL: http://jfly.iam.u-tokyo.ac.jp/index_j.html）にリストされている。GAL4ドライバーのハエ系統は，Indiana stock center（URL: http://flybase.bio.indiana.edu/stocks/）から入手可能。また，NP系統が京都工繊大ショウジョウバエ遺伝資源センター（URL: http://www.dgrc.kit.ac.jp/index.html），および遺伝研より公開されている。このNP系統は国内の8研究室が共同で作出したGAL4エンハンサートラップ系統で，4,177系統を網羅している。inverse PCRによって決定したPベクターの染色体上の位置，およびGAL4の発現部位を画像とテキストデータで示したデータベースGETDB(URL: http://flymap.lab.nig.ac.jp/%7Edclust/getdb.html)も公開されている。RNAiの系統についても，同じく国立遺伝学研究所系統生物研究センターから入手可能である（URL: http://www.shigen.nig.ac.jp/fly/rnai/strainsListAction.do)。

3.4 UAS-IR transgene構築

[器具・試薬]

- PCRマシーン（Perkin Elmer社，Gene Amp PCR System 9600）
- cDNA：*Drosophila melanogaster*のEST (cDNA)クローンもしくは合成cDNA
  ESTクローンはDGRC (URL: http://dgrc.cgb.indiana.edu/)より入手可能。
- トランスフォーメーション用ベクター：pUAST R57（マップ参照）
- PCRプライマーセット：SfiIとCpoI切断配列とを付加したフォワードプライマー　(5'-AAGGCCTACATGGCCGGACCG+目的とするcDNAの5'側の塩基配列21bp-3')とKpnIとXbaI切断配列とを付加したリバースプライマー(5'-AATCTAGAGGTACC+目的とするcDNAの3'側の塩基配列21bp-3')のセット。
- JM109 competent cell (TaKaRa)
- SURE or SURE2 competent cell (Stratagene)
- Advantage2 PCR kit (Clontech)
- KpnI (TOYOBO), CpoI (TaKaRa), SfiI (TaKaRa), XbaI (TOYOBO), EcoRI (TOYOBO)
- ライゲーションキット ver.2 (TaKaRa)
- 3M 酢酸ナトリウム (pH5.2)
- 水飽和フェノール／クロロホルム (1:1)
- シークエンス用プライマーセット

Seq. primer-1 (5'-TACTGAAATCTGCCAAGAAG -3')

Seq. primer-2 (5'-TAAGACCTCAAAATTAACCC -3')

・dGTP BigDye Terminator ver.3

［方法］

以下の方法では，多数のサンプルを処理するために試薬量などを節約しているが，サンプル数が少ない場合には用いる試薬量を増やしても構わない（図 3 参照）。

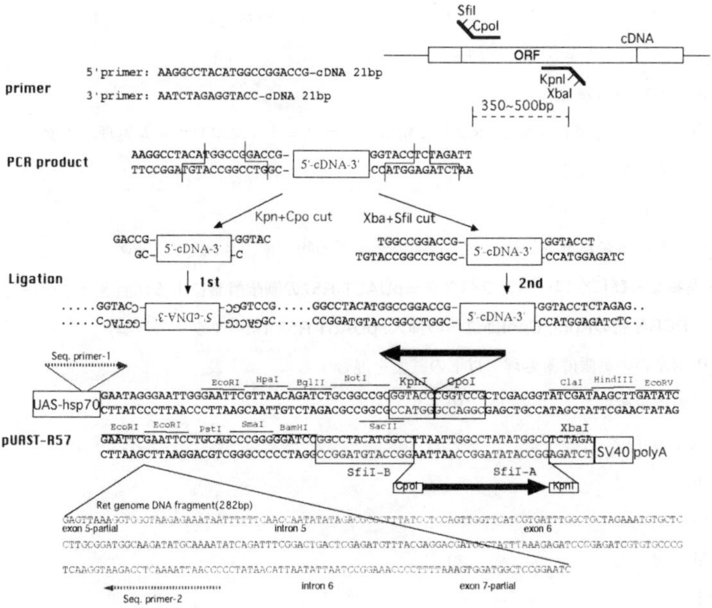

図3 IRベクターの構造とクローニング概念図

pUAST-R57ベクター: pUASTベクターを改変し，4種類の制限酵素サイトを用いることにより，PCR産物の方向と位置を規定して逆向き反復配列を作成出来るようにしたもの。2つの逆向き反復配列の間には，ショウジョウバエの*ret*遺伝子のゲノム断片 (282 bp)が挿入してある。

1. インサートDNAの増幅とPCR産物の精製

1）以下の試薬を混合する。ここでは，ESTクローンを用いた場合の増幅法を紹介する。

ESTクローン（プラスミド）	5 ng
10 X PCR buffer	5 μl

50 X dNTP mix (10 mM)	1 μl
50 X polymerase mix	1 μl
フォワードプライマー	10 μM
リバースプライマー	10 μM
dH_2O	
総量	25 μl

2）PCR反応

95℃, 5分 → [95℃, 15秒 → 68℃, 1分] × 33サイクル → 68℃, 1分 → store 4℃

↓

3）PCR産物の精製

PCR産物25 μlをMicrocon-PCRなどで精製（フェノール／クロロホルム処理，エタノール沈殿による精製でも可)。

4）PCR産物のチェック

精製したPCR産物を電気泳動し，目的のサイズの物が増幅されているかを確認する。

2. PCR産物ならびにクローニングベクターpUAST R57の制限酵素による切断とライゲーション反応（PCR産物のKpnI, CpoI部位への挿入, pUAST R57 1stベクターの構築）

1）PCR産物の制限酵素処理：以下の試薬を混合する。

上記のPCR産物	10 μl
10 X L buffer	2 μl
KpnI	5 U
dH_2O	
総量	20 μl

↓

37℃ で2時間反応（一晩でも可)。

↓

上記KpnI処理したPCR産物反応液	20 μl
10 X K buffer	4 μl
CpoI	5 U
dH_2O	
総量	40 μl

↓

30℃ で2時間反応。

CpoIによる切断反応は2時間以内とする。長時間の反応はDNAの分解を引き起こす。

2）クローニングベクター　pUAST R57の制限酵素処理：以下の試薬を混合する。

pUAST R57 ベクター	100 ng
10 X L buffer	2 μl
KpnI	5 U
dH_2O	
総量	20 μl

↓

37℃ で2時間反応。

↓

上記KpnI処理したベクター反応液	20 μl
10 X K buffer	4 μl
CpoI	5 U
dH_2O	
総量	40 μl

↓

30℃ で2時間反応。

PCR産物同様，CpoIによる切断反応は2時間以内とする。

3）制限酵素反応終了後，PCR産物の反応液ならびにpUAST R57ベクター反応液を混ぜ，フェノール／クロロホルム処理およびエタノール沈殿を行う。

4）エタノール沈殿後，乾燥させたものを1.5 μlのdH_2Oに溶解する。

5）ライゲーション反応：以下の試薬を混合する。

KpnIとCpoIで消化したpUAST R57 + PCR産物	1.5 μl
Ligation kit ver.2 (TaKaRa)	1.5 μl
総量	3.0 μl

↓

16℃ で2時間反応（もしくは，一晩でも可）。

3. トランスフォーメーションおよびプラスミドDNAの回収

1）以下の試薬を混合する。

ライゲーション反応溶液	3 μl
JM109コンピテント細胞 (TaKaRa)	15 μl
総量	18 μl

↓

2）プロトコールに従ってトランスフォーメーションを行う。

3）LB/ Ampプレートにプレーティングする。

4）37℃ で一晩培養。

5）コロニーを数個選んで37℃ で一晩培養。

6）プラスミドを回収して，EcoRIで切断し目的の断片が挿入されていることを電気泳動で確認する。

4. PCR産物ならびにpUAST R57 1stベクターの制限酵素による切断とライゲーション反応（PCR産物のXbaI, SfiI部位への挿入, pUAST R57 IRベクターの構築）

1）4で確認したKpnI, CpoI部位に目的のcDNA断片を一つもつpUAST R57 1stベクターとPCR産物とをXbaIとSfiIとで切断する。

2）PCR産物の制限酵素処理：以下の試薬を混合する。

1で増幅したPCR産物	10 μl
10 X M buffer	2 μl
XbaI	5 U
dH_2O	
総量	20 μl

↓

37℃ で2時間反応（一晩でも可）。

↓

上記XbaI処理したPCR産物反応液	20 μl
10 X M buffer	2 μl
SfiI	5 U
dH_2O	
総量	40 μl

↓

50℃ で4時間反応。

SfiIによる切断反応にはかなりの時間を要する（最低でも2時間は必要）。

3）pUAST R57 1stベクターの制限酵素処理：以下の試薬を混合する。

4で確認したpUAST R57 1stベクター	100 ng
10 X M buffer	2 μl
XbaI	5 U
dH_2O	
総量	20 μl

↓

37℃ で2時間反応（一晩でも可）。

↓

上記XbaI処理したベクター反応液	20 μl
10 X M buffer	4 μl
SfiI	5 U
dH_2O	
総量	40 μl

↓

50℃ で4時間反応。

PCR産物同様，切断反応は2時間以上とする。

4）制限酵素反応終了後，PCR産物の反応液ならびにpUAST R57 1stベクター反応液を混ぜ，フェノール／クロロホルム処理およびエタノール沈殿を行う。

5）エタノール沈殿後，乾燥させたものを1.5 μlのdH_2Oに溶解する。

6）ライゲーション反応：以下の試薬を混合する。

XbaIとSfiIで消化したpUAST R57 1stベクター + PCR産物	1.5 μl
Ligation kit ver.2 (TaKaRa)	1.5 μl
総量	3.0 μl

↓

16℃ で2時間反応（もしくは，一晩でも可）。

5. トランスフォーメーションおよびプラスミドDNAの回収

1）以下の試薬を混合する。

ライゲーション反応溶液	3 μl
SURE2コンピテント細胞　(Stratagene)	20 μl

総量	23 μl

↓

2）プロトコールに従ってトランスフォーメーションを行う。

3）LB/ Ampプレートにプレーティングする。

4）37℃ で一晩培養。

5）コロニーを数個選んで37℃ で一晩培養。

6）プラスミドを回収して，KpnIで切断し目的の断片が挿入されていることを電気泳動で確認する。ここで精製したプラスミドDNAは，直接インジェクション用のサンプルにするため，スピンカラムなどを用いて精製を行うことを勧める。

6. インジェクション用pUAST R57IRベクターのシークエンス

1）以下の試薬を混合する（ここではAppliedのBigDye Terminator ver.3を用いた場合を紹介する）。

pUAST R57 IRベクター	1 μg
dGTP BigDye Terminator ver.3	4 μl
primer (Seq. primer-1 or Seq. primer-2 1 mM each)	3 μl
5 X PCR buffer	2 μl
dH_2O	6 μl
総量	20 μl

シークエンスに用いるBigDye Terminatorの種類，pUAST R57誘導体DNAの量は通常のシークエンスとは大きく異なる。これは，inverted repeatをシークエンスするため，反応産物が通常のベクターに比べ極端に少なくなるためである。

2）PCR反応

98℃, 10分 → [98℃, 10秒 → 58℃, 5秒 → 70℃, 4分] × 25サイクル → store 4℃

反応温度についても，伸張反応の温度を70℃とした。

↓

3）PCR産物の精製

PCR産物20 μlをCENTRI SEPなどで精製（エタノール沈殿による精製でも可）。

4）シークエンスのチェック

Applied の3130xl DNAシークエンサー等を用いてシークエンスを行う。

5）得られたシークエンスデータをFlyBase上のBLAST Search (URL: http://flybase.net/blast/) で確認する。

7. インジェクション用サンプルの調整

インジェクションの際の針詰まりを防ぐため，不純物の少ないDNAを用いる。

1）以下の試薬を混合する。

pUAST R57 IRベクター	0.5 μg
phs π (helper DNA)	0.5 μg
10 X インジェクション緩衝液（50 mM Kcl, 1 mM NaPB (pH 6.8)）	1 μl
dH_2O	
総量	10 μl

8. ハエの形質転換と系統樹立

［準備］

器具＆試薬

採卵：

1）グレーププレート作成

粉末寒天	22g
グルコース	87g
乾燥酵母	18g
Welch'sグレープジュース	455ml
水	543ml

湯煎に掛けて良く溶かす。22ml 1.25N NaOHを加え，60℃ぐらいまでさます。11ml Acid MixAを加え，駒込ピペット等でスライドグラス上に流し固める。上記量で200～300枚できる。ペーパータオル等で湿らせた箱で 4 ℃保存。

Acid MixA

100%　プロピオン酸	418ml
85%　リン酸	11.5ml

2）スライドグラスが入るガラスバイアルとスポンジ栓（採卵用）

3）集卵用バイアル。50mlチューブ（Falcon 2070）を切断し，フタに穴を開けて200ゲージのナイロンメッシュを挟み，篩様にしたもの。

4）ガラス製染色壷（50ml）

5）次亜塩素酸ナトリウム溶液（4%原液を2倍希釈）

6）駒込ピペット

7）35mmプラスチックシャーレと厚さ5mm程度にスライスしたスポンジ栓

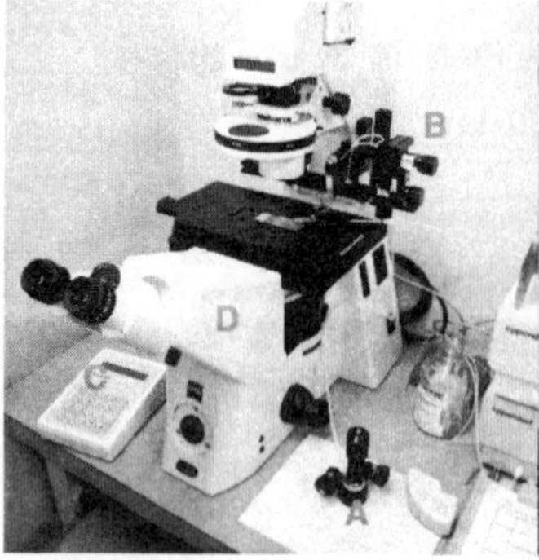

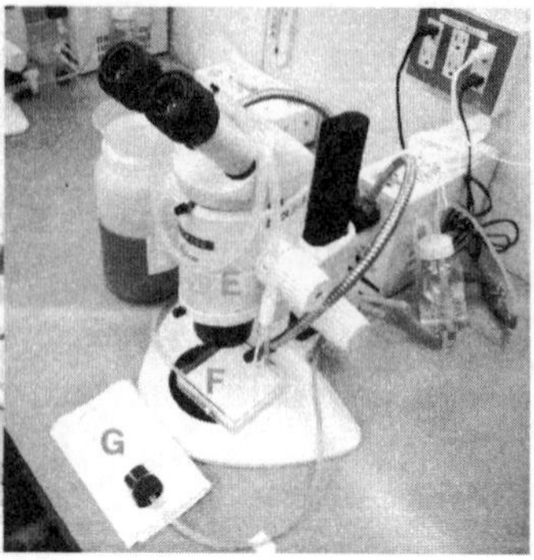

図4　装置

マイクロインジェクションの装置（左）
A:マニピュレーター（ナリシゲMMO-202N。3次元微動用）　B: マニピュレーター（ナリシゲMMN-1。3次元粗動用）　C:電動空気圧インジェクター（Transjector5246）。現在はモデルチェンジして使い勝手が良くなっているはず。　D:倒立顕微鏡（Zeiss Axiovert200）。ナリシゲのマニピュレーターアダプターが適合していれば何でも良い。ただし，ステージのハンドルが左手で操作できるもの。明視野での検鏡で充分。対物レンズ倍率はx 10。
ショウジョウバエ交配用の顕微鏡セット（右）
E:実体顕微鏡(Leica MZ-8)。同機種は現在，MZ95にモデルチェンジしている。　F:炭酸ガス麻酔装置。アクリルの箱に5μmポアサイズのナイロンメッシュ（東進理工製，池田理化取り扱い）を張った多孔質のプラスチック板を入れてある。その全面からCO2が浸み出してくる。「三菱生命研規格」として池田理化より入手可。G:あらかじめガラスバイアルにCO2ガスを導入しておくと，瞬間的に麻酔が掛かるので作業がはかどる。H:ガス洗浄瓶。CO2ガスはいったん水をくぐらせる。I:吸虫管（作り方:http://jfly.iam.u-tokyo.ac.jp/html/movie/movie.html）

マイクロインジェクション（図4参照）：

1）倒立顕微鏡（ツァイス Axiovert200など,）

2）マイクロマニピュレーター（ナリシゲMMO-202N，粗動用MMN-1，取付けアダプターNZ-19）

3）インジェクター（エッペンドルフ）
筆者等はフェムトジェットを使用している。

4）ガラス針。エッペンドルフFemtotips II

5）実体顕微鏡（卵を並べるため。Leica MZ95など）

6）卵を並べるスライドグラス。シリコンオイルが流れ出さないように枠をつくる。スライドグラスにビニールテープ（ミリオンビニルテープ19mm幅）を4枚重ねて貼り，中をカミソリでくり抜いて枠を作る。この中に両面テープ（スコッチ　#665-1-12）を貼る。

7）ピンセット。長時間作業の疲労を軽減するため，先の細い，軽くて反発力の弱いもの(REGINE No.5 titan)。

8）保湿箱（スライドグラスが入るプラスチックの箱。ペーパータオルを入れて水を含ませる）

9）キムワイプの小片（2 x 5mm程度）。餌の入った小バイアル。

系統樹立のための交配（図2b参照）：

1）実体顕微鏡

2）炭酸ガス麻酔装置

3）w^{1118}系統

4）ダブルバランサーのハエ系統。w^{1118}; *Sp/SM1,Cy; Pr/TM3,Sb Ser*

［方法］

1.採卵と脱卵殻膜処理

1）三齢幼虫の時期に密度を調節して，充分に太らせたw^{1118}のハエ100匹ほどをガラスバイアルに入れ，グレーププレートを入れてスポンジ栓でフタをする。紙箱に入れるなど暗所で採卵する。25℃，30分間間隔。最初の1枚は発生の進んだ卵が多いので捨てる。

2）次亜塩素酸ナトリウム溶液（2%）を入れた染色壺にグレーププレートを入れ30秒間処理し，卵殻膜を溶かす。この間，駒込ピペットで溶液をプレート面に吹きかけ，卵を液中に洗い流す。

3）あらかじめ水をかけた集卵用バイアルに，卵の浮かんだ次亜塩素酸ナトリウム溶液を流し込み卵を回収する。

4）流水（水道水）を静かにバイアル壁に添うようにかけて良く洗う。最後に洗浄ビンを使って水を掛け，卵をメッシュの中央部に集める。

5）スポンジを入れたプラスチックシャーレに水を注ぎ，その上にメッシュごと卵を載せる。(乾燥させないため。)

2.マイクロインジェクション

1）実体顕微鏡下でスライドグラスに貼った両面テープの上に卵を並べる。卵の前端を左にして，テープの左側に上から下まで30個ほどの卵を並べる。乾燥を防ぎ，卵内部を観察しやすくするため，シリコンオイルをかける。

2）ガラス針にDNA溶液を専用チップを使って入れる。

3）卵の後端に針を刺して，DNA溶液を注入する。

4）保湿箱に入れて25℃でインキュベートする。およそ24時間で幼虫が孵化し，オイルの中を泳ぎ回る。

5）ピンセットでつまんだキムワイプの小片に一匹ずつ回収し，小片ごとバイアルの餌の上に載せる。バイアル一本に一匹。25℃でインキュベート。10日で成虫が羽化する。

3.系統樹立のための交配

1）インジェクション処理をした卵から発生した成虫（G0）のオス／メスを判別し，パートナーのハエ（w^{1118}系統）3匹を同じバイアルに加える。

2）次世代（G1）で赤眼の個体（transformant）を選択。1本のバイアルからオス1匹のみ選び，ダブルバランサーのメス20匹と交配。新しい小バイアルに入れ，餌や壁にくっつかないようにバイアルを横にして，3日間卵を産ませる。その後，大バイアルにハエをトランスファーする。

3）次世代（G2）の赤眼で*Cy*，かつ*Sb*の表現型を持つメス，オスを選んでそれらを交配。小バイアルで1～2世代増やした後，大バイアルで継代。

3.5 おわりに

このようにRNAiは簡便な遺伝子機能破壊法であるが，いくつかの欠点もある。まず第一に，遺伝子や組織によってはRNAiの効果を誘導しにくい可能性がある。また，RNAiはあくまでも一過的な遺伝子破壊法であるため，長期にわたって継代して表現型を観察するには不向きである。これらの点を克服するためには，染色体上に変異を持つ系統を用いた解析が必要不可欠であり，順遺伝学的アプローチと逆遺伝学的アプローチの二つを状況に応じて相互補完的に利用する必要があることを常に念頭に置く必要がある。本稿で紹介したヘアピン型dsRNAiは，長さが350 - 500 bpある。これらのdsRNAiは細胞質内でDicer RNaseによって消化され21 bpのsiRNAが産生される。産生されたsiRNAが標的mRNA以外の mRNAの分解に関与するOff - Target効果の可能性については，dsCheck（URL: http://alps3.gi.k.u-tokyo.ac.jp/~dscheck/main/index2.php）というwebサイトで検討することができる。

文　献

1） Fire, A. *et al*, *Nature,* **391**, 806-811 (1998)
2） Ueda,R. *J. Neurogenet.*, **15**, 193-204 (2001)
3） Tavernarakis, N., Wang, S. L., Dorovkov, M., *Nature Genet.*, **24**, 180-183 (2000)
4） Fortier, E. & Belote, J.M., *Drosophila. Genesis*, **26**, 240-244 (2000)

4 RNAiによる哺乳動物個体レベルでのノックダウン

蓮輪英毅[*1]，岡部　勝[*2]

4.1 はじめに

siRNA（small interfering RNA）の発見を機に，これまで哺乳類では応用できないと考えられてきたRNAiが可能となり，遺伝子の機能解析や遺伝子治療への応用へ向け研究がなされている。本項では哺乳動物個体レベルにおけるRNAi研究のめざましい研究成果について，siRNAを直接投与する方法とベクターにより間接的に導入する方法に関して述べる。また，我々が行っているRNAiをトランスジェニックマウス作製により個体レベルで行なう方法について紹介する。

4.2 合成siRNAの投与によるマウス個体におけるRNAi

siRNAは標的とした遺伝子の発現を特異的に抑制できるが，RNAであることから染色体そのものに変化を起こすことはないため非常に安全性の高い遺伝子治療法として使用できる可能性を秘めている。ただし，RNAとしての性質をもつために動物個体内で自由に利用するためには数々の問題を解決する必要がある。現在，siRNAを用いた様々な応用研究が世界中でなされており，それらの研究成果を総合すると臨床的な応用の可能性が見えてきたと思われる。本項では，最近のトピックスを交えながらsiRNAを用いた哺乳動物個体レベルでの遺伝子ノックダウンについて紹介する。

4.2.1 ハイドロダイナミクス法を用いたsiRNAの導入

ハイドロダイナミクス法は血管から急速にDNAを注入することにより，肝臓をはじめ腎臓や肺などに遺伝子を導入する方法である。McCaffreyらはルシフェラーゼ発現ベクターとsiRNAやsiRNA発現ベクターを同時にハイドロダイナミクス法で導入することにより，マウスの肝臓においてRNAiが機能することを証明した[1]。また，Lewisらも同様な実験を行ない肝臓・腎臓・脾臓・肺・膵臓において，siRNAによりルシフェラーゼの発現を特異的に抑制できることを示している[2]。これらの結果は動物個体レベルにおいてRNAiが機能することを証明したことに関しては非常に大きな意味をもつが，ハイドロダイナミクス法は急速に大量の溶液を注入する必要があるため，そのままでは人に対する遺伝子治療法として使用することは難しいであろう。

4.2.2 siRNAの化学修飾による安定化と高効率な導入

RNAは非常に不安定であるために，生体内にsiRNAを導入する際の問題点の1つとなっている。RNAを修飾することにより生体内での安定性と細胞導入率を向上させることで，動物個体レベルでのRNAiの効率を上げることができるとSoutschekらは報告している[3]。彼らはapoB

＊1　Hidetoshi Hasuwa　大阪大学　微生物病研究所　附属遺伝情報実験センター　助手
＊2　Masaru Okabe　大阪大学　微生物病研究所　附属遺伝情報実験センター　教授

を標的としたsiRNAのセンス鎖の3'末端にコレステロールを付加させた修飾siRNAを合成し，マウスの尾静脈より注入することで，生体内におけるapoBタンパク質の量を減少させることに成功している。この研究は静脈注射によるsiRNAの全身投与が可能であることを示唆しており，安全面等をクリアできればRNAi創薬が可能になるのではないかという期待がもたれる。

4.2.3　27塩基の2本鎖RNAの可能性

Tuschlらにより最初にデザインされたsiRNAは3'側に2塩基のオーバーハングをもつ21塩基のdsRNA（double strand RNA）であり，現在の研究に用いられているsiRNAの基本的な構造となっている[4]。最近，21塩基より長い27塩基のdsRNAや29塩基のshort hairpin RNA（shRNA）を使用すると，より高いRNAi活性を示すことが報告された[5,6]。Kimらの報告によると27塩基のdsRNAはこれまでの21塩基のsiRNAにくらべて1000分の1の低濃度でもRNAiを効率よく誘導することが可能とのことである。これは動物個体レベルでRNAiを応用するためには非常に有用な方法になるかもしれない。27塩基のdsRNAが“なぜ高いRNAi活性を示すのか？”ということに関しては不明な点が多いが，21塩基にくらべDicerやRISC（RNA-induced silencing complex）に取り込まれやすくなっているためではないかと考えられている。ただし，鎖長が長くなったことにより，配列によってはoff-targetなどの副次的な効果が出やすくなることも考えられ，dsRNAの配列をデザインする際にはその点に注意を払う必要があるだろう。

前述のコレステロールで化学修飾したsiRNAや27塩基のdsRNAのように合成RNAを用いたRNAiに関する新しい技術や手法が日々開発されているが，動物個体レベルでのRNAiという観点からみると，まだまだ解決されなければならない問題が残されている。その1つとして目的組織へのsiRNAデリバリー技術の開発等が挙げられる。現在のRNAiに関する研究は急速に進展していることから，siRNAを用いた遺伝子治療が可能になる日もそれほど遠くないかもしれない。

4.3　ベクターによるsiRNA（dsRNA）の発現系を用いたマウス個体におけるRNAi

これまでにマウス個体におけるベクター系を用いたRNAiの成功例は複数報告されており，用いるプロモーターにより大きく2つに分けられる。一つはRNAポリメラーゼIII（pol III）プロモーターを用いてsiRNAを発現させる系で，もう一方はRNAポリメラーゼII（pol II）プロモーターを用いて数百塩基の長いdsRNAを発現させる系である。ここではそれぞれの系の特徴と応用例について説明する。

4.3.1　pol IIIプロモーターを用いたRNAiトランスジェニックマウスの作製

H1, U6やtRNAなどのpol IIIプロモーターを用いたsiRNA発現ベクターが開発されたことにより[7~9]，現在では哺乳動物個体で持続的なRNAiを行なうことが可能となっている。pol IIIプロモーターの特徴は短いRNAやshort hairpinなどの2次構造をつくったRNAを効率よく発現できることや，動物個体レベルにおいて全身でsiRNAを発現させることができる点にある。siRNA発現ベクターの構成は非常にシンプルでpol IIIプロモーターの下流にsiRNAをコードする20塩基前後のセンス・アンチセンス鎖，それらをつなぐ数塩基のループ配列と，4塩基以上のチミン（T）からなるターミネーションシグナルがあるだけである。ベクターが開発された当時は，RNAi効果の強いsiRNAの配列としてmRNAのどの部位を標的にするのが良いのかを予め知ることは非常に難しかったが，最近ではsiRNA解析アルゴリズムの発達により比較的容易に効果のある配列情報が得られるようになってきている。

我々はEGFPを全身で発現する“グリーンマウス”をモデルとして，EGFPを標的としたRNAiトランスジェニックマウスをマイクロインジェクション法により作製した[10]。これまでにH1とtRNAプロモーターの下流にEGFPを標的としたsiRNAをコードする配列を挿入したベクターを用いて試みており，両ベクターにおいて全身性のRNAi効果を観察することに成功している（4.4　実験例参照）。

マイクロインジェクションによるトランスジェニックマウス作製法とは異なる手法として，ES細胞にsiRNA発現ベクターを導入して得られたクローンの中からRNAi効果の高いES細胞株を用いてキメラマウスを作製することで，確実にRNAi効果のあるRNAiトランスジェニックマウスを作製する方法に関しても報告されている。KunathらはRasGAPをターゲットとしたRNAiベクターを作製しES細胞に導入した後，RNAi効果のあるES細胞株を樹立し，テトラプロイド胚とアグリゲーションさせることでES細胞由来の胚を作製している[11]。その結果，ほぼ完全にRasGAPの発現を抑えていたES細胞株から作製された胚において，ノックアウトマウスと同様の表現型を観察することに成功している。この方法は，ES細胞の段階で効果のあるものを選択できることから確実性のある方法として有用であるが，ES細胞を株化する過程を含むことから受精卵に直接トランスジーンを導入することよりも多くの時間を要したり，ES細胞で発現していない遺伝子においては抑制効果を検討できないなどの欠点もある。また，テトラプロイド胚とアグリゲーションさせて100% ES細胞由来のマウスを発生させることのできるES細胞株は非常に状態のよいものに限られているので，一般的にはCarmellらの報告[12]のようにES細胞から得られるキメラマウスをもとに，次のF1世代で表現型を解析することとなるであろう。

この他，遺伝子導入効率の高いレンチウイルスベクターを用いることで高効率にRNAiトランスジェニックマウスを作製する方法に関しても報告されている[13]。レンチウイルスは投与方法を工夫すれば局所的な遺伝子デリバリーも可能となることから，RNAiのみならず様々な遺伝子治療に応用できるウイルスベクターとして注目を集めている。レンチウイルスを用いたRNAi法に関して，ALS（Amyotrophic Lateral Sclerosis）の遺伝子治療を目的としたものが複数のグループから報告されている[14, 15]。Ralphらは変異型human SOD1を発現させたALS1型モデルマウスの筋肉内にhuman SOD1を標的としたRNAiレンチウイルスベクターを局所的に導入することで病気の発症時期と生存期間を倍近く延すことに成功し，RNAiレンチウイルスベクターによる遺伝子治療の可能性を示した。

これまで紹介したように，pol IIIプロモーターを用いたRNAi法は遺伝子組換え動物作製や遺伝子治療への応用に向けて研究されているが，全身性にRNAiが機能することによる副次的な効果などが問題になっている。現在では前述のレンチウイルスを用いることで局所的な遺伝子デリバリーが可能な系が開発されたり，既存のCre-loxPシステムと組み合わせることでコンディショナルに遺伝子をノックダウンできるシステムが開発されており[16]，今後はこれらの系を用いた研究がさらに発展していくものと期待される。

4.3.2 pol IIプロモーターを用いたRNAiトランスジェニックマウスの作製

哺乳類では非特異的な反応が起こることにより細胞毒性を示す数百塩基の長いdsRNAは使用できないと考えられてきたが，初期胚や未分化細胞などにおいては特異的に遺伝子の発現を抑制できることが報告されている[17~19]。Svobodaらは合成したdsRNAを受精卵にマイクロインジェクションすることでMosを標的としたRNAiが機能することを報告し，それを発展させトランスジーンによる卵子特異的なRNAiが可能なトランスジェニックマウスの作製に成功している[20]。彼らは長いdsRNAを卵子特異的に発現させるためにpol IIプロモーターに属するZp3プロモーターを用い，Mosを標的としたRNAiを行うことでノックアウトマウスと同等の表現系が得られたことを報告している。

品川らは体細胞の細胞質において起こる長いdsRNAによる非特異的な反応を回避するために，転写されたdsRNAを核内に留めさせることを可能としたpDECAPベクターを開発した[21]。pDECAPベクターから転写されたRNAはキャップ構造が取り除かれ，さらにポリA配列が付加されないことにより，細胞質に輸送されず核内ですみやかに短いsiRNAにプロセスされるという理論に基づいて設計されたベクターである。彼らはSkiを標的としてCMVプロモーターでdsRNAを発現させるpDECAPベクターを構築しRNAiトランスジェニックマウスを作製した結果，非特異的な反応を起こすことなくこのベクターをもったRNAiトランスジェニックマウスにノックアウトマウスと同様な表現型を再現することに成功している。

pol IIプロモーターを用いたRNAiトランスジーンはpol IIIプロモーター単独ではなしえなかった組織特異的なRNAiが可能であり，また最大の利点としては長いdsRNAを用いることができるためsiRNAの標的配列を考慮しなくても効果的なRNAiが可能な点にある。ただし，off-targetなどの非特異的な影響が出やすいことも予想されることから，そのような問題点に関することをいかに解決していくかが今後の課題ではないかと考えられる。

4.4　実験例（実験プロトコール）

トランスジェニックマウス作製に関しては特殊な装置や技術が必要となるため，自分で系を立ち上げるよりは業務として作製支援を行なっている施設や受託企業のサービスを利用する方が現実的かもしれない。ここではRNAiトランスジェニックマウス作製過程を理解していただく目的で，EGFPを標的としたRNAiトランスジェニックマウスの作製法に関して簡単に紹介する。さらに詳しいプロトコールに関しては羊土社から出版されている「改訂　RNAi実験プロトコール」[22]やCRC PRESSから出版されている「Gene Silencing by RNA Interference」[23]等を参考にしていただきたい。

4.4.1　実験材料および実験機器

(1)　siRNA発現ベクターの作製

・RNAポリメラーゼIII（pol III）プロモーターを含むsiRNA発現ベクター

我々は独自にhuman H1プロモーターをクローニングし，pH1ベクターとして用いている（図1-a）。現在は多くのsiRNA発現ベクターが市販されており，iGene社（クロンテック社，TaKaRa社）やAmbion社などより購入できる。

・siRNAをコードする合成オリゴDNA

さまざまなDNA受託合成会社でsiRNAの配列デザインと合成を行なってくれるので，それを利用した方が確実である。図1-bにpH1ベクター用のEGFPに対するsiRNAをコードしたオリゴDNAを示す。

a

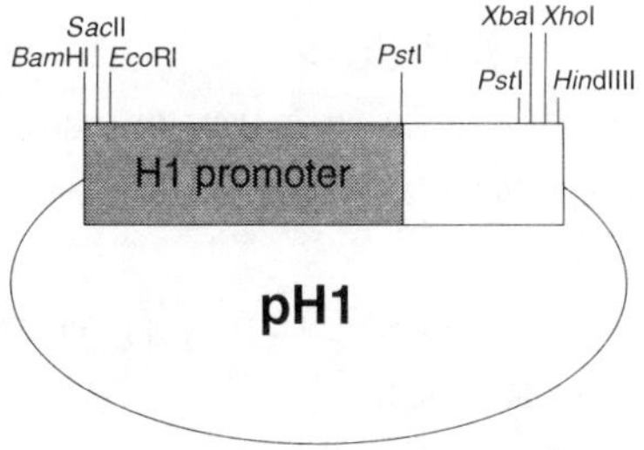

b

ccc**AACCACTACCTGAGCACCCAG**ttcaagaga **CTGGGTGCTCAGGTAGTGGTT**<u>ttttt</u>ggaaa

acgtggg**TTGGTGATGGACTCGTGGGTC**aagttctct **GACCCACGAGTCCATCACCAA**<u>aaaaa</u>cctttgatc

図1　pH1ベクターと合成オリゴDNA

a：ヒトH1プロモーターの下流に制限酵素サイトを導入し作製した。オリゴDNAのクローニングは*Pst*Iと*Xba*I, *Hind*III, *Xho*Iサイトを用いる。b：EGFPに対するsiRNAをコードする合成オリゴDNA。大文字で示したセンス・アンチセンスを9塩基のループでつなぎ，ターミネーション配列（下線）を含む。

(2) トランスジェニックマウスの作製

・前核期の受精卵

前核期の受精卵は過排卵処理した雌マウスと雄マウスを交配して準備する。または過排卵処理した雌マウスから未受精卵を採取し，体外受精（IVF）により準備する。

・胚操作用器具一式

実体顕微鏡・CO^2インキュベーター・胚操作用ガラスピペット

・DNA注入用器具一式

マイクロマニピュレーター付き倒立顕微鏡・エアーインジェクター・インジェクション針作製装置

・卵子用培地

TYH培地（体外受精用）・FHM培地（洗卵・インジェクション用）・改変kSOM培地（培養用）

・妊娠0.5日目の偽妊娠マウス

ICRの精管切断マウスを準備し，ICRの雌と交配させ膣栓のついたマウスについて妊娠0.5日目の偽妊娠マウスとして用いる。

・マウス手術器具一式

眼科ばさみ・先細ピンセット・クランプ・移植用ピペット・2.5%アバーチン（麻酔薬）

(3) siRNAの検出

・RNA精製試薬と機器

TRIzol Reagent・クロロホルム・イソプロパノール・RNase free water・組織破砕装置(Mixer Mill MM300)

・電気泳動とトランスファーの試薬と機器

XCell SureLockTM Mini-Cell with XCell IITM Blot Module ・15% TBE-Urea Gel, 1.0mm 12well・TBE-Urea Sample Buffer 2X ・TBE buffer・Hybond-N+

・オリゴDNAプローブ

siRNAのセンスとアンチセンスの合成オリゴDNA・[γ-^{32}P] ATP・T4ポリヌクレオチドキナーゼ

・ハイブリダイゼーション試薬と機器

ハイブリバッファー（PerfectHyb Hybridization Solution等）・洗浄液（2 X SSC, 0.1% SDS）・ハイブリオーブン

4.4.2 プロトコール

(1) siRNA発現ベクターの作製

1. siRNAをコードするセンス・アンチセンスのオリゴDNA（図1-b）を合成し，それぞれを終濃度が10 pmol/μlになるように混ぜ，95℃で5分間加熱後，室温で3時間以上放置しアニー

リングさせる。

2. 制限酵素で消化し精製したpH1ベクターに，アニーリングしたオリゴDNAを導入する。

3. JM109やSURE2などの大腸菌へトランスフォームする。

4. 得られたコロニーからプラスミドを精製し，制限酵素消化やシーケンスによりインサートを確認する。

＊ この時点で，培養細胞の系を用いてベクターからのsiRNAの発現とRNAi効果に関して検討しておく。

(2) トランスジェニックマウスの作製

1. トランスジーンを制限酵素で消化し精製する。

＊pH1の場合は制限酵素（*Sca*I）で1カットして直鎖状にしたベクターを精製する。

2. インジェクションするトランスジーン1kbあたり0.54 μg/mlの濃度に調整し，前核期の受精卵の雄性前核へマイクロインジェクションする。

3. マイクロインジェクションした受精卵を0.5日目の偽妊娠マウスの輸卵管膨大部に1匹あたり20～30個移植する。

4. 移植後19日目が出産日である。当日午後になっても自然分娩できなかったマウスについては帝王切開により胎仔を取り出す。

5. PCRやサザンハイブリダイゼーションを行ない，トランスジーンをもった個体を選別する。

＊図2にEGFPを標的としたRNAiトランスジェニックマウスを示す。

6. トランスジーンはもっていてもsiRNAを発現していない個体が存在するので，ノザンハイブリダイゼーションによりsiRNAを発現しているマウスを選別し，以後の研究に用いる。

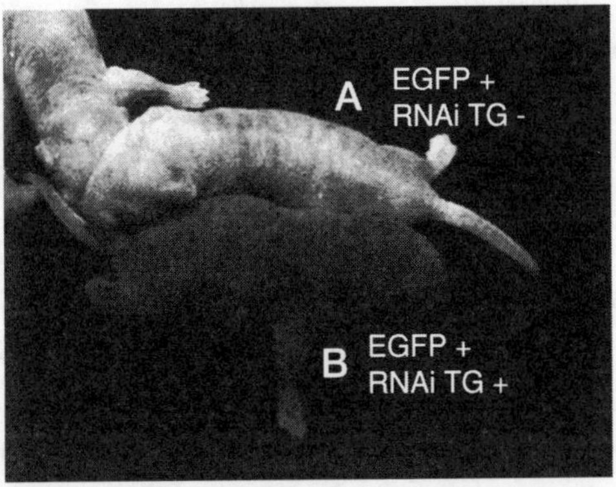

図2　RNAiトランスジェニックマウス

BのEGFPに対するsiRNAを発現するRNAiトランスジェニックマウスでは，AのEGFPのみを発現するマウスにくらべ顕著にEGFPの発現が抑制されている。

(3)　siRNA の検出

1. RNAi トランスジーンをもったマウスの組織をとり，2ml のエッペンドルフチューブに入れる。

＊次の世代を得るために必要なファウンダーマウスやその後の解析に用いるマウスの場合は，背中の皮膚を一部とる。また，RNA 回収と同時に表現型の解析を行なう場合は腎臓や肝臓などから取った方がきれいな RNA が回収できる。

2. ジルコニアボール（直径 5mm）と TRIzol 1ml を加え，Mixer Mill MM300 で組織を破壊する。

＊Mixer Mill などの破砕機を用いれば 1 度に数十サンプル処理でき，皮膚や筋肉等の比較的破砕しにくい組織も簡単に破砕可能である。

3. TRIzol の使用説明書に従い RNA を精製し，2～4mg/ml の濃度になるように RNase free water に溶かす。

4. 10～30 μg の total RNA を等量の TBE-Urea Sample Buffer 2X と混合し，95 ℃で 2 分間加熱した後，氷水中に 2 分間放置する。

＊この熱処理を行なわないと正しい位置にシグナルが得られないので必ず行なう。

5. 15% TBE-Urea Gel にアプライし，定電圧 180V で 1 時間泳動する。

6. エチジウムブロマイド溶液で染色し，泳動を確認する。

7. XCell II Blot Module にゲルと Hybond-N+ をセットした後，定電圧 30V で1～2時間通電し，RNA をメンブレンに転写する。

8. 以下のように試薬を加え，37 ℃で 2 時間以上反応させプローブを標識する。

合成オリゴ DNA（10 pmol/ μl）	2 μl
10 X T4 polynucleotide kinase buffer	1 μl
[γ-^{32}P] ATP	5 μl
T4 polynucleotide kinase	1 μl
Water	1 μl
Total	10 μl

9. MicroSpin G-25 カラムを用い，未反応の[γ-^{32}P] ATP を除く。

10. 10ml の PerfectHyb Hybridization Solution を転写したメンブレンの入ったハイブリバックに入れ，50℃で30分間プレハイブリダイゼーションを行なう。

11. プレハイブリダイゼーションの溶液中にラベルしたプローブを加え，50℃で3時間から一晩ハイブリダイゼーションを行なう。

12. 洗浄液（2 X SSC 0.1 % SDS）中にメンブレンを入れ，50 ℃で 30 分間洗浄する。

＊必要に応じ，同じ操作を繰り返す。

13. X線フィルムやBASシステム（富士フイルム）等を用いてシグナルを検出する。

＊図3にRNAiトランスジェニックマウスにおけるsiRNAの検出例を示す。

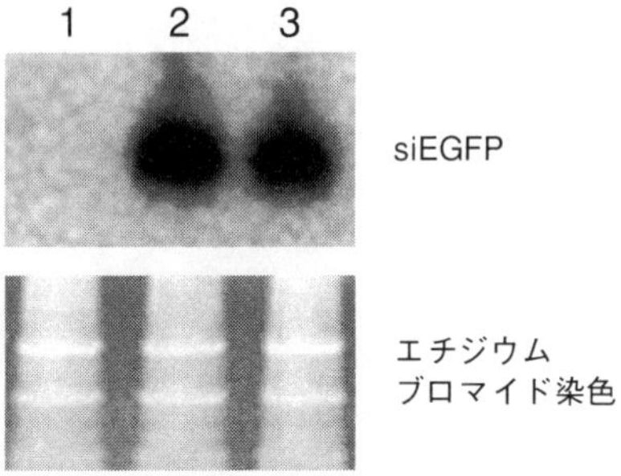

図3　siRNA の検出

8週齢のRNAiトランスジェニックマウスの皮膚からRNAを精製した後，20μgのtotal RNAを15% TBE-Urea Gelで電気泳動した。メンブレンに転写した後，センスプローブでノザンハイブリダイゼーションを行った。lane1: RNAi-TG(-), 2, 3: RNAi-TG(+)

文　　献

1） McCaffrey, A. P. *et al., Nature,* **418**, 38-9 (2002)
2） Lewis, D. L. *et al., Nat Genet,* **32**, 107-8 (2002)
3） Soutschek, J. *et al., Nature,* **432**, 173-8 (2004)
4） Elbashir, S. M. *et al., Nature,* **411**, 494-8 (2001)
5） Kim, D. H. *et al., Nat Biotechnol,* **23**, 222-6 (2005)
6） Siolas, D. *et al., Nat Biotechnol,* **23**, 227-31 (2005)
7） Brummelkamp, T. R. *et al., Science,* **296**, 550-3 (2002)
8） Miyagishi, M. & Taira, K., *Nat Biotechnol,* **20**, 497-500 (2002)
9） Kawasaki, H. & Taira, K., *Nucleic Acids Res,* **31**, 700-7 (2003)
10） Hasuwa, H. *et al., FEBS Lett,* **532**, 227-30 (2002)
11） Kunath, T. *et al., Nat Biotechnol,* **21**, 559-61 (2003)
12） Carmell, M. A. *et al., Nat Struct Biol,* **10**, 91-2 (2003)
13） Tiscornia, G. *et al., Proc Natl Acad Sci U S A,* **100**, 1844-8 (2003)
14） Ralph, G. S. *et al., Nat Med,* **11**, 429-33 (2005)

15) Raoul, C. *et al., Nat Med,* **11**, 423 - 8 (2005)
16) Ventura, A. *et al., Proc Natl Acad Sci U S A,* **101**, 10380 - 5 (2004)
17) Wianny, F. & Zernicka-Goetz, M., *Nat Cell Biol,* **2**, 70 - 5 (2000)
18) Svoboda, P. *et al., Development,* **127**, 4147 - 56 (2000)
19) Yang, S. *et al., Mol Cell Biol,* **21**, 7807 - 16 (2001)
20) Stein, P. *et al., Dev Biol,* **256**, 187 - 93 (2003)
21) Shinagawa, T. & Ishii, S., *Genes Dev,* **17**, 1340 - 5 (2003)
22) 蓮輪英毅, 岡部勝, 改訂 RNAi 実験プロトコール, 羊土社, 165-172, 179 - 194 (2004)
23) Hasuwa, H. & Okabe, M., Gene Silencing by RNA Interference, CRC press, 289 - 297 (2004)

5　RNAiの神経疾患への応用

横田隆徳[*1]，仁科一隆[*2]

5.1　はじめに

RNA干渉（RNAi）はいかなる遺伝子に対してデザインできて，その標的遺伝子の発現抑制効果は他の核酸医薬であるアンチセンス核酸の$10^{3\sim7}$倍，リボザイムの$10^{2\sim5}$（自験）高いと言われている。しかもその配列特異性も高く1塩基の違いの認識も可能であり，医療分野におけるその臨床応用ついては発見当初から大きく期待されていた。それは，RNAiライブラリーをはじめとする創薬におけるツールといった側面と，short interfering RNA（siRNA）を直接核酸医薬として疾患に適応するという2つの方面から行われている。siRNAを用いた遺伝子治療すでにウイルス性疾患，遺伝性疾患，悪性腫瘍などで急速に進んでいる。ここでは，siRNAの核酸医薬としての開発の研究現状と問題点について概説するとともに，神経疾患を中心について概説したい。

5.2　siRNAの特異性：変異遺伝子特異的なsiRNA

遺伝性疾患やがん遺伝子をsiRNAで治療しようとした場合，変異遺伝子のみを選択的に発現抑制して，野生型には作用しないことが望ましい。siRNAと基質RNAとの特異性については，一般に4塩基以上ミスマッチがあった場合でsiRNAの切断活性はおおむね消失するが，1-2塩基

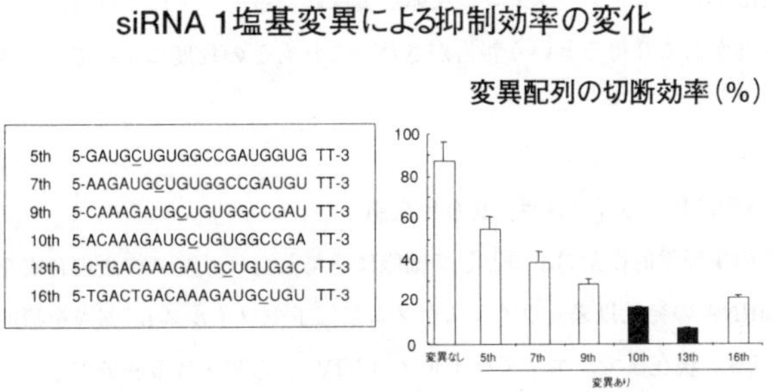

図1　siRNAへの標的遺伝子とのミスマッチ変異挿入位置によるsiRNA効果への影響

家族性筋萎縮性側索硬化症の遺伝子変異であるG93ASOD1（点変異G→C，下線で示した）を標的としたG93AsiRNAのデザイン（A）。G93AsiRNAの5'側から10から13番目の塩基に変異部位を置いた場合が最も野生型SOD1の切断効率が低下する。

＊1　Takanori Yokota　東京医科歯科大学院　医歯学総合研究科　脳神経病態学（神経内科）助教授

＊2　Kazutaka Nishina　東京医科歯科大学院　医歯学総合研究科　脳神経病態学（神経内科）大学院生

のミスマッチによる切断効率の低下は完全ではなく，ミスマッチの位置によってその効果は異なる。5'側は基質との結合よりRISCとの関わりから基質を切断するルーラー（物差し）と働き，基質の認識としては3'側のほうが重要で，したがってミスマッチによる失活効果が強いと考えられている[1]。我々の経験でも中央から3'側よりの配列により基質認識特異性があるようである(図1)。

5.3 siRNAの特異性: Off-Target効果などの副反応

siRNAを臨床応用する際にも，ライブラリーを用いた遺伝子探索をする際にも，off-target効果，すなわち，ターゲットとした遺伝子以外に，用いた19塩基のsiRNAの配列に部分的にホモロジーのある別の遺伝子の発現を抑えてしまういわゆる交叉反応が報告されている[2]。全般にその特異性はアンチセンスなどに比較してかなり高いが，それでも多くの遺伝子の発現が少なからず影響を受ける可能性がある。Jacksonらの検討で[2]，通常19塩基中15塩基以上で，最低では11塩基のホモロジーのある遺伝子においても影響があったと報告された。最近off-target効果を配列上から推定するシステムが次々に開発されており，10遺伝子以内に絞り込めそうだが，これとてあくまで目安であり，今後このoff-target効果の評価とその回避は重要な問題である。

また，通常の19塩基長のshort-hairpin型のsiRNA発現ベクターの発現によって，動物細胞でPKRの活性化などのインターフェロン反応が実は起こっていて，非特異的なタンパク合成と停止とRNA変性がおこり得るという報告がされ，これもその程度によっては今後問題になるかもしれない[3]。

5.4 神経疾患への応用：ウイルス性，免疫性疾患

RNAiの本来の生理学的役割の1つとして細胞に感染したウイルスの蛋白合成を阻害する作用が考えられ，siRNAの発見以来，ウイルスゲノム遺伝子やウイルスmRNAを標的とした研究が急速に進んでいる。現在まで，エイズウイルス（HIV），C型・B型肝炎ウイルス，ポリオウイルス，インフルエンザウイルス，ウエストナイルウイルスで培養細胞レベルではあるが各ウイルスのレプリコンを用いるなどで有効なsiRNAが報告されている。我々もC型肝炎で有効なsiRNAを開発し[4]，現在サルのモデルを用いた検討をしている。

また，ウイルス遺伝子そのものを標的とするのではなく，ウイルス増殖に必要な宿主側の内在性遺伝子を標的にする方法も考えられている。HIV感染におけるTSG101[5]やNFκB p65[6]サブユニットなどをsiRNAで発現を抑制し，HIVウイルス増殖を抑制したとの報告もある。

さらに，CD4やCCR5などのHIV-1感染におけるリンパ球側に内在するウイルス受容体を標的としてその発現を抑制する方法も成果があり注目されている[7]。CD34+造血幹細胞にCCR5に

対するsiRNAをレンチウイルスで安定発現させたところ，正常に分化して *in vitro* でマクロファージに *in vitro* でTリンパ球になり，その両者ともにHIVウイルスに抵抗性になったとの報告がされ，今後の臨床応用に期待が持たれている。

一方，IL-1やTNFαなどの炎症性サイトカインの発現を抑制することにより免疫性疾患の治療としての可能性や感染症の初期治療としての試みが報告されている[8]。

5.5　神経疾患への応用：遺伝性神経変性疾患

遺伝性疾患でゲノム遺伝子の変異が原因で発症する場合，遺伝子変異に起因する発症機序には変異のある遺伝子の遺伝子産物であるタンパクの本来のもつ機能の消失または低下する場合（loss of function）と変異遺伝子や変異タンパクが新たに病的機能を獲得する場合（gain of function）の2つがあることが知られている。遺伝子変異が常染色体にある場合，対立する2つのアリルの双方に遺伝子変異があってはじめて発症する常染色体劣性遺伝形式の疾患の多くはloss of functionをその機序とし，一方のアリルのみで発症する常染色体優性遺伝形式の疾患の多くの場合はgain of functionであることが多い。常染色体優性遺伝の場合は野生型のアリルからは原則として正常個体の半分の量の正常のタンパクは発現しているので，本来のタンパクの機能の影響は少ないか全くなく，変異アリルから発現した変異タンパクが何らかの正常と異なった機能（gain of adverse function）や毒性（gain of toxic function）を新たに獲得することにより疾患が発症することが想定されている。SOD1変異による筋萎縮性側索硬化症（ALS），各種ポリグルタミン病，APPやPS1遺伝子変異によるAlzheimer病，α-synuclein変異によるParkinson病などの

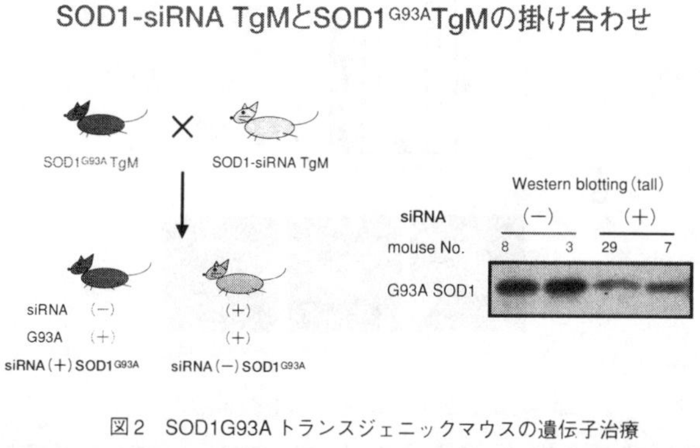

図2　SOD1G93Aトランスジェニックマウスの遺伝子治療

SOD1に対するsiRNAを過剰発現させたトランスジェニックマウスをALSのモデルマウスであるG93A変異SOD1トランスジェニックマウスと掛け合わせることにより（左），変異SOD1タンパクの発現を80％以上抑制することに成功した（右）。6月齢の時点でALS症状の発症は完全に抑制されている。

常染色体優性遺伝形式を示す主要な神経変性疾患の多くがgain of toxic functionをその発症機序と考えている。このような疾患の治療を考える場合，変異したタンパクの発現を抑制する方法があれば，その機序の如何にかかわらず発症，進行を防止することが期待できるわけである。最近，SCA1のトランスジェニックマウスの小脳にsiRNA発現型アデノ随伴ウイルスを注入して，運動障害と神経変性を改善したとの報告がなされた[9]。我々はSOD1に対するsiRNAを過剰発現させたトランスジェニックマウスを作製して，これをALSのモデルマウスであるG93A変異SOD1トランスジェニックマウスと掛け合わせ，全身の変異SOD1タンパクの発現を80％以上抑制することに成功した（図2）。この効果により，6月齢の時点でALS症状の発症は完全に抑制されている。野生型SOD1はノックアウトしても明瞭な神経症状は示さないので副作用はない可能性が高いが，例えばSCA6の場合，その原因遺伝子カルシウム1Aチャネルのノックアウトマウスは胎生死亡となることが知られており，正常アリルの発現抑制は新たな症状をきたす可能性が高い。したがって，優性遺伝疾患の治療には，正常アリルの発現を損わずに，変異アリルの発現のみを抑制することが望ましい。

上述のように，変異が1塩基の違いである点変異でも正常アリルと変異アリルの配列の差を認識して変異アリルのみを切断できるsiRNAの作製は可能である。図3に家族性ALSの原因遺伝

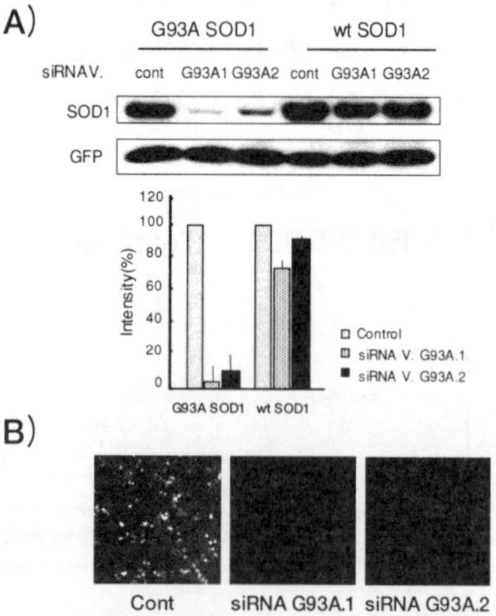

図3　変異SOD1に特異的に作用するsiRNA

A）293T細胞にG93Aまたは野生型SOD1発現ベクターとsiRNAG93A1，2を共発現させ，野生型及び変異SOD1の発現をウエスタンブロットした。siRNAG93A1，2を共にG93ASOD1の発現を著明に抑制して，野生型SOD1の発現はほとんど抑制しなかった。

B）GFPをタグにSOD1の発現を蛍光顕微鏡にて撮影。（文献10より改変転載）

子であるSOD1の点変異G93Aを選択的に切断して正常配列にはほとんど影響しないsiRNAの例を示す[10]。同様の報告は捻転dystonia[11]やfrontotemporal dementia[12]で報告されている。しかし，SOD1やPS1の点変異は100種類以上知られており，そのすべてに特異的で効率なsiRNAがデザインできるわけではない。我々はいかなる遺伝子変異に対しても特異的で有効な新しいRNAi法を考案して（投稿中），現在その ***in vivo*** での有効性を検証中である。

ポリグルタミン病の様に，繰り返し配列の長さがかわることが変異である場合は，この伸長し

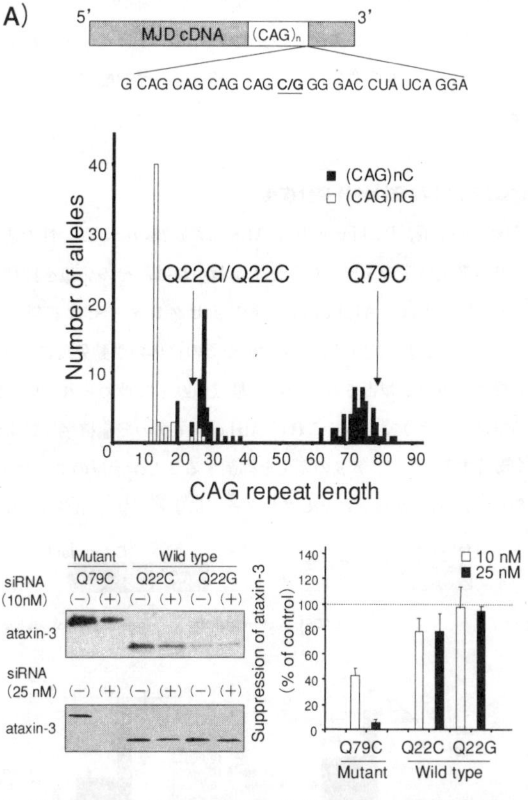

図4　Machado - Joseph（MJD）RNAに対する配列変異アリル特異的な1次配列非依存的なsiRNAの切断

A）MJD病遺伝子はMJD遺伝子内のCAG repeatの伸長によって発症する。CAG repeatの後にはG/C polymorphismがあり，伸長したCAG repeatを持つ変異アリルはすべてCで，正常アリルではG/Cが同頻度で見られる。

B）我々のデザインしたMJD siRNAはこの1塩基の差を認識して変異アリル（Q79C）を切断し，正常アリル（Q22G）は切断しなかった。加えて，驚いたことにこのMJD siRNAはQ79Cと標的配列の全く同じのもう1つの正常アリル（Q22C）もわずかにしか切断しなかった（文献13より改変転載）。

た繰り返し配列そのものに対するsiRNAのデザインをすることは難しい。Machado - Joseph病（SCA3）の場合，CAGリピートの直下の下流にC/Gのpolymorophrismがあり，これはCAGリピートの繰り返し配列の長さと関連している。長い繰り返しを持つ病的アリルはすべてCだが，短い繰り返しを持つ正常アリルでは約半数の例でGである[12, 13]（図4A）。そこで我々はこのC/Gのpolymorophrismの標的としてsiRNAを設計して，病的アリルに特異的なsiRNAを作製した。ところが驚いたことにこのsiRNAはpolymorphrismが変異アリルと同じCである短いCAGリピートの正常アリルもあまり切断しなかった（図4B）[13]。この機序は不明だが，CAGリピート長の変化に伴うRNAの2次構造の変化やMJD RNAのpolymorophrism付近に結合するRNA結合タンパクの結合度の変化によって，siRNAの標的配列へのアクセスに差異が生じるためかもしれない。

5.6 神経疾患への応用：孤発性神経変性疾患

ほとんどのAlzheimer病，Parkinson病やALSは家族歴のない孤発性で遺伝子異常は明らかでないが，それぞれの発症機序のキーとなる分子がわかれば，その発現を抑制することで治療が可能かもしれない。たとえば，Alzheimer病のβセクレターゼは有望な標的分子である[14]。Alzheimer病のモデル動物はAβのワクチン治療やその抗体の受動免疫により老人斑の生成を抑制し，認知障害も軽減し得たと報告されている。最近の欧米で進められている臨床治験の結果も副作用はあるが効果はありそうである。これはAlzheimer病の発症機序に従来から言われてきたAβ仮説を大きく支持するもので，Aβの産生を抑制することが治療のターゲットとなる。AβはアミロイドАПП前駆タンパクAPPからβとγセクレターゼによって切り出されて生成される。PS1など

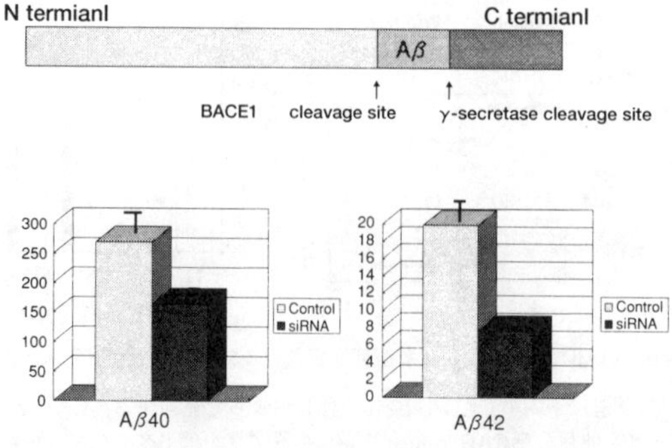

図5　孤発性アルツハイマー病に対するsiRNAによる治療

APPsw安定発現培養細胞株においてBACE1に対するsiRNAにより培養液中に分泌されるAβ産生を抑制した。

からなるγセクレターゼはNotchなどの他の重要な分子も基質としているためその機能を抑制すると問題が出るが，βセクレターゼの本体といわれるBACE1のノックアウトマウスは特別の異常を示さない。我々もBACE1に対するsiRNAを作製して，培養細胞系でAβ産生を抑制できることを示した（図5）。今後，広範な神経細胞にsiRNAを持続的に導入することが可能となれば，画期的な治療方法になるかも知れない。

5.7　siRNAの *in vivo* へのデリバリー

siRNAは細胞質でRISCに取り込まれて切断活性を発揮することより，siRNAのデリバリーは細胞膜さえ越えればよく，遺伝子治療によく使われる発現DNAベクターのように核にアクセスする必要がない。McCaffrey[15]らはマウスの尾静脈から10-50μgの合成siRNAを体重の5-10％の大量のPBS溶液で5-7秒の短時間で注入するハイドロダイナミックス導入法で，マウスの肝細胞にsiRNAの導入に成功した。さらに最近このハイドロダイナミックス導入法で導入されたFas[16]やcaspase 8に対する合成siRNAで，マウスに誘発された激症肝炎による死亡率を低下させたとの報告がされた。このハイドロダイナミックス導入法をそのまま臨床応用することは難しいが，siRNAが *in vivo* で有効に作用することを示した重要な報告である。ハイドロダイナミックス導入法により，siRNAは肝臓以外に腎臓，脾臓，肺，すい臓に導入可能であることが報告されているが[17]，脳血管関門のために中枢神経系には入らない。しかし，ハイドロダイナミックス導入法はその臓器組織への圧力と循環系への用量負荷のために，ヒトへの応用は難しい。最近，siRNAのセンス鎖の3'末端にコレステロールを結合させることにより，通常の速度の静脈注射でも肝臓と腸管への導入が可能であることが示された[18]。さらに最近，毒性の少なく導入効率の高いカチオニックベクターが開発され，がん細胞を標的にした場合 *in vivo* で有効な結果がでており[19]，期待されている。

長期の抑制効果にはウイルスベクターが必要となる。ヘアピン型siRNA発現ベクターコンストラクトをアデノウイルスやレンチウイルス，レトロウイルス，アデノ随伴ウイルスなどのウイルスベクターに組み込んで作製したsiRNA発現ウイルスベクターを用いて，*in vivo* の細胞へのsiRNA導入の報告が次々とされている[20]。特に最近開発されたアデノ随伴ウイルスの新しい血清型8型（AAV-8）は非常に高い遺伝子導入効率があり，1部ではあるが中枢神経へのデリバリーも可能との報告もされて期待されている[21]。

しかし，これらのいずれの方法でも静脈注射などの全身性の投与でsiRNAを脳血管関門を越えて中枢神経系にデリバリーすることができず，siRNAによる神経疾患治療の大きな問題になっている。最近我々は脳血管内皮細胞へのsiRNAの導入に成功し，脳血管障害，多発性硬化症への応用をスタートした。

5.8　実験プロトコール

5.8.1　Hydrodynamics法を用いたマウスへのsiRNA発現プラスミドDNAの投与

マウス（週齢・体重をできるだけ揃えておく）

2.5mlまたは5mlのシリンジ（ロックつきを推奨）

保定器（なければ50mlのファルコンチューブの蓋と先端に穴を開けたものでも可）

針（種によって異なるが23-29G）

サンプル

ルシフェラーゼを発現するplasmid DNA（ウミシイタケ・ホタルのいずれでも可）

生理食塩水

麻酔（エーテル，イソフルレンなど）

① マウスに軽くジエチルエーテルの蒸気で麻酔をかけ，体重を量り，保定器に入れる。必要に応じて持続時間の長い麻酔を使用する。ただしこの場合は循環動態に影響を及ぼすことがあるため，血圧など循環動態にできるだけ作用しない薬剤を使用したほうがよい（イソフルレンなど）。

② シリンジにサンプルを用意する。その際，目的とするサンプル以外にマーカーとしてルシフェラーゼ（Luciferase）を発現するplasmid DNAを5μg程度混入しておく。サンプルとルシフェラーゼを混入した時点で生理食塩水を加えて，体重の5～10%量を目安にPBSで希釈する。

③ 尾の両側にある静脈を確認（やや紫色）し，アルコール綿で数回こすった後，よく圧迫して静脈を怒張させる。この際，両側の静脈のみ圧迫して，動脈はできるだけ圧迫しない。怒張が弱ければ温めてできるだけ怒張させるようにする。

④ 針を刺入し，針穴が見えなくなったあたりでとめて，5～7秒で注射する。この際，圧が高くなり，針とシリンジの接続が弱いと漏れてしまうため，ロック式のシリンジを使用する。また2～3秒で注射するなど速すぎると肝臓などで内出血を生じることがある。また体重の10%程度の容量負荷でも心負荷が強く，死亡することもある。

⑤ 静注後は早めに保定器から外に出す。1分ほどマウスを観察して，ケージに戻す。

5.8.2　臓器の採取とRNAi効果の評価

静注後のマウス

23Gの翼状針

生理食塩水

4%パラホルム溶液

ハサミ

ピンセット

麻酔（ジエチルエーテル，ネンブタールなど）

10-30ml のシリンジ 2 本

マウス固定用の台

① 静注後 siRNA が発現するまで待ち，ジエチルエーテルの蒸気で麻酔をかけて，ネンブタールを腹腔内注射する（30g のマウスで 30-50 μl 程度)。

② 昏睡状態となったことを確認して，腹腔内臓器を傷つけないように注意しながら開腹する。

③ 胸部臓器を傷つけないようにしながら横隔膜を切開後，両側肋骨を切除する。

④ 10〜20ml のシリンジに生理食塩水を入れて翼状針を接続して，心尖部から左心室に翼状針を刺入する。

⑤ 右心耳を切開後，シリンジを押し込む。右心耳から流出する血液が生理食塩水に置換するまで生理食塩水を注入する。

⑥ 翼状針を抜き，必要な臓器を採取する。この際肝臓は必ず採取するようにする。

⑦ 肝臓の一部を切り取り，ホモジネイトして，ルシフェラーゼアッセイを行う。ルシフェラーゼが発現していれば，Hydrodynamics 法が成功したという指標になる。

⑧ それぞれの臓器でウエスタンブロッティングなどの解析を行う。

〈実験例 1〉

我々は ICR マウスに対して hydrodynamics 法を用いて外来遺伝子を導入した。まず，ウミシイタケルシフェラーゼ（*renilla* Luciferase）を発現する plasmid DNA（phRG-TK Vector: PROMEGA）を，ICR マウスの尾静脈から体重の 10％量の生理食塩水とともに静注した。48 時間後肝臓を取り出し，ウミシイタケルシフェラーゼとホタルルシフェラーゼ（*firefly* Luciferase）の活性を測定した。Control として体重の 10％量の PBS のみを静注したマウスの肝臓で同様に両ルシ

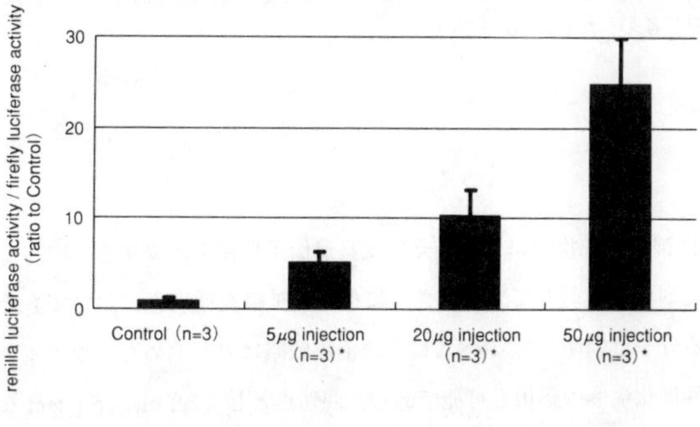

図 6　plasmid DNA をいずれも大量の PBS 溶液とともに全身投与したところ，用量依存性に肝臓内でのウミシイタケルシフェラーゼ活性の上昇が認められた。(*p<0.01)

フェラーゼ活性の測定を行い，両者を比較した。結果を図6に示した。

次に，ICRマウスに対して外来遺伝子と同時に外来遺伝子を抑制するsiRNAを導入するため，以下の4種を用意した。

①ウミシイタケルシフェラーゼを発現するplasmid DNA（phRG-TK Vector）　2μg

②ホタルルシフェラーゼを発現するplasmid DNA（pGL3-Control Vector）　10μg

③ホタルルシフェラーゼ発現を抑制するsiRNA　40μg

④ホタルルシフェラーゼ以外の遺伝子に対するsiRNA　40μg

このうち①＋②＋③をICRマウスの尾静脈から体重の10％量のPBSとともに静注して48時間後肝臓を取り出し，ウミシイタケルシフェラーゼとホタルルシフェラーゼの活性を測定した。Controlとして①＋②＋④を静注したマウスの肝臓で同様に両ルシフェラーゼ活性の測定を行い，両者を比較した。結果を図7に示した。

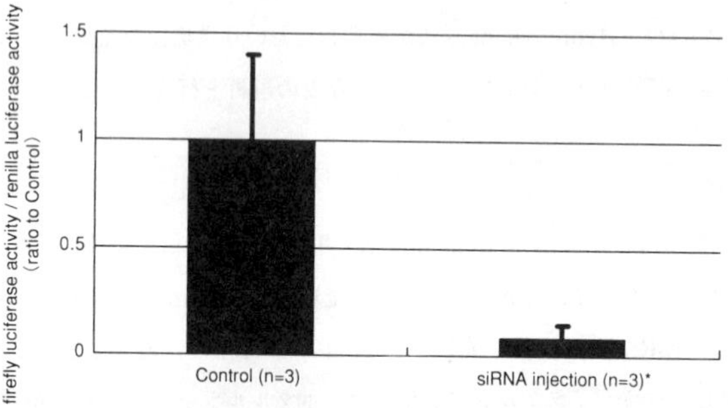

図7　plasmid DNAとsiRNAをいずれも大量のPBS溶液とともに静注したところ，肝臓内での著明なホタルルシフェラーゼ活性の抑制効果が認められた。投与したsiRNAが肝細胞内（*in vivo*）で極めて有効に作用したものと考えられる。（$^*p<0.05$）

5.9　おわりに

siRNAは遺伝性神経変性疾患においてその変異遺伝子自体を治療するといった究極の遺伝子治療を目ざした基礎研究が進行している。さらに孤発性神経変性疾患においてもその機序の解明に伴い，キーとなる分子は判明してsiRNAによる治療戦略は立ち始めた。ウイルス性神経疾患，脳血管障害，多発性硬化症への応用も可能である。問題点としてoff-target effectなどの安全性の問題やデリバリーの方法などがあげられている。特に神経疾患を対象とした場合は，さらに血液脳関門と神経細胞へデリバリーという2つの障害がある。しかし，siRNAの遺伝子抑制効果は顕著で，その機序は急速に解明され，基礎研究は爆発的に進んでいる。したがって，非常に近い将来に，難治性疾患での新しい治療法の開発にsiRNAの利用が突破口になることに十分に期待したい。

文　　献

1）Amarzguiou M, *et al.*, *Nucleic. Acids. Res.*, **31**, 589 - 595（2003）
2）Jackson A L, *et al.*, *Nature Biotechnol.*, **21**, 635 - 637（2003）
3）Bridge A J, *et al.*, *Nature Genet.*, **34**, 263 - 264（2003）
4）Yokota T, *et al.*, *EMBO Rep.*, **4**, 602 - 8（2003）
5）Garrus JE, *et al.*, *Cell*, **107**, 55 - 65（2001）
6）Surabhi RM, *et al.*, *J. Virol.*, **76**, 12963 - 12973（2002）
7）Arteaga HJ, *et al.*, *Nat. Biotechnol.*, **21**, 230 - 231（2003）
8）Sorensen DR, *et al.*, *J. Mol. Biol.*, **327**, 761 - 766（2003）
9）Xia H, Mao Q, *et al.*, *Nat. Med.*,**10**, 816 - 820（2004）
10）Yokota T, *et al.*, *Biochem. Biophys. Res. Commun.*, **314**, 283 - 291（2004）
11）Gonzalez-Alegre P, *et al.*, *Ann. Neurol.*, **53**, 781 - 787（2003）
12）Miller VM, *et al.*, *Proc. Natl. Acad. Sci. U S A*, **100**, 7195 - 200（2003）
13）Li Y, *et al.*, *Ann. Neurol.*, **56**, 124 - 129（2004）
14）Kao SC, *et al.*, *J. Biol. Chem.*, **279**, 1942 - 1949（2004）
15）McCaffrey AP. *et al.*, *Nature*, **418**, 38 - 39（2002）
16）Song E, *et al.*, *Nature Med.*, **9**, 347 - 351（2003）
17）Lewis DL, *et al.*, *Nat. Genet.*, **32**, 107 - 108（2002）
18）Soutschek J, Akinc A, *et al.*, *Nature*, **432**, 173 - 178（2004）
19）Yano J, *et al.*, *Clin Cancer Res*, **10**, 7721 - 7726（2004）
20）Davidson B, *et al.*, *Lancet Neurol.*, **3**, 145 - 149（2004）
21）Nakai H, *et al.*, *J. Virol.*, **79**, 214 - 224（2005）

6 アテロコラーゲンによるがん治療を目的としたsiRNAの*in vivo*デリバリーシステム

竹下文隆[*1]，落谷孝広[*2]

6.1 はじめに

1998年にFireらが線虫においてRNA干渉（RNA interference, RNAi）を発見して以来，RNAiやmicroRNA（miRNA）に関連する研究は非常に高い注目を集め続けている。さらにゲノムプロジェクトの完了により，ヒトや実験動物の多くの遺伝子配列が明らかになったことと，標的遺伝子に特異性の高いsmall interfering RNA（siRNA）の配列検索が，比較的容易になったことから，現在では多くの研究者が合成siRNAや，short heapin RNA（shRNA）発現ベクターを培養細胞に導入して，目的の遺伝子の発現を抑制する実験を行うことが可能になった。このRNAi実験の利便性の向上により，がん研究においてがん細胞の増殖，アポトーシスの誘導に関与する遺伝子の解析はもちろん，siRNAやshRNA発現ベクターをがんモデル動物に投与するという，がん治療目的の核酸医薬の開発研究も行われるようになった。実際，RNAiを利用する医薬品開発は高い注目を集めつつある。本稿ではsiRNA，shRNA発現ベクターを*in vivo*で使用するデリバリー方法について概説し，その中でも実験例として，我々が使用しているアテロコラーゲンデリバリーシステムについて紹介する。

6.2 siRNAの*in vivo*デリバリー

siRNA，shRNA発現ベクターのデリバリーにおいても，プラスミドDNAやアンチセンスオリゴに使用されてきた方法が適用されてきた。最初にマウスでsiRNAの投与が有効であることを示したのは，2002年のMcCaffeyらの報告である[1]。マウスにルシフェラーゼ発現プラスミドベクターと，ルシフェラーゼに特異的なsiRNAを同時に尾静脈投与し，肝臓においてルシフェラーゼの発光抑制に成功した。治療目的で内在性の遺伝子を標的としたものには，Songらの報告が挙げられ[2]，肝臓でのFasの発現を抑制することに成功し，劇症肝炎の治療にFas siRNAが有効であることを示唆した。これらの報告で使用した投与方法はハイドロダイナミック法と呼ばれ，大量の投与液を急速で静脈内投与を行うことで，肺を通過し肝臓まで投与物質を送達可能な投与方法である。ヒトへの応用は困難であるが，実験動物の肺，肝臓，腎臓などの臓器における評価方法としては活用可能であると考えられる。また，2004年にSoutschekらが発表した論文では，アポリポタンパクBに対するsiRNA分子にコレステロール分子を結合させ[3]，空腸，回腸

＊1　Fumitaka Takeshita　国立がんセンター研究所　がん転移研究室　リサーチレジデント
＊2　Takahiro Ochiya　国立がんセンター研究所　がん転移研究室　室長

に対する特異性を高めることに成功した。またこのような siRNA の修飾は，血中のヌクレアーゼによる分解に対する抵抗性を向上させるが，siRNA の安定性向上も生体へのデリバリーの重要な課題とされている。

6.3 がんモデル動物を用いての研究

がん細胞を実験動物に移植してがんモデル動物を作成し，siRNA の投与によりがん細胞の増殖抑制効果を評価した例を，デリバリー方法により分別して表にまとめた（表1)。表に挙げた報告のうち数例を下記に解説する。

表1　がんモデル動物でsiRNAまたはshRNAによる治療効果を検討した報告例

デリバリー方法	投与経路	がん細胞株の種類	がん細胞の移植部位 又は標的臓器	標的遺伝子	文献
アデノウイルス ベクター	腫瘍内投与	子宮頸部がん 大腸がん	皮下	HIF-1α	4)
リポソーム	腹腔内投与	大腸がん	皮下、腹腔内	β-catenin	5)
リポソーム	尾静脈投与	肝転移性肺がん	肝臓 (脾臓からの転移)	bcl-2	6)
リポソーム	腫瘍内投与	膀胱がん	膀胱	PLK-1	7)
リポソーム	腫瘍内投与	膵臓がん	皮下	somatostatin	8)
カルジオリピンリポソーム	尾静脈投与	前立腺がん	皮下	Raf-1	9)
カルジオリピンリポソーム	尾静脈投与	乳がん	皮下	c-raf	10)
shRNA発現 プラスミド ベクター +PEG化抗体結合 リポソーム	尾静脈投与	グリオーマ	脳	EGFR	11)
ポリエチレンイミン(PEI)	腹腔内投与	卵巣がん	皮下	HER-2	12)
shRNA発現 プラスミド ベクター+PEI	腫瘍内投与	ユーイング肉腫	皮下	VEGF	13)
shRNA発現 プラスミド ベクター	腫瘍内投与	グリオブラストーマ	脳	MMP-9 cathepsin B	14)
shRNA発現 プラスミド ベクター	腫瘍内投与	グリオーマ	脳	urokinase plasminogen activator, cathepsin B	15)
shRNA発現プラス ミドベクター +aurintricarboxylic acid, nuclease inhibitor	尾静脈投与	子宮頸部がん	皮下	PLK-1	16)
PEG化RGD ペプチド結合PEI	尾静脈投与	神経芽細胞腫	皮下	VEGF-R2	17)
PEG化リガンド 結合cyclodetoxin- containing polycations	尾静脈投与	ユーイング肉腫	多臓器転移	EWS-FLI1	18)
HVJエンベロープベクター	腫瘍内投与	子宮頸部がん	皮下	Rad51	19)
抗体結合protamine	腫瘍内投与 尾静脈投与	黒色腫	皮下	c-myc MDM2 VEGF	20)
アテロコラーゲン	腫瘍内投与	前立腺がん	皮下	VEGF	21)
アテロコラーゲン	腫瘍内投与	精巣がん	精巣	FGF-4	22)
アテロコラーゲン	尾静脈投与	前立腺がん	骨転移	EZH2, p110alpha	23)

6.3.1 アデノウイルスベクター

アデノウイルスベクターを用いた遺伝子導入は分裂，非分裂細胞，共に適用が可能で，導入効率も高いことから，古くから研究されている。ただし，一度投与すると生体は抗体を産生し頻回投与が難しい点や，副作用については留意しなければならない。Zhangらは，マウスの皮下にHeLa細胞を移植し，hypoxia-inducible factor-1に対するshRNAをコードするアデノウイルスベクターを直接腫瘍に投与して，腫瘍組織における血管新生を抑制した[4]。さらに，この腫瘍が放射線治療に対する感受性を高めることも示した。

6.3.2 カチオニックリポソームなどの導入試薬

リポソームを使用する方法は，培養細胞への導入においてはsiRNAについても広く使用されているが，試薬としてのリポソームは毒性が強く，*in vivo*における適用は難しいとされていた。そこで毒性の軽減を目的としたリポソーム製剤が日本新薬（株）やNeoPharm社などにより開発された。矢野らの報告では，ヒト肺がん細胞をマウスの脾臓に移植し，肝臓に転移するモデルにおいて，bcl-2に対するsiRNAと，低毒性リポソームとの複合体との全身投与が，肝臓における転移を抑制した[6]。また，野川らは，ヒト膀胱がんの同所移植モデルマウスを使用し，PLK-1 siRNA/リポソーム複合体を腫瘍内に投与して腫瘍増殖抑制効果を示した[7]。NeoPharm社のカルジオリピンリポソームの使用例では，Raf-1 siRNA/リポソーム複合体をマウスの尾静脈から投与することで，皮下に移植したヒト前立腺がん細胞の増殖抑制効果を示すことに成功した[9]。

6.3.3 shRNA発現プラスミドベクター

shRNA発現プラスミドベクターは生体内に投与した場合，合成siRNAと比べ，安定性が高いという利点があるが，ベクター単独では細胞への導入効率が低いため，導入試薬のポリエチレンイミンと併用された例もある[13]。また，リポソーム製剤をプラスミドDNAのヒトへのデリバリー方法として，臨床試験も行われていることから，今後siRNAについても臨床応用が期待されている。

6.3.4 抗体結合型

がん細胞の膜表面に特異的に発現している抗原に対する抗体を，ポリエチレングリコール（PEG）などを介してsiRNAに結合させ，がん細胞特異的なデリバリー方法が試みられている。また，Songらは，ErB2に対する抗体を結合させたプロタミンを混合し，ErB2を強発現させた黒色腫細胞に対し，細胞特異的なsiRNAのデリバリーに成功した[20]。

6.4. アテロコラーゲン

6.4.1 アテロコラーゲンの性状と核酸との複合体の形成

アテロコラーゲンはウシの真皮由来のI型コラーゲンを，N-，C-両末端のテロペプタイド領域をペプシン処理により除去して精製される。このテロペプタイドはコラーゲンの大部分の抗原性を有するため，アテロコラーゲンは生体へ投与しても免疫応答を惹起したり，毒性を示す可能性はきわめて低く，医療材料としても使用されているバイオマテリアルである[24, 25]。アテロコラーゲンは，分子量約 300 KD，長さ約 300 nm，直径約 1.5 nm の棒状の構造を示す。アテロコラーゲンは，2～10 ℃の低温では液体（ゲル状）であるので，核酸溶液と混合することが可能である。アテロコラーゲンの分子は正に荷電しており，核酸分子と静電気的に結合し，粒子状の複合体を形成する。核酸とアテロコラーゲンとの複合体の粒子の大きさについては，両者の混合比を変化させることにより調節が可能である。アテロコラーゲンの濃度が高いと繊維化傾向が強く，生体に投与した際に局在性にすぐれ，また低濃度では数百 nm と粒子経が小さいことから，全身投与への適用が可能となる。細胞中に取り込まれた複合体は，生体由来の酵素などによる核酸の分解を防御するが，アテロコラーゲンそのものは徐々に分解され核酸分子を放出するため，徐放性に，そして結果的に持続性に優れた作用を示す。また，核酸分子とアテロコラーゲンとの複合体を培養ディッシュに塗布，乾燥させた後，細胞を播くことで，培養細胞へのトランスフェクションも可能である[26]。よって，*in vivo* の実験で効果を検討したい核酸医薬の標的遺伝子の候補の選別を，*in vitro* の実験で行うことができる。

6.4.2 アテロコラーゲンによる核酸医薬の *in vivo* デリバリー

アテロコラーゲンを用いた siRNA の *in vivo* デリバリーの検討の以前に，プラスミド DNA などの核酸についても，優れたデリバリー効果が報告されているので下記にまとめた。

(I)　プラスミドDNA

プラスミド DNA による *in vivo* においての遺伝子導入はウイルスベクターに比べ発現効率が低く，生体中での発現期間も短い。そこでプラスミド DNA とアテロコラーゲンの複合体を製剤化したペレットをマウスの大腿部筋肉に包埋した結果，40 日間安定して導入遺伝子の発現が持続した[24,27]。

(II)　アデノウイルスベクター

アデノウイルスベクターは導入効率が高いが，一過性の発現しか得られず，また中和抗体が産生されるため，頻回投与が行えないという欠点があった。アデノウイルスベクターとアテロコラーゲンとの複合体を，マウスに腹腔内投与した結果，アデノウイルスベクターを単独投与に比べ，1.5 倍以上遺伝子発現期間を延長し，さらに，血中に中和抗体の存在する 2 回目の投与においても，その効果が得られることが確認された[24]。

(III) アンチセンスオリゴヌクレオチド（AS-ODN）

ヒト精巣腫瘍細胞をヌードマウスの精巣に移植し，HST-1/FGF-4対するAS-ODNとアテロコラーゲンの複合体を，直接精巣に投与したところ，HST-1/FGF-4依存性の腫瘍の増殖および他臓器への転移を抑制できた[28]。

また武井らは，マウスに移植したマウス直腸がんに，ミッドカインAS-ODN/アテロコラーゲンの複合体を投与し，がん細胞の増殖を抑制させた[29,30]。

さらに花井らは，マウスに惹起させた末梢部位の炎症を，ICAM-1 AS-ODN/アテロコラーゲン複合体を尾静脈投与により，炎症抑制効果を示した[31]。

これらの結果から，アテロコラーゲンが，局所，全身の両投与方法において，AS-ODNのデリバリーに適用可能であることが示唆される。

(IV) オリゴヌクレオチドによる遺伝子変換

中村らは，家族性アミロイドニューロパチーの原因遺伝子であるトランスサイレチン遺伝子の特定の塩基を変換する方法に，オリゴヌクレオチドとアテロコラーゲンの複合体を適用し，オリゴヌクレオチドによる塩基変換効率の向上に寄与することを示唆した[32]。

6.5 アテロコラーゲンによるsiRNAの*in vivo*デリバリーの実験プロトコール

アテロコラーゲンはsiRNAの*in vivo*デリバリーにおいて，濃度を変更するだけで，局所，全身投与どちらにも適用可能である。siRNAの濃度や投与回数については，使用する動物，標的とする遺伝子によって，条件検討を行う必要がある。

6.5.1 プロトコール

準備するもの

・マウス

・PBS（Ca，Mg不含，DEPC処理済）

・3.5%アテロコラーゲン（株式会社高研）

・合成siRNA（脱保護，脱塩精製グレード）

投与前日

アテロコラーゲンの希釈

3.5%アテロコラーゲンを秤量し，PBSで下記の濃度に希釈する。

4℃で泡立たない速度で一晩回転混和させる。

（アテロコラーゲンの濃度）

局所投与：1%

全身投与：0.1%

投与当日

siRNA/アテロコラーゲン複合体の調製

最終濃度の2倍濃い siRNA 溶液を調整する。

希釈したアテロコラーゲンに，等量の siRNA を添加し，

4℃で20分間，低速で回転混和させる。

siRNA/アテロコラーゲンの投与

siRNA/アテロコラーゲン混合液を，マウスの局所または尾静脈より0.2 mL 投与する。

投与翌日以降

siRNA 効果の評価

適切な評価系（ルシフェラーゼアッセイ，RT-PCR，ウエスタンブロッティングなど）を用いて，siRNA の効果を評価する。

6.5.2　局所投与の実験例

ヒト精巣腫瘍由来 NEC8-Luc 細胞は HST-1/FGF-4 に依存的に増殖する。HST-1/FGF-4 に対する siRNA とアテロコラーゲンとの複合体を腫瘍に直接投与し，増殖抑制効果を検討した[22]（図1）。腫瘍の増殖を導入遺伝子であるルシフェラーゼの発光により *in vivo* イメージングシステ

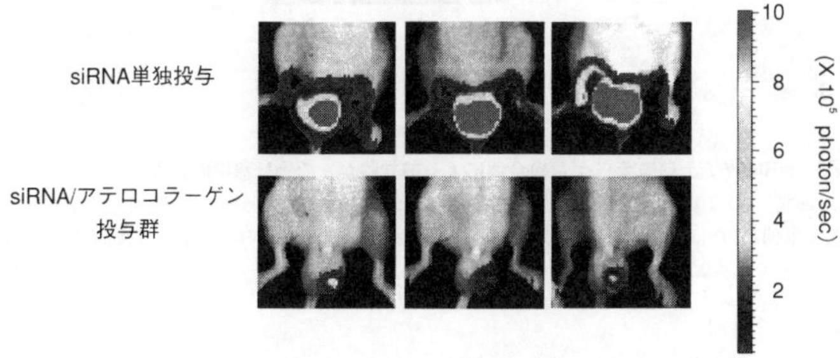

図1　精巣腫瘍抑制実験

ヌードマウスの精巣に精巣腫瘍細胞を移植した。その後，HST-1/FGF-4 siRNAとアテロコラーゲンの複合体を直接精巣に投与し，実験開始から20日後、腫瘍の増殖をルシフェラーゼによるイメージングにより評価した。

ム（IVIS Imaging System, Xenogen Corp.）で解析した。NEC8-Luc 細胞を精巣1個あたり 1.0×10^6 個の条件でヌードマウスの精巣に注入し，10 日後，HST-1/FGF-4 siRNA 単独または siRNA とアテロコラーゲンとの複合体を直接腫瘍に投与した。腫瘍移植から20日後，siRNA 単独に対しsiRNA とアテロコラーゲンの複合体投与群のほうが明らかに高い精巣腫瘍の増殖抑制効果が示された。

また，武井らの報告では，ヌードマウスの皮下にヒト前立腺癌細胞を移植し，VEGF に対する siRNA とアテロコラーゲンの複合体を投与して増殖抑制効果を示した[21]。

6.5.3 全身投与の実験例

ルシフェラーゼ発現前立腺がん細胞であるPC-3M-luc-C6細胞 3×10^6 個を，ヌードマウスの左心室に移植すると，歯髄，大腿骨，頸骨などに高率に転移し，骨転移モデルマウスを作成できる。このモデルマウスに腫瘍を移植後3，6，9日後にp110α-siRNA またはEZH2-siRNA とアテロコラーゲンの複合体を尾静脈より投与し，実験開始から1ヶ月後に骨転移の形成を検討した。その結果，siRNA/アテロコラーゲン複合体投与群において，顕著に骨部位における腫瘍増殖が抑制されていることが示された[23]（図2）。

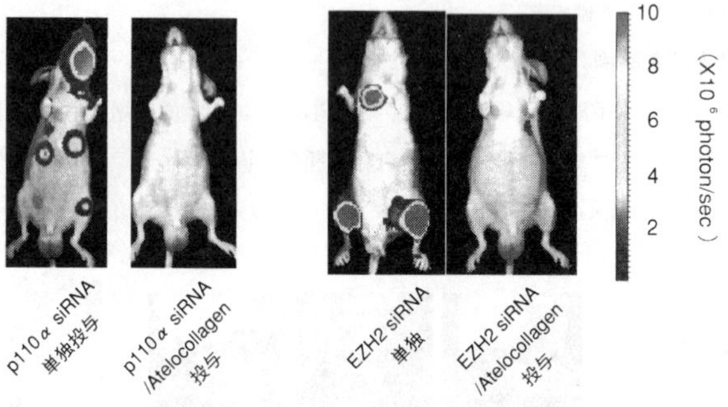

図2　siRNA/アテロコラーゲン複合体による前立腺がんの骨転移抑制効果
ヒト由来前立腺がん細胞（3×10^6個）をマウス左心室に投与し、骨転移モデルマウスを作製した。その 3、6、9 日後に、siRNA 単独 またはアテロコラーゲンとの複合体を尾静脈より投与し、1ヶ月後の骨転移に対する効果を *in vivo* イメージングにより評価した。

6.6 おわりに

siRNA の効果が注目されてまだ4年しか経過していないにもかかわらず，海外の数社の企業で，siRNA を用いた臨床試験がすでに進行中である。それらの中に，まだがん治療を目的としたものはないが，最も開発が進んでいる加齢性黄斑変性症に対する試験では，VEGF を標的としており，今後がん治療への応用も期待される。今回紹介したアテロコラーゲンは，既に長年にわたりヒトに投与されており，高い安全性を誇る実績がある。またアテロコラーゲン製剤は，直ちに投与できる状態で運搬，保管が可能であり，高い汎用性を有している。よって今後 siRNA の臨床への展開が進むに従って，本技術が広く利用されることが期待される。

文　　献

1） A.P.McCaffey *et al.*, *Nature.*, **418**, 38 (2002)
2） E.Song *et al.*, *Nat.Med.*, **9**, 347 (2003)
3） J.Soutschek *et al.*, *Nature.*, **432**, 173 (2004)
4） X.Zhang *et al.*, *Cancer Res.*, **64**, 8139 (2004)
5） U.N.Verma *et al.*, *Clin. Cancer Res.*, **9**, 1291 (2003)
6） J.Yano *et al.*, *Clin. Cancer Res.*, **10**, 7721 (2004)
7） M.Nogawa *et al.*, *J. Clin. Invest.*, **115**, 978 (2005)
8） N.Carrere *et al.*, *Hum. Gene Ther.*, **16**, 1175 (2005)
9） A.Pal *et al.*, *Int. J. Oncol.*, **26**, 1087 (2005)
10） P.Y.Chien *et al.*, *Cancer Gene Ther.*, **12**, 321 (2005)
11） Y.Zhang *et al.*, *Clin. Cancer Res*, **10**, 3667 (2004)
12） B.Urban-Klein *et al.*, *Gene Ther.*, **12**, 461 (2005)
13） H.Guan *et al.*, *Clin. Cancer Res.*, **11**, 2662 (2005)
14） S.S.Lakka *et al.*, *Oncogene*, **23**, 4681 (2004)
15） C.S.Gondi *et al.*, *Oncogene*, **23**, 8486 (2004)
16） B.Spankuch *et al.*, *J. Natl. Cancer Inst.*, **96**, 862 (2004)
17） R.M.Schiffelers *et al.*, *Nucleic Acids Res.*, **32**, e149 (2004)
18） S.Hu-Lieskovan *et al.*, *Cancer Res.*, **65**, 8985 (2005)
19） M.Ito *et al.*, *The Journal of Gene Medicine*, **7**, 1044 (2005)
20） E.Song *et al.*, *Nat. Biotechnol.*, **23**, 709 (2005)
21） Y.Takei *et al.*, *Cancer Res.*, **64**, 3365 (2004)
22） Y.Minakuchi *et al.*, *Nucleic Acids Res.*, **32**, e109 (2004)
23） F.Takeshita *et al.*, *PNAS*, **34**, 12177 (2005)
24） T.Ochiya *et al.*, *Curr. Gene Ther.*, **1**, 31 (2001)
25） A.Sano *et al.*, *Adv. Drug Deliv. Rev*, **55**, 1651 (2003)
26） K.Honma *et al.*, *Biochem. Biophys. Res. Commun.*, **289**, 1075 (2001)
27） T.Ochiya *et al.*, *Nat. Med.*, **5**, 707 (1999)
28） K.Hirai *et al.*, *J. Gene Med.*, **5**, 951 (2003)

29） Y.Takei *et al.*, *Cancer Res.*, **61** 8486（2001）
30） Y.Takei *et al.*, *J. Biol. Chem.*, **277**, 23800（2002）
31） K.Hanai *et al.*, *Hum. Gene Ther.*, **15**, 263（2004）
32） M.Nakamura *et al.*, *Gene Ther.*, **11**, 838（2004）

7 miRNAと疾患

神津知子*

7.1 はじめに

microRNA(miRNA)とは，21～24ヌクレオチド（nt）の単鎖RNAで，翻訳レベルでタンパク質の発現調節を担うと考えられている。最近まで，あまりに微小であるためにまったくみすごされてきたが，広汎な生物種で保存された，基本的な遺伝子発現調節機構の一つであることが明らかになりつつある[1]。その機能の詳細についてはまだ全貌はつかめていないが，特に発生，形態形成，アポトーシスなど生命の高度機能発現に重要な役割を果たすと考えられる。miRNAの発現異常とヒトの疾患との関連も急速に明らかにされつつあり，特にがんとの関連が注目されている。本稿では，これまでに明らかにされたmiRNAと疾患との関係を概説し，また，miRNAの研究に必要なmiRNAのクローニング法について，私たちの実験結果を交えて紹介する。

7.2 miRNAと疾患

miRNAと疾患との直接の関わりを示した最初の報告は，慢性リンパ性白血病（CLL）に頻発する染色体13p14の欠失部位に，miR-15a/miR-16遺伝子クラスターが存在することを示したものだった[2]。miR-15a/miR-16の発現がCLLの多く（68%）で減少していたことから，miR-15a/miR-16の減少がCLLの発症にかかわることを示唆した。さらに，これまでに同定されているmiRNAの半数以上（98／186）が，染色体の脆弱部位やがんに関連する染色体変異を示す部位に存在することが示された[3]。これまでに明らかにされたmiRNAに関連した疾患はほとんどががんであり，miRNAの機能が発生や分化の調節であることから予想されることではあるが，miRNA機能の欠失ががんの原因となることが多い。この例として，肺がんではlet-7の減少がみられるが[4]，let-7はがん遺伝子RASを標的とすることが最近明らかにされた[5]。RASの変異と重なることによって，変異型RASタンパク質が過剰に発現し，がん化の原因となることが示唆された。大腸がんでは，miR-143/miR-145クラスターの発現が減少していた[6]。一方で，染色体13q31-q32に存在する6種のmiRNA遺伝子を含むクラスター（図1）は，リンパ腫の多くで増幅がみられる。このmiRNAクラスターの過剰発現ががん化を促進することが，マウスモデルを用いて証明された[7]。したがって，このmiRNAクラスターは，発がん性をもつ。しかし，このmiRNAクラスターはc-MYCによって発現誘導され，同時にc-MYCによって活性化される転写因子E2F1の発現を抑制することが報告された[8]。E2F1は細胞増殖を促進する因子であることから，この場合，このmiRNAクラスターは，がん抑制的に働いているといえるので，この結果はmiRNAクラスターの発がん性の

* Tomoko Kozu　埼玉県立がんセンター　臨床腫瘍研究所　主幹

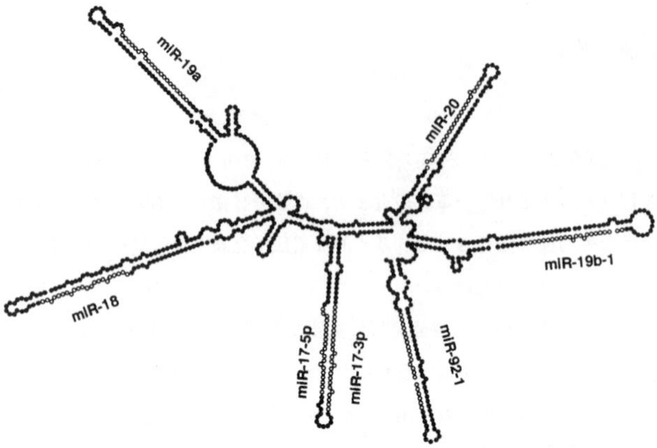

図1　染色体13q31-q32にあるmiRNA遺伝子クラスター部分をmfoldで2次構造予測したもの

説明にはなりにくい。白血病のt(8;17)転座では，miR-142遺伝子がc-MYC遺伝子の上流に転座し，miR-142のプロモーターによってc-MYCの発現を活性化することで細胞増殖の昂進がおこり，がん化につながることが示唆された[3)]。B細胞リンパ腫では，BIC 遺伝子の過剰発現が多くみられる。この遺伝子産物はmiR-155で分化に必須の転写因子PU.1の発現を抑えることが明らかにされた[9,10)]。さらに，miRNAそのものではなく，miRNAの成熟課程や機能発現に必要なDICER，FMRP，ARGONAUTE protein familyのEIF2C1, HIWIの変異もがんや遺伝病の原因となる[11~14)]。miRNAの標的遺伝子については，現在予測ソフトウエアが数種作られているが，予測結果はまちまちである。実際に *in vivo* での効果を実証することが重要である。しかし，ヒトの遺伝子の約30%は，高々数百のmiRNAによる制御を受けると試算されている。したがって，miRNAと標的遺伝子は１対１ではなく，一つのmiRNAは，複数の遺伝子を制御し，また，一つの遺伝子は複数のmiRNAで制御されると考えなければならない。一つのmiRNAの発現異常は細胞内に大きな変化をもたらす可能性がある。このようなmiRNAの機能の詳細についてはまだほとんどわかっていない。最近では，これまでmRNAの発現プロファイリングに用いられていたマイクロチップ技術を用いて，miRNA発現のプロファイリングを行い，各組織やがんでmiRNA発現パターンが解析されるようになった。miRNA発現プロファイリングは，がんの由来や分化度をよく反映しており，がんの診断に有用であることが示唆されている[15)]。

miRNAの発現の解析方法としては，Northern blot法，マイクロアレイ法，定量的RT-PCR法，細胞RNAからのクローニング法がある。クローニング法以外は，既に配列のわかっているmiRNAについては解析できるが，新規のmiRNAをみつけることはできない。ヒトゲノムには，まだ発現の確認されていないmiRNA遺伝子候補がまだ数百あると考えられ，組織特異的，細胞特異的，時期特異的な新規miRNAを同定するためには，クローニングする必要がある。私たちは，造血細胞分化および白血病におけるmiRNAの役割を解明する目的で，急性骨髄性白血病HL-60細胞の分化誘導系を用いて分化誘導前後で発現するmiRNAの変動をクローニング法で解析を行った[16]。さらに分化の課程での発現量の変動をNorthern blot法で解析した。最近HL-60細胞のマイクロアレイのデータが報告されたことから[15]，このデータと私たちの結果を比較して，方法論の一長一短を論じてみたい。

7.3　miRNAのクローニング（Ligation-mediated 法）

われわれは，Tuschlらが2001年に報告したsiRNAの解析に用いた方法を採用した[17]。すなわち，細胞の全RNAより約22ヌクレオチド(nt)のRNA断片をクローニングする方法である。この方法は，図2に示すように，細胞の全RNAから変性PAGEにより18 - 26 ntの成熟型miRNAを分取し，3'末端に3'-adaptorをまず連結し，次に5'末端に5'-adaptorをRNAリガーゼにより連結する。ゲル精製した約70 ntの分子をRT-primerを用いて逆転写し，5'-primerとRT-primerを用いて，PCRにより増幅させる。次に両アダプター配列に組み込まれた制限酵素切断部位で切断し，これをT4 DNAリガーゼで タンデムに連結し，コンカテマーとする。さらに両末端をTaq DNA polymerase でfillingし，T-vectorにクローニングする。大腸菌でクローン化したプラスミドのクロー

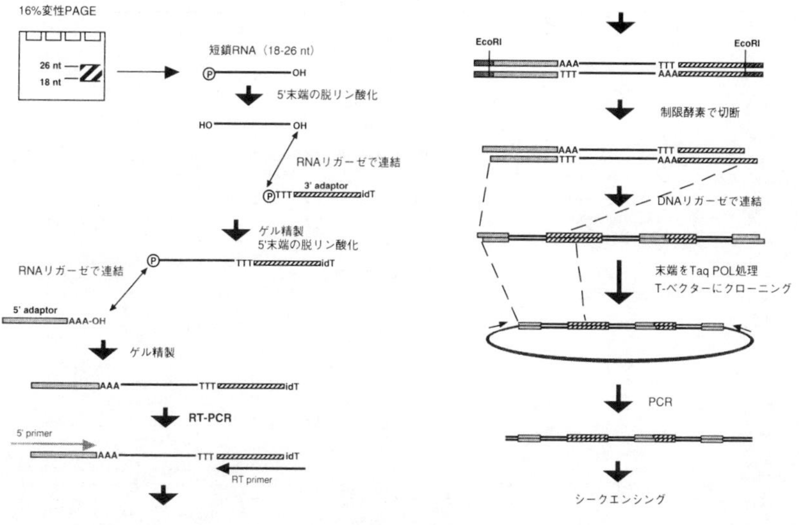

図2　Ligation-mediated法によるmiRNAのクローニング

ニング部位の前後のprimerを用いて，PCRで増幅し，シークエンシングを行う。クローン化された個々のRNA断片は，アダプターに由来する‘AAA’と‘TTT’に挟まれている。この配列をデータバンクで検索し，miRNAか，それ以外の細胞内RNAの断片かどうかを検討する。由来のわからない配列は，ゲノム上近隣の配列が，miRNA前駆体（pre-miRNA）と成りうるヘアピン構造をとるかどうか，マウス，ラットなどでヘアピン構造が保存されているかどうかが，新しいmiRNAであるかどうかの判断の基準となる。新規miRNAは，Rfam（www.sanger.ac.uk/software/Rfam）に登録すると，仮の名前が割当てられる。名前は論文が‘accept’になった段階で確定する。

われわれのHL-60細胞の実験例では，全部で38種の既知のmiRNAと，4種の新規miRNAを同定した（表1）。しかし，miR-181aやmiR-223は，Northern blotでは発現が検出できるにもかかわらず，1クローンも得られなかった。一方，miR-422b（miR-378）は，Northern blotでは発現量は少ないと思われるが，30クローン以上得られた。したがって，何か方法論的にクローニングにバイヤスがある様に見受けられる。これは，クローン数をもっと増やせばある程度は解消できると考えられる。また，TPA+とTPA−での変動は，おおむねクローン数と増減の関係は一致しているようだ。一方，マイクロビーズアレイデータでは，HL-60細胞は59種のmiRNAを発現し

表1　miRNA発現の3種の解析方法によるデータの比較

HL60 細胞で発現する miRNA	ミクロビーズアレイ	クローン数		ノーザンブロット	
		TPA−	TPA+	TPA−	TPA+
Hmr_miR-124a	++	0	2		
Hm_let-7g	+				
Hmr_miR-16	+	1	0	1	0.78
Hmr_miR-29b	+				
Hmr_miR-92	+	2	1		
Hmr_let-7c	+				
hmr_miR-30b	+				
hmr_miR-142-3p	++	6	1	1	0.57
h_miR-106a	+				
hmr_miR-142-5p	++	13	9	1	0.42
hmr_miR-15b	+				
hmr_miR-17-5p	+	5	1	1	0.41
hmr_miR-181a	+			1	0.61
hmr_miR-181b	+				
hmr_miR-19a	+				
hmr_miR-221	+	1	1		
hmr_miR-222	+	0	3		
hmr_miR-223	+			1	0.61
hmr_miR-33	+				
hmr_miR-193	+				
m_miR-199b	+				
hmr_miR-29c	+	0	1		
hmr_miR-98	+				
hmr_miR-30d	+				
hmr_miR-27b	+	8	10		
hmr_miR-26a	+	2	4		
hmr_miR-24	+	0	6	1	2.34
hmr_miR-23b	+				
hmr_miR-23a	+	1	3	1	1.8
hmr_miR-21	+	1	21	1	4.95
hmr_miR-20	+	1	0		
hmr_miR-19b	+	1	0		
hmr_miR-181c	+				
hm_miR-15a	+	5	2		
hmr_miR-153	+				
hmr_miR-152	+				
hmr_miR-139	+				
hmr_miR-125a	+				
hmr_miR-107	+				
hmr_miR-103	+				
hmr_let-7f	+	0	1		
hmr_let-7d	+	3	0		
hmr_miR-320	+	4	1		
hmr_miR-26b	+	1	2		
hmr_let-7a	+	1	3		
hmr_let-7b	+	2	0		
hmr_miR-101	+	1	0		
hmr_miR-106b	+				
h_miR-17-3p	+	0	1		
hmr_miR-25	+	1	1		
hm_miR-302a	+				
hmr_miR-30e	+	0	1		
hmr_miR-93	+	1	0		
m_miR-106a	+				
m_miR-294	+				
hmr_miR-328	+				
mr_miR-330	+				
hmr_miR-339	+	0	1		
r_miR-140*	+				
r_miR-352	+				
hmr_let-7e	−	0	1		
hmr_miR-18	−	2	0		
Hmr_miR-29	−	1	0		
hmr_miR-30a-5p	−	1	0		
hmr_miR-30a-3p	−	1	0		
hmr_miR-128	−	1	0		
hmr_miR-155	−	0	1		
h_miR-423		1	0	1	2.7
h_miR-424		1	3	1	2.92
h_miR-422b（378）		23	11	1	1.25
hmr_30e-3'		1	3		

ている。この結果とクローニングの結果を比較すると，約半数（29）は，クローンが得られていない，反対にクローンは得られたが，アレイではマイナスであるものが 7 種あり，さらに新種のmiRNAが 4 種加わった。したがって，HL-60細胞には，少なくとも70種のmiRNAが発現していることになる。この結果から，マイクロアレイは大まかな全体像を明らかにする方法であり，クローニングは実際に発現しているという証拠が得られること，および，新規のmiRNAが得られることで，マイクロアレイにはない利点がある。目的によって，これらの方法を使い分けることが重要である。また，このmiRNAのクローニング法の前半のmiRNA配列をRT-PCRで増幅するところまでは，マイクロアレイのプローブ作製にも用いられる。最近の報告ではmiRNAの発現プロファイルが，がんの組織由来や，悪性度についてよい情報が得られることがわかってきた。したがって，今後個々のmiRNAの機能を明らかにするとともに，疾患の診断や治療にmiRNAの発現の解析は大いに役立つものと思われる。

7.4　実験プロトコール

準備するもの：

18nt と26ntのサイズマーカー，オリゴヌクレオチド（偏りのない配列）

3'-アダプター（5'P-uuuAACCGCATCCTTCTC-idT-3'; 大文字＝DNA，小文字＝RNA，idT＝inverted T）

5'-アダプター（5'-TACTAATACGACTCACTaaa-3'）

RT-primer（5'-GACTAGCTGGAATTCAAGGATGCGGTTAAA-3'）

5'-primer（5'-CAGCCAACGGAATTCATACGACTCACTAAA-3'）

T4 RNA ligase (Amersham Bioscience)

Calf intestine alkaline phosphatase (CIAP)

T4 polynucleotide kinase

Reverse transcriptase (ReverTra Ace: TOYOBO)

ExTaq DNA polymerase

T4 DNA ligase

*EcoR*I

pGEM-T vector

M13 forward and reverse primers (universal primers)

(1)　細胞から全RNAを抽出する。方法は通常使用している塩酸グアニジンフェノールクロロホルム法等でよい。カラムを使用する方法では低分子RNAがロスすることがあるので使用しないほうがよい。

(2) 全RNAを16%変性ポリアクリルアミドゲル（8M Urea）電気泳動で分離する。18-merと26-merのオリゴヌクレオチドをサイズマーカーとして，サンプルの両隣のレーンに流す。泳動後，ゲルを取り出し，サイズマーカーのレーンを切り離し，エチジウムブロマイドで染色し位置をマークしておく。サンプルのレーンから，18-merと26-merの間にある部分を切り出す。

(3) ゲルスライスから短鎖RNAを0.3M NaClで4℃，一晩置くか，37℃で4時間震盪し抽出する。短鎖RNAは，フェノール・クロロホルム抽出，エタノール沈殿で精製する。

(4) 短鎖RNAをCIAPで50℃で30分処理し，5'末端を脱リン酸化する。フェノール・クロロホルム抽出，エタノール沈殿で精製する。

(5) 3'アダプターと短鎖RNAをT4 RNA ligase(20U)によって連結させる。反応産物は10% 変性PAGEで泳動し，約40-merの部分を切り出す。3.と同様にゲルからの溶出，精製を行う。

(6) T4 Polynucleotide kinase (10U)で，5'末端を再リン酸化する。フェノール・クロロホルム抽出，エタノール沈殿で精製する。

(7) 5'アダプターと短鎖RNAをT4 RNA ligase(20U)によって連結させる。反応産物は10% 変性PAGEで泳動し，約60-merの部分を切り出す。3.と同様にゲルからの溶出，精製を行う。

(8) 両方のアダプターの連結したRNAは，RT-プライマーと逆転写酵素を用いて，DNAに逆転写し，さらに5'-プライマーをくわえ，Ex Taq DNA Polymeraseで，PCRを行う。約70-merのPCR産物の生成を10%変性PAGEで確認する。PCR産物はフェノール・クロロホルム抽出，エタノール沈殿で精製する。

(9) PCR産物の両末端には*EcoR*I部位があるので，*EcoR*Iで切断し，フェノール・クロロホルム抽出，エタノール沈殿で精製する。

(10) *EcoR*I断片をT4 DNA ligaseで連結させ，コンカテマーとする。

(11) 1.5%低融点アガロースゲル電気泳動で，200～800 ntのコンカテマーをきりだし，フェノール抽出，エタノール沈殿で精製する。

(12) 末端をTaq DNA polymeraseで72℃，10分処理し，TA-vectorに挿入し，大腸菌に導入する。

(13) アンピシリン寒天培地上の大腸菌コロニーを爪楊枝でついてとり，M13 forward primerとM13 reverse primerの入ったPCR反応液に移す。PCR後，PCR産物の長さが200 bp 以上のクローンについて，ダイレクトシークエンシングを行う。

(14) アダプターのAAAとTTTに挟まれた配列をmiRNAデータバンクRfamで検索する。既知のmiRNAの配列と一致しない場合は，GenBankで検索する。

文　　献

1） D.P. Bartel, *Cell,* **116**, 281 (2004)

2） G.A. Calin *et al., Proc Natl Acad Sci U S A* ,**99**, 15524 (2002)

3） G.A. Calin *et al., Proc Natl Acad Sci U S A* ,**101**, 2999 (2004)

4） J. Takamizawa *et al., Cancer Res* ,**64**, 3753 (2004)

5） S.M. Johnson *et al., Cell* ,**120**, 635 (2005)

6） M.Z. Michael *et al., Mol Cancer Res* ,**1**, 882 (2003)

7） L. He *et al., Nature* ,**435**, 828 (2005)

8） K.A. O'Donnell *et al., Nature* ,**435**, 839 (2005)

9） A. van den Berg *et al., Genes Chromosomes Cancer* ,**37**, 20 (2003)

10） P.S. Eis *et al., Proc Natl Acad Sci U S A* ,**102**, 3627 (2005)

11） Y. Karube *et al., Cancer Sci* ,**96**, 111 (2005)

12） P. Jin *et al., Nat Neurosci* ,**7**, 113 (2004)

13） M.A. Carmell *et al., Genes Dev* ,**16**, 2733 (2002)

14） D. Qiao *et al., Oncogene* ,**21**, 3988 (2002)

15） J. Lu *et al., Nature* ,**435**, 834 (2005)

16） K. Kasashima *et al., Biochem Biophys Res Commun* ,**322**, 403 (2004)

17） S.M. Elbashir *et al., Genes Dev* ,**15**, 188 (2001)

8 効率的なsiRNAの設計

内藤雄樹[*1]，山田智之[*2]，程　久美子[*3]，森下真一[*4]，西郷　薫[*5]

8.1 はじめに

ヒト，マウス，ショウジョウバエや線虫などの全遺伝子配列が決定され，遺伝子の配列をもとに，個々の遺伝子機能を解析するという逆遺伝学的手法が利用できるようになってきた。このような方法のひとつとして，RNA interference（RNAi）法がある。RNAiは，標的遺伝子と相同な塩基配列をもつ2本鎖RNAが，配列特異的に標的遺伝子からコードされたmRNAを破壊する現象である[1]。しかも，塩基配列は最低19塩基対わかっていればよいため，体系的な遺伝子機能解析法として，非常に有用である。哺乳類でRNAi法を用いる場合，化学合成したsiRNA，またはsiRNA発現ベクターを細胞に導入する手法が一般的に用いられている。しかし，哺乳類の細胞で効率よくRNAiを誘導するためには，標的とする塩基配列はどこでも良いという訳ではない。無作為に配列を選択した場合，約70～80％程度のsiRNAは効果が認められないという大きな問題点がある。多数のsiRNAによるRNAi効果を評価することにより，我々も含めたいくつかのグループから，有効なsiRNAの配列設計のガイドラインが報告されており，効率よくRNAi法を用いるためには，これらのガイドラインに沿った配列選択が必要である。本稿では，我々の提示しているガイドライン[2]を中心に，効率よくRNAiを誘導できる配列設計法とその配列設計ウェブサイト[3]について述べる。

8.2 効率的なsiRNAの配列規則性

我々は，ホタルルシフェラーゼ遺伝子に対して無作為に選択した配列のsiRNAを合成し，そのRNAi効果をホタルルシフェラーゼ活性を指標として，種々の培養細胞で測定した（図1A）。ショウジョウバエの培養細胞S2では，設計した16種のsiRNAのうち15種が効果的であった。しかし，哺乳類細胞では，チャイニーズハムスターのCHO-K1，ヒトのHeLa，マウス胚性肝（ES）細胞であるE14TG2a細胞のすべてにおいて同様の結果であり，5種のみが有効であり，他はRNAi効果が低いか，または認められなかった（図1B）。このことは，ショウジョウバエ細胞では，無作為に設計したsiRNAは，すべてではないが，ほぼ有効であるが，哺乳類細胞では，無作

＊1　Yuki Naito　東京大学　大学院理学系研究科
＊2　Tomoyuki Yamada　東京大学　大学院新領域創成科学研究科　特任助手
＊3　Kumiko Ui-Tei　東京大学　大学院理学系研究科　特任助教授
＊4　Shinichi Morishita　東京大学　大学院新領域創成科学研究科　教授
＊5　Kaoru Saigo　東京大学　大学院理学系研究科　教授

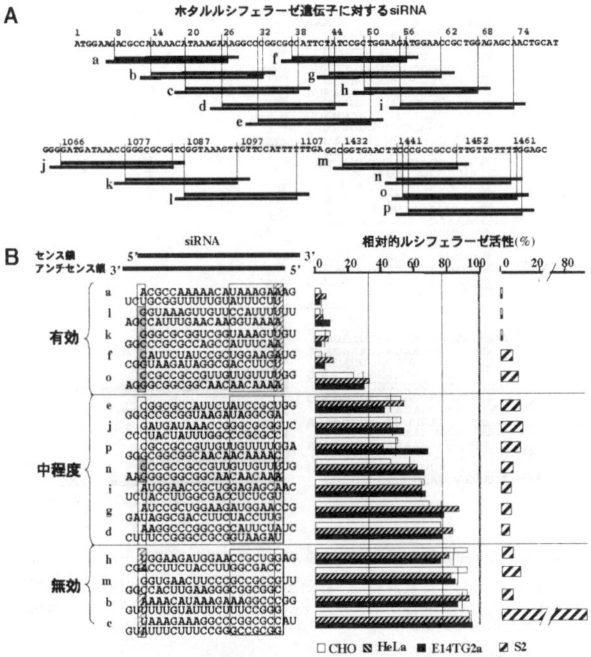

図1　ホタルルシフェラーゼ遺伝子に対して無作為に設計した16種類のsiRNAとそのRNAi効果

A：ホタルルシフェラーゼ遺伝子に対するsiRNA-a~p。片方の鎖の全長は21塩基で，3′へ2塩基突出している。
B：siRNA-a~pのRNAi効果を，Dual Luciferase Reporter Assay System（Promega）で測定し，効果の高い順に並べた結果。ホタルルシフェラーゼ発現ベクターと海椎茸ルシフェラーゼ発現ベクターを，ホタルルシフェラーゼ遺伝子に対するsiRNA（50 nM）と同時に細胞へ導入し，海椎茸ルシフェラーゼ活性を内部コントロールとして，ホタルルシフェラーゼ活性の比率を算出し，その相対的ルシフェラーゼ活性によってRNAi効果を定量化した。センス鎖，アンチセンス鎖の5′末端およびアンチセンス鎖から7塩基を枠で囲んでいる。さらに，アンチセンス鎖の5′末端がAまたはUのものは斜線で，センス鎖の5′末端がGまたはCのものは灰色で塗りつぶしている。

為にsiRNAの配列設計を行なった場合，多くのものは効果が認められないという問題点を提示していた。哺乳類細胞において，RNAi効果の高いsiRNA配列を順番に並べてみると，有効な配列と無効な配列には対称的な規則が存在することがわかった。すなわち，有効なsiRNAは，①アンチセンス鎖の5′末端がAまたはUであり，②センス鎖の5′末端がGまたはCであった。また，③アンチセンス鎖の5′の7塩基中の4塩基以上はAまたはUという点が共通であることがわかった。一方，無効なsiRNAは，①アンチセンス鎖の5′末端がGまたはC，②センス鎖の5′末端がAまたはU，③アンチセンス鎖の5′の7塩基中の4塩基以上はGまたはCという全く対称な性質を示すものであった。有効なsiRNAの3つの条件を満たすものが効率的であるかどうかを検証するた

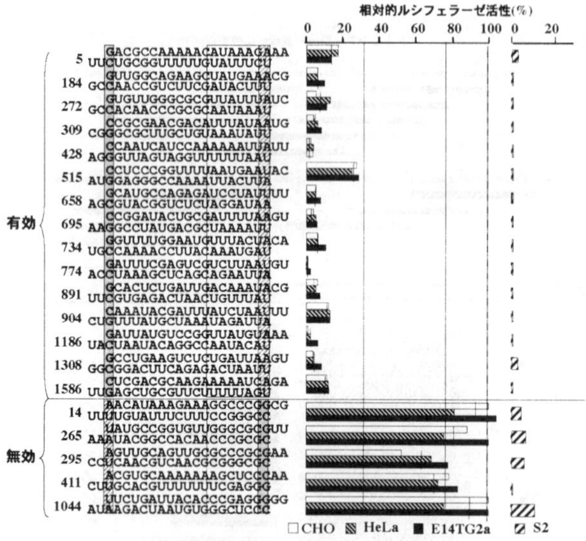

図2　有効なsiRNA配列規則性のホタルルシフェラーゼ遺伝子における検証
ホタルルシフェラーゼ遺伝子に対して設計した，有効と予想した siRNA（15種類）と無効と予想したsiRNA（5種類）のRNAi効果。ホタルルシフェラーゼに対するsiRNAの番号は，アンチセンス鎖3′末端塩基のタンパク翻訳領域中での位置を示している。

めに，ホタルルシフェラーゼ遺伝子（1653塩基）に対して設計できるsiRNA（1631種類）から，有効なsiRNAの3つの配列規則性を満たし，効くと予想されるsiRNAを無作為に15種類，それらとは対称的な，効かないと予想されるものを5種類選択し，そのRNAi効果を調べた結果を図2に示す。効くと予想されたものは，すべて高いRNAi活性を示し，効かないと予想されたものでのRNAi効果は非常に低いことが確認できた。このことは，少なくとも，ホタルルシフェラーゼ遺伝子のようなレポータ遺伝子に対しては，我々の提示した効率的siRNAの配列設計法が正しかったことを示している。そこで，さらに内在性遺伝子に対する効果を調べた。その例を図3に示すが，上記3つの条件を同時に満たし，効くと予想されたsiRNAは，ヒト中間径フィラメントであるビメンチン（図3A），マウスES細胞の分化に関わる転写因子であるOct-4（図3B）などのマウス・ヒト内在性遺伝子においても非常に効率良くRNAiを惹起することがわかった。また，ニワトリ胚における個体レベルでのRNAi実験においても，上記の効くsiRNAの配列規則性を満たすsiRNAは有効であった（図3C）。しかし，効かないと予想されたsiRNAは，どの場合もほとんど無効であった。これらの結果より，我々の設定した効く配列の条件を満たすsiRNAは，内在性遺伝子に対しても，また，個体レベルでも効率的にRNAiを誘導できるものであることがわか

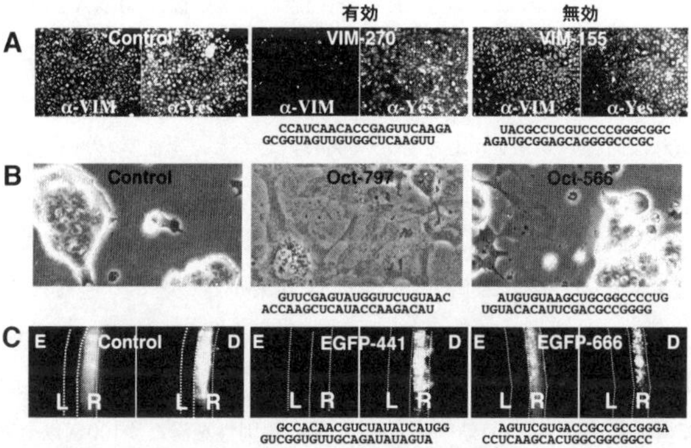

図3　有効なsiRNA配列規則性の内在性遺伝子および個体レベルでの検証

A：ヒトHeLa細胞での，ビメンチン遺伝子に対する検証。ビメンチンsiRNA（50nM）を3日連続transfectionし，最後のtransfectionの翌日に，vimentin抗体（α-VIM）とコントロールとしてのYes抗体（α-Yes）で染色した。VIM-270は有効と予想したsiRNA。VIM-155は無効と予想したsiRNA。VIM-270でビメンチンの発現が抑制されている。
B：マウスES細胞での，Oct-4遺伝子に対する検証。ES細胞は，Oct-4の発現量の減少によって，栄養外胚葉細胞へ分化する。Oct-797は有効と予想したsiRNA。Oct-566は無効と予想したsiRNA。Oct-797で栄養外胚葉細胞へ分化している。
C：ニワトリ個体でのsiRNA配列規則性の検証。pCAGGS-EGFPとpCAGGS-DsRedをEGFPに対するsiRNAと同時にエレクトロポレーションによってニワトリ2日目胚の脊髄の右側半分に導入し，4日目胚で効果を検討した。EGFP-441は有効と予想したsiRNA。EGFP-666は無効と予想したsiRNA。EGFP-441でEGFPの発現が抑制されている。

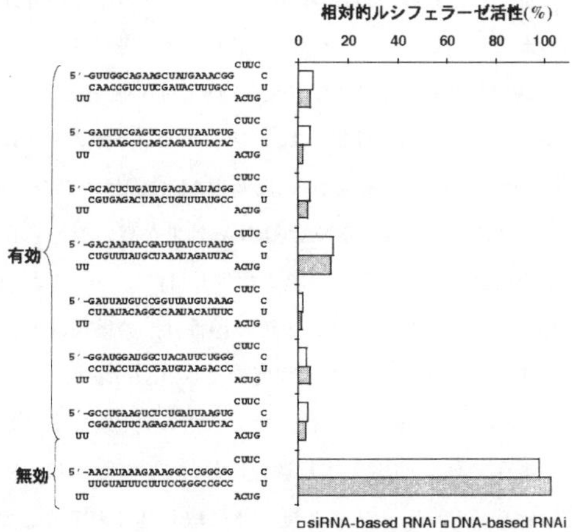

図4　siRNAによるRNAi効果とDNAベクターを用いたRNAi効果の比較

DNAベクターから転写されると考えられるshRNAの構造を左に示す。siRNAによるRNAi効果は，siRNAを細胞へ導入した後1日後に測定し，DNAベクターによるRNAi効果は3日後に測定しているが，配列ごとに，ほぼ一致している。

った（図3）。さらに，このような有効なsiRNA配列設計の規則性はsiRNAを用いてRNAiを行なうときのみではなく，DNAベクターによってsiRNAを発現させる際にも，同様に成り立っており，RNAi効果はsiRNAを用いても，DNAベクターによってsiRNAを発現させても，siRNAの配列が同じであれば同様の効果を示していた（図4）。しかし，上記3つの効くsiRNAの配列規則性を満たしていても，最初に検討した16種のsiRNAのうち，siRNA-nはRNAi効果が低かった（図1）。詳細な解析を行なった結果，siRNAの2本鎖領域中にあるG/Cの連続配列は少ない方が有効であり，siRNA-oのように9個まではRNAi効果が高いという範疇に入るが10個以上（siRNA-n）になると，極端にRNAi効果が減弱することがわかった。そこで，前述の3つの効くsiRNA配列設計の条件に，④G/Cの連続配列が9個以下，という4つ目の条件を付加している（図5A）。これまでに，私達は，4つの効率的siRNA配列規則性を満たす100個以上のsiRNAを設計して，そのRNAi効果を検討したが，ほぼすべてのsiRNAで，高いRNAi効果が認められた。しかし一方で，上記条件すべてを満たしていなくても有効なsiRNAがあることから，この配列規則性は十分条件と考えている。

我々以外の研究グループからも，RNAi効果の高いsiRNAの配列設計法について，実際の実験結果に基づき，具体的な規則性を提唱しているものが2つ報告されているので，それらについて述べる。Reynoldsらは，①全体のGCの含量は30～52%，②センス鎖の15～19番目の塩基のうち，少なくとも3つはAまたはU，③ヘアピン構造をとる逆向反復配列が含まれていない，④センス鎖の19番目の塩基はA，⑤センス鎖の3番目の塩基はA，⑥センス鎖の10番目の塩基はU，⑦センス鎖の19番目の塩基はGまたはC以外，⑧センス鎖の13番目の塩基はG以外，という条件をすべてではないが，できるだけ満たしているsiRNAがRNAi効果が高いと報告している（図5B）[4]。また，Amarzguiouiらは，センス鎖の5′末端がGまたはC，アンチセンス鎖の5′末端がAまたはU，センス鎖の6番目はAであり，センス鎖の5′末端から3塩基のAU含量は，アンチセンス鎖の5′末端から3塩基のAU含量に比べ，相対的に低いsiRNAがRNAi効果が高いことを示している（図5C）[5]。

このように，RNAi効果の高い効率的なsiRNAの配列設計法については，いくつかの相違点も認められるが，アンチセンス鎖の1番目（センス鎖の19番目）の塩基はAまたはUであることが好ましく，アンチセンス鎖の5′末端から，ある程度の長さ（3～7塩基）にAまたはUが多いほうが有効であるという点も一致している。さらに，センス鎖の5′末端はすべてではないがGまたはCであるほうが好ましいようである。RNAi実行過程において，siRNAは，RNA induced silencing complex（RISC）というRNA-タンパク複合体に取り込まれるが，活性型のRISCには，siRNAの2本鎖のうちの1本のみが取り込まれている。Schwarzらは，siRNAのセンス鎖とアンチセンス鎖のそれぞれの5′末端部の塩基対における対合の強さの程度によって，どちらの鎖が活性型RISCに取り込まれるかが決まり，取り込まれた鎖がRNAiの実行分子となると報告しており，

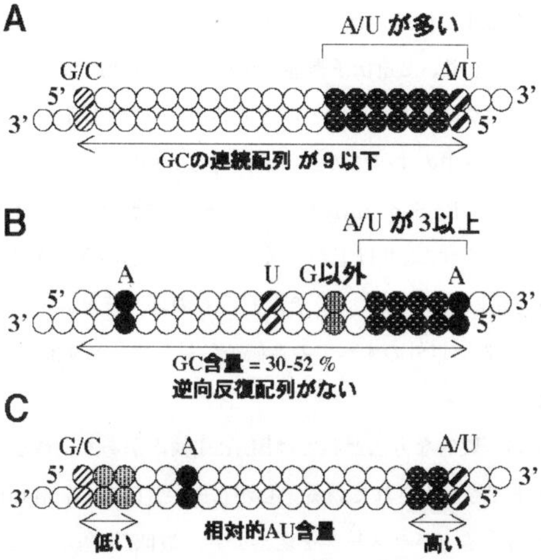

図5　効率的siRNAの配列設計法

A：我々の提唱する効くsiRNAの配列規則性。
B：Reynoldsらによる，効くsiRNAの配列。
C：Amarzguiouiらによる，効くsiRNAの配列。

標的配列と相補的な配列を持つアンチセンス鎖の5′末端の塩基対の結合力が，センス鎖の5′末端の塩基対の結合よりも弱いほうがRNAi効果が高いことを示している[6]。Khvorovaらは，RNAi効果の高いアンチセンス鎖の5′末端部は熱力学的に安定性が低いことを報告しており，このことがsiRNAの2本鎖の巻き戻しの方向と活性型RISCへどちらの鎖が取り込まれるかということに関わるとしている[7]。これらの報告は，効くsiRNAの配列では，アンチセンス鎖の5′末端および末端から一定の部分がAまたはUであり，センス鎖の5′末端がGまたはCであるものが有効であるということと良く一致している。

8.3　siRNA設計ウェブサイト

我々は，哺乳類細胞で効率的にRNAiを誘導することが可能なsiRNAの配列設計を行なうためのウェブサイト“siDirect”を公開している（http://design.RNAi.jp/）。本ウェブサイトでは，以下の2点を考慮している[3, 9]。

(1)　前述の哺乳類細胞で有効なsiRNAの配列規則性を満たすsiRNAを選択すること。

(2)　off-target効果の低いsiRNAを選択すること。

siRNAの長さは約21塩基程度と短いため，標的とする遺伝子とは無関係な遺伝子にも相同部分が存在してしまう確率が高い。このような相同性の高い配列のsiRNAを用いると，当然のことながら，非標的遺伝子の発現まで抑制されてしまうことになる。この現象はsiRNAのoff-target効果と呼ばれており，RNAiを用いた遺伝子機能解析において重要であるばかりでなく，特に臨床的に応用するうえでの深刻な問題のひとつとなっている[8]。このようなoff-target効果を回避するためには，標的以外のゲノム中のすべての遺伝子に対して相同性が最少となるsiRNA配列を選択することが望ましい。ヒトのRefSeq mRNAデータベースにおいては，本来の標的以外の遺伝子のあらゆる場所に対して，必ず3塩基以上がミスマッチするという特異性の高いsiRNAは全体の約10%存在するが，必ず4塩基以上ミスマッチがあるものは，ほとんど存在しない。このような結果から，siDirectでは，標的以外のすべての遺伝子に対して，必ず3塩基以上のミスマッチがあるものを選択している。

さらに，相同性検索の一般的な方法としてはBLAST検索があり，後述するように他のsiRNA配列の検索ウェブサイトでも利用されている。しかしBLASTによるoff-target検索はかなりの時間がかかるうえ，最低11塩基（パラメータを変えても，最低7塩基）の連続一致配列がないと相同性があるものとして認識されない。そのため，siRNAのような短い配列の検索においては見落としが生じるという重大な欠点がある。このようなBLASTの限界を克服し，siRNAのような短い配列の1塩基単位での相同性検索を高速かつ正確に実行できるようなプログラムを開発し[9]，siDirectに取り込んでいる。

siDirectは，利用者が入力した塩基配列または遺伝子のAccession番号から，効率的siRNAの配列規則性を満たし，しかも標的以外の全ての遺伝子配列に対して必ず3塩基以上のミスマッチを保証する，きわめて特異性の高いsiRNA配列を短時間で設計することができるウェブサイトである。さらに，設計したそれらのsiRNAと相同性のあるoff-target候補の遺伝子を相同性の高い順番に表示することによって，off-targetの可能性のある遺伝子を示している。以下に，具体的な使用例を記す。

8.3.1　ヒトvimentin遺伝子に対するsiRNAの設計例

ここでは例としてヒトvimentin遺伝子（NM_003380）に対するsiRNAをsiDirectで設計する手順を説明する。siDirect（http://design.RNAi.jp/）にアクセスすると，図6Aのようなページが表示される。(A)の部分にAccession番号「NM_003380」を入力して「retrieve sequence」ボタンを押すと，自動的にGenBankに問い合わせをおこない，塩基配列が(B)に入る。塩基配列が手元にある場合は，それを直接(B)に入力してもよい。off-targetチェックはヒトのmRNAに対しておこなうので，(D)は「Homo sapiens」を選択する。最後に(C)の「design siRNA」ボタンを押せば結果が表示される（図6B)。オプション(E)，(F)については後述する。

図6Bのリスト(G)は，哺乳類細胞に有効なsiRNAの設計ガイドラインを満たし，かつsiRNAのセンス鎖・アンチセンス鎖とも，標的以外の全てのoff-target配列に対して必ず3塩基以上がミス

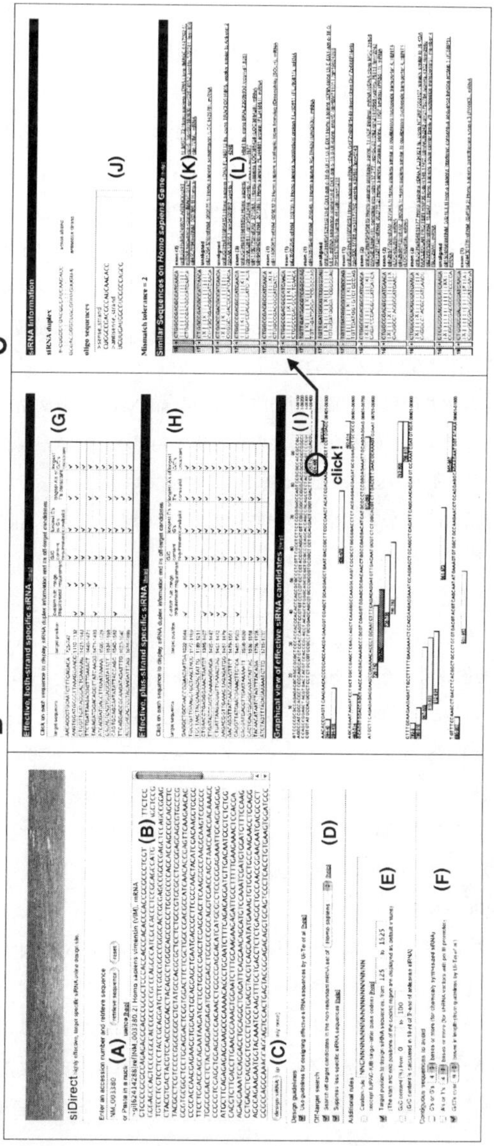

図6　siRNA設計ウェブサイト“siDirect”(http://design.RNAi.jp/)

マッチする（2ミスマッチ以内でハイブリダイズしない）ような特異性の高いsiRNA配列である(effective, both-strand specific siRNA)。通常はこのリストからsiRNA配列を選択すればよい。

このようなsiRNAがひとつも設計できない場合はリスト(H)を参照する。リスト(H)は，哺乳類細胞に有効なsiRNAの設計ガイドラインを満たし，かつsiRNAのアンチセンス鎖のみ特異的なsiRNA配列である（effective, plus-strand specific siRNA）。アンチセンス鎖のみ特異的なsiRNA配列とは，siRNAのアンチセンス鎖が，本来の標的以外の全てのoff-target配列に対して必ず3塩基以上ミスマッチするようなsiRNA配列であり，有効なsiRNA設計ガイドラインを満たしているため，有効に機能すると考えられる。これらの配列はsiRNAのセンス鎖側の特異性は保証していないが，もしセンス鎖と相同なoff-targetが存在しても，センス鎖側は配列規則性を満たしていないため，機能できないと考えられる。

(I)には，入力した塩基配列と，哺乳類細胞に有効なsiRNAの位置関係が表示される。そのなかでセンス鎖・アンチセンス鎖とも特異性の高いリスト(G)のsiRNA配列が青，アンチセンス鎖のみ特異性の高いリスト(H)のsiRNA配列が水色で示されている。

図6Bの画面で表示されているsiRNAの配列をクリックすると，そのsiRNA配列とホモロジーの高いoff-target候補の遺伝子が表示される（図6C）。一番上の(K)には，siRNA配列と最もホモロジーの高い配列（完全マッチしている）として，ノックダウン対象であるvimentin遺伝子が表示されており，それ以下の(L)がoff-target候補の遺伝子である。

(J)にはsiRNAを構成するセンス鎖とアンチセンス鎖の配列がそれぞれ示されており，RNAオリゴを発注する際はここからコピー・ペーストすれば配列を間違えることは少ないだろう。

8.3.2 siRNA設計オプション

より詳しい設定をおこないたい場合には，図6Aの画面で下記のオプションを指定できる。

(D) off-target検索をする種のデータベースを選択する。現時点ではヒト，マウス，ラット，イヌ，ニワトリのデータベースから検索できる。

(E) 独自の配列ルールを，オーバーハングを含めた23塩基で指定する。たとえばセンス鎖の5′末端がGであるものを選択したい場合は，「NNGNNNNNNNNNNNNNNNNNNNN」と入力する。また，siRNAを設計する位置やGC含量の範囲も指定できる。

(F) 特定の塩基の連続を避けたい場合に指定する。たとえばRNAオリゴを化学合成する場合には，長いCの連続やGの連続を避けることが望ましいとされている。また，pol III系ベクターからshRNAを発現させる場合は，途中で転写が終結しないようにAの連続やTの連続を避ける必要がある。

siRNA配列設計ウェブサイトは，他にもいくつか公開されている。siSearch[10]（http://sonnhammer.cgb.ki.se/siSearch/）は，カロリンスカ研究所から公開されているサイトで，カロリンスカのアルゴリズムおよび我々の効率的siRNA規則性，さらにReynoldsら，およびAmarzguiouiらのアルゴリズムも取り込んでいる。しかし，off-target検索はBLASTを使用している。ダーマコン社が公開しているsiDESIGN Center（http://design.dharmacon.com/）は，Reynoldsらのアルゴリズムを使用しており，siSearchと同様にoff-target検索はBLASTを用いている。siRNA Selection Server[11]（http://jura.wi.mit.edu/siRNAext/）は，ホワイトヘッド研究所とTuschlが共同で作成しているサイトで，登録性である。UniGeneに対するBLAST検索を行なっている。ウイスター研究所のsiRNA selector[12]（http://hydra1.wistar.upenn.edu/Projects/siRNA/）は，ReynoldsらのsiRNA配列規則性とKhvorovaおよびSchwarzの熱力学的なパラメータを指標にしたsiRNA設計サイトであり，UniGeneに対するBLAST検索を行なっている。これら以外にも，コールドスプリングハーバ研究所のHannonらの研究室で公開しているRNAi OligoRetriever（http://katahdin.cshl.org:9331/RNAi/html/rnai.html）や，企業が公開している，siRNA Target Designer（http://www.promega.com/siRNADesigner/），QIAGEN（http://www1.qiagen.com/JP/siRNA/designtool.aspx），Ambion（http://www.ambion.com/techlib/misc/siRNA_finder.html），TAKARA（http://www.takara-bio.co.jp/goods/info/info2.htm）などがあり，独自のアルゴリズムを使用している。

文　献

1） A.Fire *et al.*, *Nature*, **391**, 806（1998）
2） K.Ui-Tei *et al.*, *Nucleic Acids Res.*, **32**, 936（2004）
3） Y.Naito *et al.*, *Nucleic Acids Res.*, **32**, W124（2004）
4） A.Reynolds *et al.*, *Nat. Biotechnol.*, **22**, 326（2004）
5） M.Amarzguioui *et al.*, *Birochem. Biophys. Res. Commun.*, **316**, 1050（2004）
6） D.Schwarz *et al.*, *Cell*, **115**, 199（2003）
7） A.Khvorova *et al.*, *Cell*, **115**, 209（2003）
8） A.L.Jackson *et al.*, *Trends Genet.*, **20**, 521（2004）
9） T.Yamada *et al.*, *Bioinformatics*, **21**, 1316（2005）
10） A.M.Chalk *et al.*, *Biochem. Biophys. Res. Commun.*, **319**, 264（2004）
11） B.Yuan *et al.*, *Nucleic Acids Res.* **32**, W130（2004）
12） N.Levenkova *et al.*, *Bioinformatics.* **20**, 430（2004）

9　miRNAと標的遺伝子の予測

櫻井仁美[*1]，ロベルト・バレロ[*2]，五條堀　孝[*3]

9.1　はじめに

「ノンコーディング」もしくは「ノンメッセンジャー」RNAと総称される蛋白をコードしないRNAはそれぞれ，いろいろな構造，酵素活性や制御機能を持っている。その中でmiRNAは約22塩基の遺伝子発現制御活性があるRNAで，全ての後生生物で保存されている。動物ゲノム上には少なくとも100から200のmiRNA遺伝子が見つかっているが[1]，その機能が分かっているのはほんの数個である（表1）。しかし，これらの既知の機能からmiRNAは動物の発生や生理機能の調節に重要だと考えられている。

表1　遺伝的な機能解析が進んでいる動物のmiRNA遺伝子

miRNA	動物名	機能	標的遺伝子
lin-4	線虫	発生時期	*lin-14*
			lin-28
let-7	線虫	発生時期	*lin-41*
			hbl-1
lsy-6	線虫	神経細胞の運命	*cog-1*
mir-273	線虫	神経細胞の運命	*die-1*
bantam	ハエ	細胞死，細胞増殖	*hid*
mir-14	ハエ	細胞死，脂肪蓄積	カスペース？
miR-181	マウス	造血細胞の運命	未決定

遺伝子発現の調節因子としてのmiRNAの働きは基本的に2つのモデルで表される[1]。植物では，miRNAと標的遺伝子のmRNAで作られる塩基対は完全に，もしくは，ほぼ完全に相補的であり（図1a左），RNA阻害（RNAi）機構も関わる経路で標的のmRNAは直接分解される[2]。それに対し，ほとんどの動物のmiRNAは標的のmRNAに不完全に相補的（図1a右）で，標的mRNAは分解されずに，蛋白合成が阻害される。この阻害機構はまだ明らかになっていない[3]。

＊1　Hitomi Sukurai　国立遺伝学研究所　生命情報・DDBJ研究センター　研究員
＊2　Roberto A. Barrero　国立遺伝学研究所　生命情報・DDBJ研究センター　助手
＊3　Takashi Gojobori　国立遺伝学研究所　生命情報・DDBJ研究センター　センター長・教授

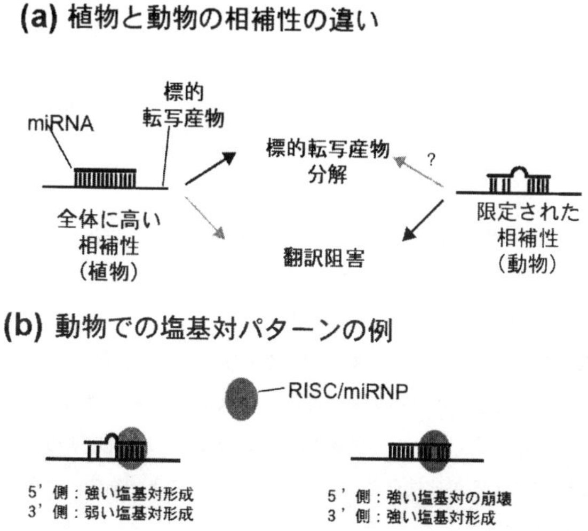

図1　miRNAとその標的部位の相補性

(a) 植物と動物の相補性の違い。miRNA結合部位の中にはmiRNAとほとんど完全に相補的なもの(左)と限られた塩基対だけのもの(右)がある。多くの場合，前者は標的遺伝子の転写産物を分解するのに対し，後者は翻訳阻害する(黒矢印)。その逆の場合もある(灰色矢印)。植物ではmiRNAと標的部位は一般に高い相補性があるが，動物では相補性が低い。

(b) 動物での塩基対パターンの例。miRNAの5'末領域(2から8塩基目)の強い塩基対形成はmiRNAの機能に重要だ。これはおそらくRISC/miRNP複合体(楕円)の構成要素がmiRNAの5'末領域と標的部位の二重鎖を特異的に認識するためだろう。しかし，RISC/miRNPの物理的な相互作用はmiRNA—標的部位の二重鎖全長に渡る可能性があることに注意する必要がある。実際は約7塩基の二重鎖で標的遺伝子の認識には十分なのかもしれない(左)。不完全な5'末領域の対形成は多くの場合，機能しないと考えられている。ただし，十分に延びた3'側の対形成によりその部位の機能が補われることもある(右)。

9.2　miRNAのコンピューター予測

新規miRNAを見つけるためのコンピューター解析は線虫（*C. elegence*）のmiRNA，*let-7*の発見が引き金となっている[4]。BLASTNを用いた単純な相同性配列の検索[5]により，多種の生物の*let-7*オルソロガス遺伝子を発見できたからである[6]。線虫で最初に見つかったオルソログmiRNAの*lin-4*，は異種間で配列が発散しているためコンピューターでは予測できなかったが，クローニングで単離したmiRNAの相同遺伝子やオルソロガス遺伝子は多くの場合，単純な配列検索で同定できた[7]。そのため，動物や植物のmiRNA遺伝子をみつけるためにコンピューターでの解析が進められている（表2）。

MiRseekerはMfoldを用い2種のハエ（*D. melanogaster*と*D. Psoudoobscura*）の間で保存されているRNAの2次構造を見つける方法である[8]。この方法の鍵となるのは予測されたステム—ループ

表2　動物のmiRNA遺伝子予測プログラム

プログラム／アプローチ	動物名	遺伝子数	参考文献
MiRseeker	ハエ	110	[8]
MiRscan	線虫	120	[9]
	ヒト	180−255	[10]
Phylogenetic shadowing	ヒト	976	[13] [14]

構造である。しかしこの作者らはmiRNA候補の塩基配列のゆらぎ自体も考慮してmiRNA前駆体のオルソログではループ配列にはあまり選択圧がかかっていないことを見つけた。このMiRseeker解析ではハエの新規miRNAが48個同定された。

MiRscanは線虫とヒトのゲノムをスキャンするもう一つのコンピューター解析方法で[9, 10]，Mfoldと同様の2次構造予測プログラムRNAfold[11]をステム-ループ構造の予測に用いている。MiRscanの原理は予測したステム-ループ構造の塩基配列にそって21塩基のウインドウをずらしながらmiRNA前駆体である可能性を点数にして割り当てることである。この方法では次のような基準が点数化されている。

1）ループからmiRNA配列までの塩基対数

2）5'と3'側の保存配列のバリエーション

3）ステム中のmiRNA部分の塩基対形成

4）形成された塩基対の長さ

5）バルジ

6）miRNAの最初の5文字の塩基配列（「最初の塩基は'U'」のような偏り）

この予測方法とmiRNAのクローニング法を組み合わせ，線虫で30個の新しいmiRNAを同定した。また，線虫のゲノム上には約120のmiRNAがあることをMiRscanで確認している。同様の検索方法で異なる判断基準を用いても線虫のゲノム上には120から300のmiRNAがあるという結果が得られている[12]。

MiRscanは他の生物でもmiRNAの総数を推定するために使われている。ヒトの場合，ヒト，マウス，フグ（*Takifugu rubriipes*）で保存されているステム-ループ構造を遺伝子間領域で探している。これらの配列からヒトのmiRNA遺伝子は多く見積もってもだいたい255個，少なくても180から200個あるとMiRscanでは推定している[11]。

ごく最近，特殊な系統学的アプローチが新規のヒトmiRNAを見つけるために作られた[13]。その方法は系統学的シャドウイングとして知られており，近縁種での塩基配列の比較に基づき，塩基レベルで保存された領域を見つける方法である。著者らは100個以上のmiRNA領域の塩基配列を10種の異なる霊長類で比較し，「ループ配列のバリエーション」や「ヘアピンのステムは保存されているが，ヘアピン側方の配列保存性は明らかに減少している」というような特徴を見いだした。

これらの知見を使い，より離れた2種，例えばヒトとマウスやヒトとラット，を配列比較して新規の miRNAが同定されている。候補配列の2次構造の自由エネルギーを選別条件に加えたプログラムで[14]，976個のヒトmiRNAが報告された。これらの miRNA遺伝子の役割は未だにほとんど分かっていないが，miRNAの標的遺伝子をコンピューターで予測する方法が開発されてきている。

9.3　動物のmiRNA標的遺伝子の予測アルゴリズム

近年，バイオインフォマティクスを系統的に用いた動物の miRNAの同定が精力的に行われている[15]。ほとんどの場合，最初のステップは miRNAと対となる標的遺伝子の3'-UTRの相補性をその二重鎖の安定性や対となる塩基数で評価しランク付けをすることである。miRNAの5'末領域の塩基対形成に特に重みを置くこともあるが，方針は基本的に同じである。しかし，各々の解析では，アルゴリズム，RNAの2次構造の評価方法，二重鎖中のバルジやループの許容限界，5'末領域の塩基対形成への重み付けの程度が異なり，共通のデータセットを使っても検索結果は違うものとなる。例えば，5'末領域の相補性についてみると，Lewisら[16]は7塩基が完全にワトソン－クリック型の相補配列であるという条件を用いているが，G:Uペアを許した8塩基の相補配列という条件[17]や，動力学的に大切な塩基対の場合は5末側のミスマッチやバルジを伴うG:Uペアを許す[18, 19]，特に5'末の塩基対を必要とせず重きも置かない[20]といった様々な基準が使われている。

動物では miRNAとその標的部位は統計学的に有意な相補性を示さないので，1つのゲノム上で miRNAと mRNAのマッチングをただ探すだけでは効果的ではない[17]。しかし，UTR中で配列が保存されていれば機能的な選択を受けている可能性が高く，もし，種間でその配列が保存されていたら候補配列の信頼性は増加する。例えば，*lin-4*，*let-7*，*bantam*，*miR-2*，*miR-7* や *lsy-6* の既知の結合配列は全て近縁種で保存されている。また，Lewisら[16]はmiRNAの特に5末側（2から8塩基目）の7塩基の配列はランダムな配列と比べ有意に多くの標的配列と完全に相補的であることを示した。このことは，miRNAのこの領域が標的配列の認識に最も重要であることを強く示している（図1b）。

最近，改良された TargetScanSというアルゴリズムは非常に単純化された判断基準（「塩基対の熱力学的安定性」と「1つのUTRに複数の標的配列を持つ」という2つの基準を使っていない）を用いており，シード（seed）と呼ばれる miRNAの5'末部位の2から6塩基の領域と標的配列が完全に相補的であり，かつシードの両側の塩基がAであるという条件で検索する。これより4種類の脊椎動物（ヒト，マウス，ラット，イヌ）で5,300の標的配列が同定され[21]，miRNAで制御されるほ乳類の遺伝子は当初考えられていたより多い可能性が強まった。

塩基の相補性だけでなくmRNAの二次構造や蛋白複合体による塩基対の安定化，もしくはターゲットとmiRNAが同じ細胞や組織で発現していることなどの他の要因も考慮に入れてプログラムを学習させることで，コンピューターによるmiRNA標的遺伝子の予測は時間を追って正確になってゆくだろう。この考えに沿い，私たちは新しいアルゴリズムを開発した。それはmiRNAとmRNAの相互作用はmRNA自身が作る2次構造より熱力学的に安定だということを考慮した方法である。この新しい方法でmiRNA標的遺伝子を同定し，実験的に確かめた。同定したターゲットは他のグループが報告しているものと15%以上重なり，ほ乳類の既知のmiRNA標的遺伝子は全て含まれていた。更にさまざまな細胞過程や生物学的な経路にかかわる800以上の標的遺伝子を見つけた。今後，標的部位とmiRNAの相互作用に関与するさらなる因子（条件）を見つけ，計算アルゴリズムに加えることで，より正確なmiRNAの標的遺伝子を予測できるようになり，miRNAによる遺伝子発現調節ネットワークのより正確な理解が進むと考えられる。また，miRNAのバイオロジーを完全に理解するためには，それ自身の進化の更なる理解も必要となるだろう。

9.4 ウェブサーバー・データベースの紹介と比較

近年，様々な生物種で多くのmiRNA分子が見つかりその情報が膨大になりつつある。それらのデータを1つに集め整理したmiRNAのデータベースの主なウェブサーバーを表3に示した。このうち英国サンガー研究所（ウェルカムトラスト）に構築されたRfam（RNA Families database of alignments and CMs）内のmiRNA Registry[22]がもっとも汎用されインターフェイスも整備されているので，詳しく紹介する。

表3　miRNAおよびその標的遺伝子の主なデータベース

種類	データベース名	URL
microRNA	miRNA Registry	http://www.sanger.ac.uk/Software/Rfam/mirna/index.shtml
	miRNA database (Ambion)	http://www.ambion.com/catalog/mirna_search.php
	MicroRNAdb	http://166.111.30.65/micrornadb/
	RNAdb	http://research.imb.uq.edu.au/rnadb/default.aspx
標的遺伝子	miRNA - Target Gene Prediction at EMBL	http://www.russell.embl.de/miRNAs/
	TargetScan and TargetScans	http://genes.mit.edu/targetscan/
	Human microRNA targets	http://www.microrna.org/mammalian/index.html
	Drosophila microRNA targets	http://www.microrna.org/drosophila/targetsv2.html

9.4.1　miRNA Registry の概要

miRNA Registry は次の2点を目的に作られている。

1．論文公開前の新規miRNAに重複しない正しい名前を研究者自身が命名できるようにすること。

2．検索できる miRNAのデータベースを提供すること。

データベース検索の機能は図2Aに示すようにかなり充実している。利用者は，アクセッション番号，識別子（ID）番号やmiRNAの名前だけでなく文献の題名からも検索できる。更に，染色体上の位置からも検索でき miRNA クラスタを調べるのに良い。また，配列データでのBLAST 検索にも対応しているので，対象とする領域（1kb以下）にコードされるmiRNAを探すこともできる。

このデータベースでは成熟 miRNA（miRと表示）と前駆体（mirと表示）の両方の配列情報が同じIDに登録されている。図2BのIDをクリックすると各エントリーのページ（図2C）が開く。塩基配列は前駆体の2次構造，成熟 miRNAの位置が分かるように記載され，関連 miRNAや文献情報等とのリンクも張られている。また，ページ先頭のアブストラクトでは，その miRNAに関する情報が端的にまとめられている。

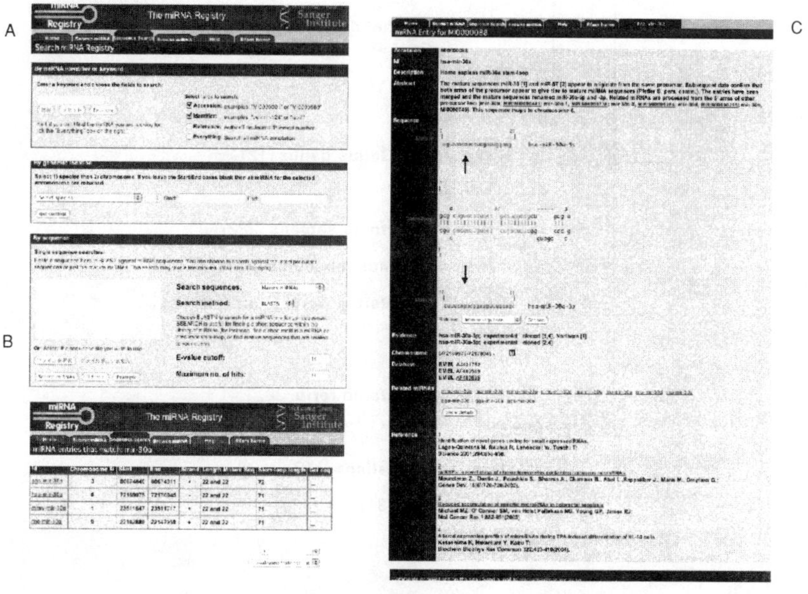

図2　miRNA Resistryのインターフェイス

A）配列検索のページ。ここからIDやキーワード，染色体上の位置，塩基配列を使って検索できる。B）検索結果の一覧。このIDをクリックすると各登録miRNAのページが開く。C）各 miRNAのページ（例：hsa-mir-30a）。前駆体とそれからできる成熟 miRNAがすべて1つのIDに収められている。関連miRNA，参考文献などともリンクしている。

現在，登録されている生物種は，ショウジョウバエ（*Drosophila meranogaster*），線虫（*Caenorhabdis elegance*），ヒト（*Homo sapience*）等の動物をはじめ，シロイズナズナ（*Arabidopsis thaliana*）などの植物やEBウイルス（*Epstein barr Virus*）など13種に渡り（図3），miRNAは全体で1420個が登録されている（リリース5.1，2004年12月）。

また，このウェブサーバーには下記のような規準に従った命名スキームも用意されている。新規のmiRNA配列を論文公開前にmiRNA Resistryを送れば最良の名前を提案してくれるため，論文公開後のmiRNAの名前の重複を避けられる。それが，このデータベースの大きな目的の1つである。

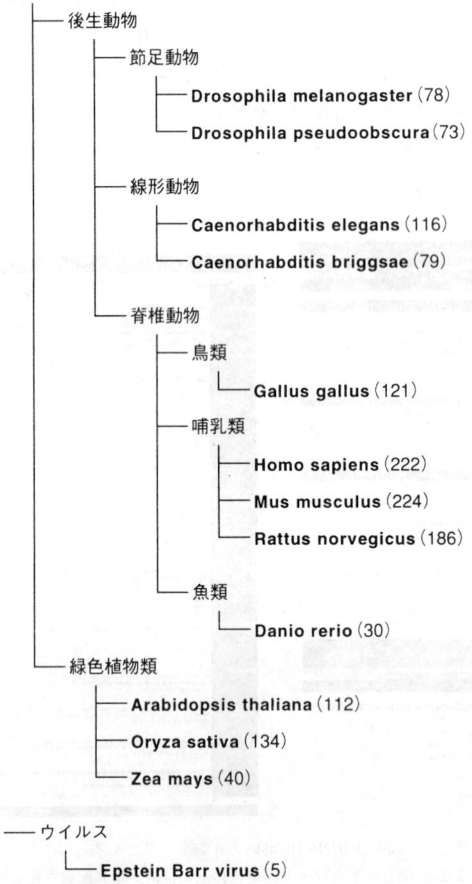

図3　miRNA Resistryの登録数（リリース5.1，2004年12月）
13種の生物で1420個のmiRNAが登録されている。

9.4.2　名前の意味

データベースに登録する時に限らず，あるmiRNAを特定するには名前が必要である。基本的にmiRNAの番号は発見順でつけられ，最終登録がmir-500なら次に登録するものはmir-501となる。ただし，他の生物で同じ配列のmiRNAが既に見つかっている場合，それと同じ番号をつけることもある。

RNA Resistry中のIDは例えば「hsa-mir-121」と表され，最初の3文字は生物種を表す。この場合は，*Homo sapience*（hsa）のmir-121を意味している。異なる前駆体から同じ配列のmiRNAが生じた場合，「hsa-miR-121-1, hsa-miR-121-2」のように区別しそれぞれ別のIDとなる。一方，違う配列だが高い相同性を示すmiRNAの場合は「hsa-miR-121a, hsa-miR-121b」となる。

また，同じ前駆体から2本のmiRNAが生じるときは次のように命名する。

⑴　一方が他方に比べ明らかに多くの成熟miRNAを産生している場合

　① 主生成物 → miR-56

　② ①の逆鎖産物 → miR-56*

⑵　2つの成熟miRNA量にほとんど差がない場合

　① 5'-アームより → miR-142-s （= miR-142-5P）

　② 3'-アームより → miR-142-as （= miR-142-3P）

これらの場合は，同じIDとなり図2Cのように表される。

9.4.3　miRNA判定基準

このmiRNA Resistoryには次の判定基準に合うmiRNAが登録されている[23]。また，この規準を満たしたmiRNAのみ新規miRNA遺伝子として登録できる。

⑴　実験的基準

A. RNAの長さの分かるハイブリダイゼーション反応で約22塩基のRNA分子を検出したこと。(通常はノーザンブロッティングのこと)。

B. サイズ分画したRNAのcDNAライブラリーで約22塩基の配列を同定したこと。それらの配列は，ライブラリー作製に用いた生物のゲノム配列と正確に一致していること。

⑵　生合成的基準

C. 約22塩基のmiRNAがアームの片側にあるヘアピン様の前駆体構造を予測できること。

D. 予測した前駆体の二次構造が進化的に保存されていること。

E. ダイサーの活性を阻害した時に生体内で前駆体が蓄積されること。

AやBのような発現の証拠だけではsiRNAと区別がつかず，また，ヘアピン構造（C. D）もしくはダイサー反応（E）だけではmiRNAの生合成に特有の性質とはいえない。そのため，1

つの規準だけでは，新規のmiRNAとするには十分ではなく，発現と生合成の両方の規準を満たしているものだけがデータベースに登録されている。

9.4.4 その他のデータベース

表3に示した試薬会社アンビオンのデータベースは，検索結果がmiRNA Registry IDで示されサンガーセンターとリンクしているため検索画面は異なるが質的にmiRNA Resistryと同じである。一方，中国の精華大学が独自に整備したデーターベースMicroRNAdbには，10種の真核生物とウイルス1種の情報がおさめられている。登録されているmiRNAは732個（2004年7月更新）でmiRNA Resistryの約半分だが，インターフェイスがよく整備されている。また，RNAdbは豪国クィーンランド大学分子生物学研究所（IMB），スウェーデンのカロリンスカ研究所および日本の理化学研究所が共同で構築した[24]ほ乳類の非コードRNAデータベースである。その重要な構成要素の1つとして約200個のmiRNAが格納されている。ここでは，miRNA Registryの情報だけでなく文献情報からのmiRNAを独自に登録している。しかし，前駆体と成熟miRNAは独立したIDをもち，お互いのリンクも張られていないため関連性が分かりにくい。

9.4.5 標的遺伝子データベース

microRNA標的遺伝子を予測した論文が数多く報告されている[16, 17, 19, 25~27]が，ウェブサーバーはあまり整備されていないのが現状である。表3のデータベースのうちインターフェイスが整っているのはEMBLのウェブサイト内のmiRNA - Target Gene Prediction at EMBLとMITグループのTargetScanである。前者はStarkらの報告[25]をもとにしたハエのデータベースで，図4Aの「R」はmiRNA Resistryとリンクし，「T」はmiRNAのターゲットリストにつながっている。さらに，図4Bのターゲット名はFlybaseとリンクしているなど充実している。後者のTargetScanはLewisらの報告[26]をもとにしたヒトのmiRNA標的遺伝子検索サイトである（図4C）。ここでは，miRNAもしくはmRNAのRefSeq IDを指定し検索する。検索結果一覧のmiRNA名がRNA Resistryに標的遺伝子名がNCBIとリンクしているだけでなく，その遺伝子の特徴なども要約され一覧できるのは嬉しい（図4D）。他の2つはいずれもSolan-Kettering記念癌センターのコンピューター生物学センターが公開しているウェブサーバーである。ここではヒトとハエの標的遺伝子をJohnらが報告[26]した方法を改編して予測した結果をエクセル表でダウンロードできる。しかし，ウェブ上での検索や他のサイトとのリンクは張られておらず，その結果を閲覧するのみである。

標的遺伝子の予測には様々な方法があり，それぞれの方法に利点欠点があり，予測遺伝子の種類，数も様々である。現段階では予測ごとのデータを利用者が比較判断するしかなく，予測結果を統合的に扱った標的遺伝子データベースが望まれる。

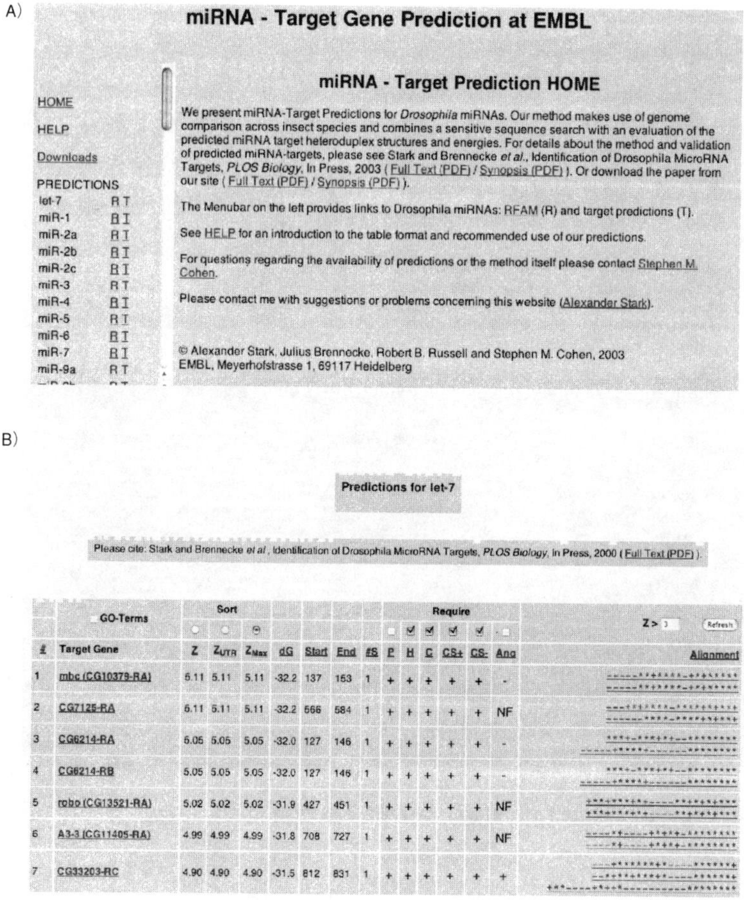

図4　マイクロRNAの予測標的遺伝子データベース

A）ハエの標的遺伝子予測のホームページ。左のカラムの「R」はmiRNA Resistryとリンクし，「T」をクリックするとB)のページが開く。B）予測標的遺伝子検索結果（例：let-7a）。標的遺伝子はFlyBaseとリンクしている。C）TargetScanの入力画面。D）検索結果一覧。標的遺伝子はNCBIとmiRNAはmiRNA Resistryリンクしている。遺伝子の特徴が一覧できる。

C)

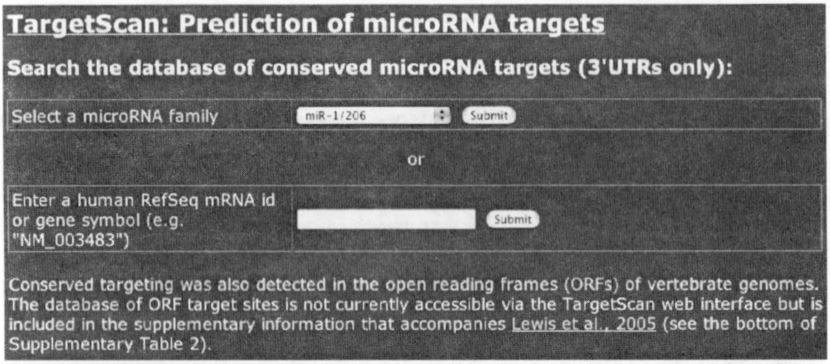
TargetScan: Prediction of microRNA targets
Search the database of conserved microRNA targets (3'UTRs only):
Select a microRNA family
miR-1/206
Submit
or
Enter a human RefSeq mRNA id or gene symbol (e.g. "NM_003483")
Submit
Conserved targeting was also detected in the open reading frames (ORFs) of vertebrate genomes. The database of ORF target sites is not currently accessible via the TargetScan web interface but is included in the supplementary information that accompanies Lewis et al., 2005 (see the bottom of Supplementary Table 2).

D)

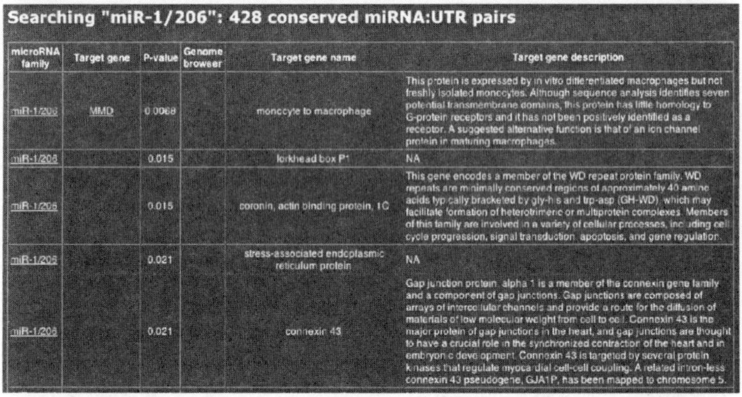
Searching "miR-1/206": 428 conserved miRNA:UTR pairs
microRNA family
Target gene
P-value
Genome browser
Target gene name
Target gene description
miR-1/206
MMD
0.0068
monocyte to macrophage
This protein is expressed by in vitro differentiated macrophages but not freshly isolated monocytes. Although sequence analysis identifies seven potential transmembrane domains, this protein has little homology to G-protein receptors and it has not been positively identified as a receptor. A suggested alternative function is that of an ion channel protein in maturing macrophages.
miR-1/206
0.015
forkhead box P1
NA
miR-1/206
0.015
coronin, actin binding protein, 1C
This gene encodes a member of the WD repeat protein family. WD repeats are minimally conserved regions of approximately 40 amino acids typically bracketed by gly-his and trp-asp (GH-WD), which may facilitate formation of heterotrimeric or multiprotein complexes. Members of this family are involved in a variety of cellular processes, including cell cycle progression, signal transduction, apoptosis, and gene regulation.
miR-1/206
0.021
stress-associated endoplasmic reticulum protein
NA
miR-1/206
0.021
connexin 43
Gap junction protein, alpha 1 is a member of the connexin gene family and a component of gap junctions. Gap junctions are composed of arrays of intercellular channels and provide a route for the diffusion of materials of low molecular weight from cell to cell. Connexin 43 is the major protein of gap junctions in the heart, and gap junctions are thought to have a crucial role in the synchronized contraction of the heart and in embryonic development. Connexin 43 is targeted by several protein kinases that regulate myocardial cell-cell coupling. A related intron-less connexin 43 pseudogene, GJA1P, has been mapped to chromosome 5.

図4　マイクロRNAの予測標的遺伝子データベース（つづき）

文　　献

1） D.P.Bartel, *Cell*, **116**, 281-97 (2004)
2） G.Meister and T. Tuschl, *Nature*, **431**, 343-349 (2004)
3） V.Ambros, *Nature*, **431**, 350-355 (2004)
4） B.J. Reinhart *et al.*, *Nature*, **403**, 901-906 (2000)
5） S.F.Altschul *et al.*, *J. Mol. Biol.*, **215**, 403-410 (1990)
6） A.E.Pasquinelli *et al.*, *Nature*, **408**, 86-89 (2000)
7） N.C.Lau *et al.*, *Science*, **294**, 858-862 (2001)

8） E.C.Lai *et al.*, *Genome Biol.*, **4**, R42（2003）
9） L.P.Lim *et al.*, *Genes Dev.*, **17**, 991-1008（2003）
10） L.P.Lim *et al.*, *Science*, **299**, 1540（2003）
11） I.L.Hofacker, *Nuc. Acids Res.*, **31**, 3429-3431（2003）
12） Y.Grad *et al.*, *Mol. Cell.*, **11**, 1253-1263（2003）
13） E.Berezikov *et al.*, *Cell*, **120**, 21-24（2005）
14） E.Bonnet *et al.*, *Bioinformatics*, **20**, 2911-2917（2004）
15） J.R.Brown and P. Sanseau, *Drug Discov. Today*, **10**, 595-601（2005）
16） B.P.Lewis *et al.*, *Cell*, **115**, 787-798（2003）
17） A.Stark *et al.*, *PLoS Biol.*, **1**, E60（2003）
18） A.J.Enright *et al.*, *Genome Biol.*, **5**, R1（2003）
19） M.Kiriakidou *et al.*, *Genes Dev.*, **18**, 1165-1178（2004）
20） N.Rajewsky and N.D. *Socci, Dev. Biol.*, **267**, 529-535（2004）
21） B.P.Lewis *et al.*, *Cell*, **120**, 15-20（2005）
22） S.Griffith-Jones, *Nuc. Acids Res.*, **32**, D109-D111（2004）
23） V.Ambros *et al.*, *RNA*, **9**, 277-279（2003）
24） K.C.Pang *et al.*, *Nuc. Acids Res.*, **33**, D125-D130（2005）
25） A.Stark *et al.*, *PLoS Biol.*, **1**, 1-13（2003）
26） B.John *et al.*, *PLoS Biol.*, **2**, e363（2004）
27） J.G., Doench *et al.*, *Genes Dev.*, **18**, 504-511（2004）

10　siRNA医薬品の現状と今後の展望

山田佳世子[*1]，水谷隆之[*2]

10.1　はじめに

近年，RNAi技術の発達と共に遺伝子医薬品開発が急速に行なわれている。大学，国立機関，ベンチャー企業等ではRNAiメカニズムの基礎研究と共に医薬品開発を目的とした研究が進められ，これら技術・開発に関わる種々の特許が出願されている。本稿ではRNAi技術を利用した医薬品開発の現状および問題点をふまえ，今後の展望について考えていく。

10.2　創薬関連遺伝子のスクリーニング

RNAi技術の躍進およびヒト，マウス等の全ゲノム配列解読を受けて，ゲノムワイドのsiRNAライブラリー構築が行なわれている。RNAi技術を利用した創薬では，その疾患の原因遺伝子および主要な役割を担うと考えられる経路／遺伝子の特定が必要となる。そのため，ゲノムワイドのハイスループットスクリーニングにより，可能性の高いdrug target候補遺伝子の探索が行なわれている。

例えばBiovitrim ABでは，特に未解明のヒト疾患において主要な役割を担うと考えられる遺伝子を選出し，それらを標的とできるshRNA配列の探索を行っている。Devgen NVでは，開発中のFunction Factory™技術やPhenoBase™データベースを用いて，メカニズム未知な薬物の分析を行うと同時に，その薬物が関与するパスウェイの同定・解明を目指している[1]。特に，ゲノムワイドのsiRNAライブラリーを用いて標的遺伝子のスクリーニングを行うと同時に，自社の持つケミカルライブラリーを用いたchemical mutagenesisを併用し，目的遺伝子の機能解析を進めている。

System Biosciences（SBI）では，レンチウィルスのひとつであるFIV（Feline immunodeficiency virus）を用いたベクターシステムを構築した（図1）[2]。後述するが，このレンチウィルスを用いた偽ウィルスの使用により，安全に，かつ目的配列を宿主ゲノムへ効率的に，安定して組み込むことが可能である。SBIでは，新規遺伝子スクリーニングを目的としGeneNet™ Libraryを構築している。このライブラリーシリーズには，約50Kのヒト遺伝子を標的としたshRNAライブラリー（siRNA数200K）を始めとし，約40Kのマウス遺伝子を標的としたshRNAライブラリー（siRNA数150K）などがある。特筆すべき点として，ライブラリーに使用されているsiRNA配列がAffymetrix GeneChip®のプローブと共通配列を有することである。ライブラリー

＊1　Kayoko Yamada　B-Bridge International Inc.　Business Development

＊2　Takayuki Mizutani　B-Bridge International Inc.　Business Development　Director

を用いて遺伝子のノックダウンがハイスループットで行えるだけでなく，表現型スクリーニング等を行った後，原因となったsiRNA配列の同定もGeneChip®を用いてハイスループット条件下で行うことできるのである。現在，B-Bridge International Consortium（BIC）メンバーとの提携による本ライブラリーを用いた遺伝子スクリーニングが行われていると同時に，ライブラリーの改良・最適化が進められている[3]。

Cenix BioScience GmbHでは，ハイスループットおよびハイコンテントのスクリーニングを可能とするプラットフォーム開発を目標とし，光学顕微鏡分析の自動化を試みている[4]。特にDefiniens AGと提携し，彼らの所有する人工衛星画像処理用に開発された技術（Cellenger™画像処理技術）を取り入れることで，細胞などの表現型のイメージを定量化することが可能となった。これによりCenixでは，RNAi技術を用いたcell-based assayにおいて，アポトーシス，ネクローシス，細胞周期進行といった各々のプロセスのモニタリングを可能とした[5]。

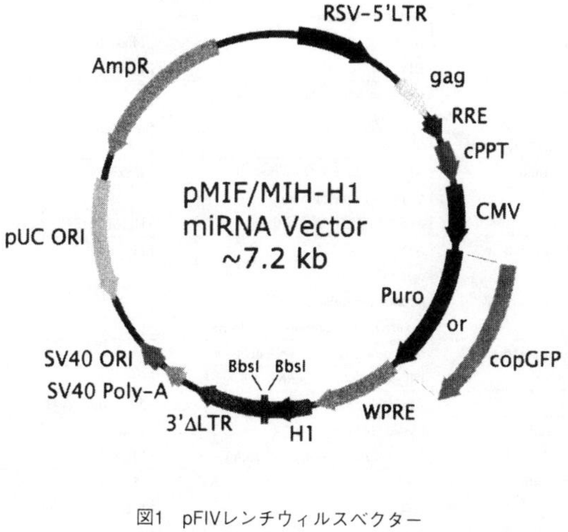

図1　pFIVレンチウィルスベクター

10.3 治療薬の開発

現在RNAi技術を用いた治療薬開発を行っている企業，研究テーマおよび進捗状況の主要なものを表1に示した。また，RNAi技術に関してUSPTO（Unites States Patent and Trademark Office）より認可された特許技術の主なものを表2に示した。RNAi技術の治療への応用はその可能性及び特異性に負うところが多い。適応可能な疾患としてはoncogene由来のものから，遺伝子疾患，成長因子関連，環境由来のものまで広域にわたる。また，HBV（B型肝炎），HCV（C型肝炎）やHIV／AIDS等のウィルスに起因する疾患の治療薬開発も注目を集めている。これら

表1　RNAi技術を用いた治療薬開発の進捗状況

企業名	indication	Status
Acuity Pharmaceuticals	AMD（加齢性黄斑変性症）	Phase II
	Diabetic retinopathy	
Alnylam Pharmaceuticals	AMD	Phase II：Merckと提携
	Respiratory syncytial virus	Phase I
	Ocular disease targets	前臨床：Merckと提携
	Cystic fibrosis（嚢胞性繊維芽症）	前臨床：CFFTと提携
	Parkinson's disease	前臨床：Mayo Clinicと提携
	Spinal Cord Injury	前臨床：Merckと提携
	Huntington's, Alzheimer's	前臨床：Medtronicと提携
ArmaGen Technologies	Liposomeを用いたsiRNA delivery	
Artemis Pharmaceuticals	shRNAを用いたknockout mouse構築	
Atugen AG	Epithelial cancers	
	Metabolic diseases	
Benitec, Inc.	HCV	Phase I
	HIV	Phase I
Cenix BioScience GmbH	High throughput target discovery（光学顕微鏡分析）	
CombiMatrix Corporation	Microarray	
CytRx Corporation	type II Diabetics, Obesities	前臨床
	CMV（cytomegalovirus）	
	ALS（筋萎縮性側索硬化症）	UMMSと提携
Intradigm Corporation	AMD	Phase I
	diabetic retinopathy	
	stromal keratitis	
	Severe acute respiratory syndrome	
Mirus Bio Corporation	Liposomeを用いたsiRNA delivery	
Novosom AG	Liposomeを用いたsiRNA delivery	
Nucleonics Inc.	siRNA based gene silencing	Novosomと提携
PTC Therapeutics	Cystic fibrosis	前臨床
	Progressive muscular dystrophy	Phase I
Sirna Therapeutics	AMD	Phase I
	HVC	前臨床
	Asthma	
	Diabetes	
	Huntington's disease	
	oncology	
	Dermatology	

の創薬開発において現在特に問題視されている点は，薬物送達の困難さと副作用／毒性の可能性に集約できる。以下に主な疾患治療薬開発の現状と問題点を説明する。

表2　RNAi関連の主なパテント一覧

Assignee	USPTO #	概要
AGY Therapeutics	6,841,351	RNAiを用いたhigh-throughputでの遺伝子機能解析およびその評価
Benitec, Inc.	6,573,099	ddRNAをコードするベクターを利用した標的遺伝子発現の抑制技術
Carnegie Institute of Washington	6,506,559	dsRNAの細胞導入による遺伝子発現抑制
Duke Univ	6,723,534	PIWIファミリー遺伝子の精製・単離およびこれを利用した創薬・スクリーニング手法
Exelixis, Inc.	6,531,644	抗癌物質および抗癌剤ターゲット同定を可能とする手法
Isis Pharmaceuticals	6,737,512	ヒトRNaseIIIをコードする核酸およびタンパク質
Mirus Bio Corporation	6,740,643	両親媒性分子を用いた薬物送達。特に非共有結合型送達システムを用いた核酸等の細胞への送達。
Regeneron Pharmaceuticals	6,811,780	サイトカインアンタゴニスト(L-4, IL-13)を用いたHIV感染およびAIDS治療、RNAiの利用
Ribozyme Pharmaceuticals Inc.	6,159,951	2'-*O*-aminoを含む修飾基を用いた核酸の保護
Salk Institute	6,284,469	Posttranscriptional regulatory elementとしてWPREフラグメントを利用したRNA送達
Salk Institute	6,013,516	レンチウィルスを始めとするレトロウィルスベクターを用いた未分化細胞への核酸導入
Sirna Therapeutics	6,852,535	polymerase IIIを用いた医療用RNAの発現、3'側の最低8bpは対応するRNAと相補配列をもつ

10.3.1　HIV治療への応用

近年HIV感染症の薬物が種々開発され，それらの混合投与によりHIV治療は画期的な進歩を遂げてきた。よく知られているように，通常HIVは，感染後2ヶ月程度は生体の免疫システムに入らないものの，virusが急速に増殖し他の細胞へと拡散する。初期段階ではCD4 T lymphocyteが標的となり，この段階でHIVセットポイントが確立し，これが患者のAIDSオンセットに密接に関与してくる。HIVポジティブ患者ではこのセットポイントの状態で10年程度維持するが，その後，未感染のCD4 T cell数がある一定量より減少した段階でAIDSへと移行する。現在，AIDSの発症遅延を目的として，種類の異なる抗エイズ薬を併用するHARRT（Highly Active Antiretroviral Therapy）が広範に使用されているが，高価なこと，毒性が高いことによる薬物の副作用などが問題となっている。同時に，HIV遺伝子の高頻度変異による薬物耐性の獲得が課題である。

HIVはRNAi手法を用いた創薬開発が検討された最初の感染症であるが，これは上記背景およびその感染から発症までの変化が分子レベルでよく理解されていたことに起因する。これまでのところ *in vitro* 条件下では，HIVをコードする遺伝子や，構造，制御，増幅に関与する遺伝子（*tat, rev, gag, env, nef*）や，逆転写酵素をコードする遺伝子のsiRNA／shRNAによるサイレンシングが多く検討されてきた。しかしながら依然として，HIVの高頻度変異性および逆転写酵素の高頻度のエラー率によるviral escapeが大きな課題であった。

そこでまず，RNAiにより，HIV遺伝子自身ではなくNF-κBやHIV receptorであるCD4，co-receptorであるCXCR4やCCRの抑制が検討されてきた。Shankarらは，HIV-1 co-receptor CCR5とウィルス骨格遺伝子であるp24をsiRNAによりターゲットすることでHIV-1感染の低減を試みている[6]。siRNAによるサイレンシング効果はPTGS（post-transcriptional gene silencing）と考えられていたが，St.Vincent's HospitalのSuzukiらは，HIVの5'LTR領域をsiRNAにより標的することでHIV遺伝子転写制御を試み，成果をあげている[7]。

バイオインフォマティックスの利用も種々検討されている。Schafferらは，conditionally replication HIV-1（crHIV-1）と呼ばれる遺伝的変異型のHIVデザインを試みている[8]。このアイデアの基盤はHIVのpopulationを減らし，AIDSオンセットを遅延させることである。彼らは，独自のcrHIV-1治療をデザインする中で，"Basic model HIV-1"とよばれるHIVの *in vivo* 数学モデルを利用し，HIV複製に必要な宿主細胞機能を標的とするantiviral cargoのデザインを行っている。前述の通りHIVでは変異が高頻度のため，20bp程度の短鎖で，かつ効果的に標的可能なsiRNA配列をデザインすることはほぼ不可能に等しい。そこで，彼らはHIVのevolution問題を解決する方法として"RNA quasi-species"に着目した。彼らの構築したcomputational modelでは，"HIV quasi-species"としてHIV遺伝子群を収集し，その膨大なるコレクションよりHIV遺伝子の進化をtrackするのである。その後，HIV遺伝子の進化の過程で保存されている，replication部位を標的とするsiRNA配列を設計するというものである[9]。効果的なsiRNA配列選択を行なったとしても，HIVのviral escape systemにより25日程度でRNAi効果が無効となるとの報告もあるが[10]，彼らはこの手法を用いることで長期に亘るサイレンシング効果が得られることを期待している。一方Bodenらは，HIVの高頻度変異性に着目し，*tat* RNA領域よりgenotypeの異なるウィルス性quasi-speciesの選択を試みた。これを基に，ウィルスのtransactivator proteinである *tat* を標的とするsiRNAを設計する方法を検討している[11]。

siRNAによる遺伝子のサイレンシングは通常細胞内のRNAi経路が利用されるため，その生体内の機能を効率的に利用する手法も検討されている。Non-coding regulatory RNAの1つであるmicroRNA（miRNA）のうち，miR-30はHeLa細胞より同定されたヒトmiRNAである。miR-30前駆体の基本骨格にsiRNAを組み込むことで，endogeneous遺伝子の翻訳制御ではなく転写抑制が効率的に行なえることがZengらにより示された[12]。これを受けて前述のBodenらは，miR-

30前駆体のステム部分にsiRNA配列を組み込んだ構造と，従来型shRNAとのサイレンシング効果の比較を行なった。彼らは，*tat*遺伝子のサイレンシングに有効であることが既知のsiRNA配列を，shRNAまたはmiR-30前駆体のステムに組み込み，各々AAV（adeno-associated virus）ベクターに組み込んで293細胞に導入した。この実験により，従来型shRNAに比べてmiR-30前駆体を利用した場合，HIV-1 p24抗原産生を80%も低減できた。この結果は，miRNA前駆体骨格を利用することで，RNAi経路により効率よくプロセスされることを示唆する[13]。SBI社ではこの技術を利用して，miRNA骨格を持つレンチウィルスベクターの開発を行っている（図2）[2]。彼らは，一般的に導入効率がよく，かつゲノムへのintegrationがおき，siRNAの安定発現が望めるFIVベクター及びHIVベクターへの利用を検討している。このsiRNA発現ベクターではmiR-30のステム部分にsiRNA配列を組み込むことが可能であり，わずか1コピーのウィルスコンストラクトがゲノムにintegrateした場合でもノックダウン効果が期待できる。

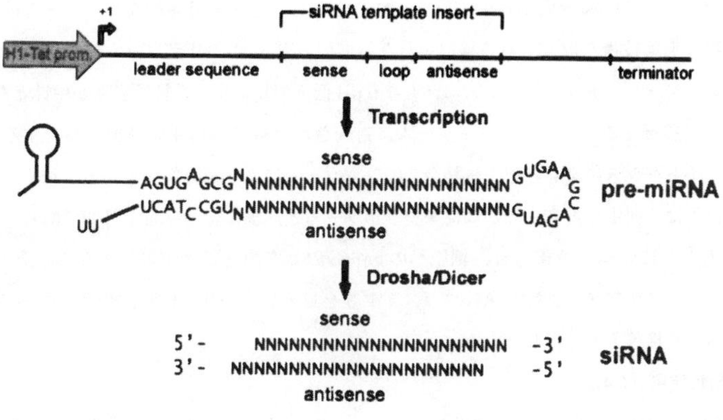

図2　miR-30骨格を持つsiRNA発現システム

10.3.2 HBV / HCV

HBV（B型肝炎），HCV（C型肝炎）患者は全世界に分布し，主要な感染症のひとつである。現在，HBVに対する感染症予防ワクチンは存在するものの，HBV，HCV共に，有効な治療薬は開発されていない。これらのウィルスゲノムは上述のHIVゲノムと同様，種により多様性があり，かつ進化が早いことが問題である。

Benitec, Inc.は2003年6月に申請の受理したddRNAi技術と称される特許を利用して，HCVゲノムのサイレンシングを検討している（表2）[14]。この技術の骨格は，ある特定のプロモータ下流にddRNA配列を配置するプラスミドを用いて，細胞／組織にsiRNA/shRNAを導入し，標的遺伝子の発現を抑制する技術である。Benitecでは，HCVゲノム中の高度に保存された部位特異的なsiRNA配列を数種設計し，各々をコードするプラスミドの構築を行うことで，より効果的なHCV遺伝子のノックダウンを試みている。現在開発中のHCVに対するRNAi医薬では，非病原性のAAV（adeno-associated virus）を用い，静脈を介して肝細胞へddRNAをコードするプラスミドを送達し，ddRNAの細胞内での定常的発現を目指している。

Nucleonics, Inc.でもsiRNAを用いたHBV/HCV治療薬の開発を行っている。既にウィルスゲノムの発現抑制に有効な種々のsiRNA配列を決定できているものの，siRNAの送達が課題となっている。そこで，Novosomと提携し，Smarticle™と呼ばれる電荷可逆的なリポソーム粒子を用いた薬物投与形態技術を取り入れる検討を行なっている[15,16]。このリポソーム粒子は通常の電荷は陰性であるが，エンドサイトーシスにともなうpH低下でリポソーム粒子表面が中性となり，やがて陽性へと移行する。従って，リポソームに封入されたsiRNAは平常時血流移行するものの，エンドサイトーシスにより細胞膜へ結合しエンドソームにより細胞内へと移入される。このリポソーム粒子は，血中でも安定でかつ従来型リポソームと同様に全身分布が可能である。同時に細胞膜通過と共に陽極に荷電され，細胞へのcargoの効率的な送達が可能となる。そこで，Nucleonicsでは，この粒子に，siRNA，プラスミド等を封入し，HBV/HCVを標的とするsiRNAの，肝細胞への直接移入を目指している。

10.3.3 冠動脈疾患（CAD）

Naked siRNAは血清中のRNaseにより分解されるため，*in vivo*条件下では有効量のsiRNAを目的部位に送達することは困難である。siRNAの安定性向上および標的部位への局所送達を目指し，種々修飾基の検討がなされてきた。周知の通り，siRNAによる標的遺伝子発現制御は細胞内におけるRNAi経路を利用するものである。そのため修飾基を付加することでRISCによる認識が低下し，実際には期待されたRNAi効果がみられないこともしばしば報告されている。これに対し，Alnylam PharmaceuticalsではsiRNAにコレステロールを修飾基として付加することでsiRNAの血清中での安定性改善，および特定組織への局在化を試み，有意な結果を得ている。

低密度コレステロール（LDL）およびLDLレセプターのリガンドであるapolipoprotein B（apoB）の血清中レベルと冠動脈疾患（CAD）リスクには相関性があることが知られている。Alnylamではapo B特異的なsiRNAを設計すると共に，そのアンチセンス鎖の3'末端を2'-O-methyl修飾し，センス鎖の3'末端にコレステロール修飾した[17]。彼らは修飾を施さないsiRNAを使用した場合，その95%が血清中で分解したのに対し，この修飾によりsiRNAの血清中安定性が，50%まで改善することを示した。また，apoBに対するサイレンシング効果は，非修飾apoB siRNAとコレステロール修飾apoB siRNAでは同程度であったことから，コレステロール修飾したsiRNAでも細胞内RNAi経路に問題なく認識されることを示した。特筆すべき点は，コレステロール修飾したapoB siRNAは肝臓および空腸に局在化させることができ，これら器官において高いRNAi効果がみられたことである。Alnylamでは，コレステロール修飾を施したsiRNAをマウスに*in vivo*投与することで同様に期待された結果を得ている[18]。siRNAの修飾により，*in vivo*での安定性向上，RNAi効果改善が行なえることを示し，疾患治療への応用の可能性が示唆されている。

10.3.4　AMD

血管新生の起因の1つである低酸素状況に陥ると，その後，血管緊張に関与するnitric foxide合成酵素の生成や，VEGF, angiopoietin, FGFsおよびそれらレセプターの調節がおこる。VEGFおよびそのレセプターはpredominantなpro-angiogenesisタンパク質であり，これらの働きを阻害することで抗腫瘍効果を期待できることがわかっている。これらをsiRNAで標的し，タンパク質生成を抑えることが試みられ，有効な21mer siRNA配列の同定も種々行われている。特にVEGFは比較的容易なsiRNA標的として血管新生の治療薬開発の上で検討がなされてきた。

Intradigm Corporation, Alnylam Pharmaceuticalsなどは，間質性角膜炎を始めとする眼の血管新生疾患治療薬へのRNAi技術の応用を検討している[19, 20]。特に間質性角膜炎は，再三にわたるherpes simplex virus（HSV）感染により発症することが知られており，またこのときVEGFを誘導することが知られている。前述の通りVEGFやその経路に関与する遺伝子発現は，RNAi技術を用いたサイレンシングが効果的に行われることが数々の研究者により報告されている[21]。しかし，他の疾患治療薬と同様，その送達が課題であった。この改善を目的としてIntradigmでは，TargeTran™と呼ばれるナノパーティクルシステムを開発中である[19]。これはRNAi技術を組み合わせることで特異的な疾患組織を全身投与的な治療を目指す。TargeTran™ synthetic vectorとは，自己凝集性の数層から構成されるナノパーティクルで，いくつかの利点がある。まず，赤血球細胞の約10分の1の大きさであることから，リガンドを介した結合を始めとして細胞内への取り込みが改善できる。また，siRNA自身は粒子内部に封入され，周囲をポリマーで覆われている事から，血中での分解が回避できる。細胞質に取り込まれた後に粒子よりsiRNA放出が起こるよう設計されているのである。このため，標的遺伝子の効率的なサイレンシングが期待できる。陽極の立体構造をとる生分解性ポリマーの使用により，毒性は比較的低いとしている。このTargeTran™は組織標的型ナノパーティクルを用いたsiRNAの細胞質への送達技術である。Intradigmでは，インテグリンを標的とする小ペプチドリガンド（RGD配列）をもつリポソームを作成した。周知のように，インテグリンは細胞接着分子のひとつで腫瘍転移に関与する。腫瘍細胞の基底膜への接着は種々の規定膜成分と腫瘍細胞表面のレセプターを介しておこるが，このレセプターがインテグリンファミリーであることが多い。基本骨格はRGD-PEG-PEIとPEG-PEIのカチオン系ポリマーで，ここにsiRNAを混合したインテグリン結合型ナノパーティクル構造をとる[22)]。50%血清中では少なくとも12時間siRNAが安定であることが示されており，機能性ポリマーを用いたsiRNA送達の将来性を示唆するものである。

10.4　薬物送達法の改善

創薬開発では一般に，標的組織への局所的送達または全身投与や，至適量の薬物送達が課題である。RNAi技術を用いた医薬品開発でも同様のことが課題としてあげられる。siRNAの半減期やクリアランス，取り込み量を始めとして，標的遺伝子のノックダウン効果やその持続時間，off-target効果など考慮すべき問題は多々ある。また，*in vivo*条件下では血清などに含まれるRNaseによりnaked-siRNAの分解が起こるため，高濃度投与であってもほとんどのsiRNAは機能を持たない。さらにnaked-siRNAの場合，透過促進剤等の非存在下では細胞への取り込み量が非常に低いことが知られている。これら，siRNA送達の改善を目指し，種々の手法が検討されている。

10.4.1　vehicle

siRNAの送達手法として，まず*in situ*でsiRNAを発現するよう設計されたプラスミドやウィルスベクターの利用が挙げられる。様式として，二本鎖のsiRNA発現型とヘアピン構造をとるよう設計された一本鎖shRNA発現型の2種に大別できる。従来型のアデノウィルスやAAV（adeno-associated virus）では，導入遺伝子の宿主ゲノムへの組み込みがおこり難い。このため細胞分裂の活発な細胞にはあまり有効ではない。レトロウィルスベクターでは導入遺伝子が宿主ゲノムへ組み込まれるが，反面導入部位がほぼ無作為と考えられることから，挿入に伴う周辺遺伝子の活性化・不活化等望ましくない影響が生ずる可能性がある。また，細胞分裂頻度の低い細胞への導入が困難といった問題もある。現在，最も有効なベクターとして注目されているものに，レンチウィルスベクターがある。HIV-1またはFIVを基本として開発されており，非分裂細胞への遺伝子導入が効果的に行われる。前述のSystem Biosciences（SBI）では，HIV-1を始めとして，特にFIVを基本としたレンチウィルスベクターシステムの開発を行っている。これらのベクターには修正型WPRE（woodchuck hepatitis virus post-transcriptional regulatory element）配列が含まれている。この配列はRNAの安定性を高め，RNA発現効率の上昇が期待できることが報告されている[23]。またこのベクターシステムには，目的配列がゲノムへintegrateされた後ウィルスの5'LTRプロモータが不活化されるという自己不活化能を備えており，ウィルス粒子の自己複製が防止できる。

しかしながら，標的組織への特異的な送達や，siRNAの定常的または制御発現といった発現量のコントロール，細胞内RNaseに対抗できる濃度のsiRNA発現が可能か，など改善すべき問題が種々残されている。現在FDA要求事項には，治療目的として使用する物質は全て副作用等のスクリーニングをすることが盛り込まれている。従って二本鎖siRNAを治療薬として利用する場合，センス鎖，アンチセンス鎖，二本鎖RNAそれぞれにおけるスクリーニングを行うことが必要となり，時間的・コスト的制約が課せられている。また，レンチウィルスベクターを利用する場合，その*in vivo*における安全性が確立されておらず，治験薬として認可されていないのが現状である。

10.4.2　キャリアの利用

Naked-siRNAまたはプラスミドの効率的な送達を目的としてキャリアの利用も種々検討されている。これまでに，カチオン性脂質，ポリマーおよびペプチドの利用や，リポソーム，イムノポーター，リン酸カルシウム，DEAE-デキストラン，赤血球ゴーストなどの利用が報告されている[24]。特に，安定な複合体を形成でき，遺伝子導入効率の改善が望め，さらに血清の影響を受けにくい送達技術としてキャリアの開発は期待されている。

Pardridgeらは，“molecular Trojan horse（分子版トロイの木馬）”と呼ばれるsiRNA送達技術を開発し，現在ArgaGen Technologiesに使用権を与えている[25]。この技術は，膜結合型レセプターを標的とするペプチドやモノクローナル抗体と結合したリポソームにsiRNA配列を組み込んだプラスミドを封入した，直径85nmの送達システムである。脂質部分はポリエチレングリコール（PEG）が結合してあり，標的細胞以外の細胞膜と非特異的結合を回避するよう設計されている。ヌクレアーゼによるDNA分解を防ぎ，エンドサイトーシスによるDNAの血液脳関門通過，およびそれに続く神経細胞の細胞膜，核膜への取り込みを可能としている。この技術は前述のIntradigm CorporationによるTargeTran™にも利用されている。また，Novosom AGにおける電荷可逆的なリポソーム粒子の利用やMirus Bio Corporationにおけるリガンド結合型リポソームなどがあげられる[26]。

現在のところ，コストの上昇，ポリマー等の毒性問題，局在化／ターゲティングが課題である。また，疾患によっては複数のレセプターを標的とする必要があり，種々のリガンドをどう組み込んでいくかも課題のひとつである。

10.4.3 oligo末端修飾

Naked-siRNAの*in vivo*利用を目的として，siRNA末端の修飾による安定性の上昇，細胞透過性の改善が検討されている[27,28]。Atugen AGでは平滑末端19mer RNAに修飾を施したRNA分子を構築した[29]。末端がRNA構成成分で保護されているため，生体内でも比較的安定ではあるが，同時に細胞内での分解を受けることができるため余剰蓄積が回避できる設計となっている。Devgenでは2'-*O*-(2-methoxyethyl)(MOE)を用いたsiRNA修飾を検討している[1]。MOEによりヌクレアーゼ耐性の向上やRNAの安定性向上が報告されている[30]。

siRNAの化学修飾による問題点として，siRNAのRISCへの取り込みが影響をうけること，修飾基による毒性や免疫原性が生ずることなどがあげられ，これらの回避が課題となっている。

10.4.4 その他外力を用いた透過促進方法

MirusではGenzyme Corporationと提携してPathway IV™ 技術を開発している[26]。これは止血帯や加圧帯を用いて血流を閉塞して加圧し，一時的に血管壁からの薬物透過性を上昇させる手法である。四肢の筋肉を標的として開発が進められている。この手法により，血管に隣接する筋細胞へのプラスミドDNA送達が比較的効率よく行なえる。一方Cyntellectでは，Eli Lillyとの共同開発で，LEAP（laser enabling analysis and processing）platformを用いた“opto-injection”法を検討している[31]。これはレーザーにより細胞の透過性を一時的に上昇させ，siRNAを始めとする種々の薬物送達を可能とする技術である。

10.5 off-target等の副作用

RNAi技術は当初，遺伝子特異性が非常に高いと考えられていた。しかし，siRNAを用いた遺伝子ノックダウン実験の，マイクロアレイを用いた検証により，一部相補的配列をもつmRNAが標的となるといった配列依存性off-target効果や，配列に依存しない非特異的遺伝子応答の誘導などの副作用が種々報告されている[32,33]。これはRNAiを用いる場合に考慮すべき重要な点である。いくつかのRNAi企業は，siRNAによるoff-target効果を回避するsiRNA設計が検討されている。B-Bridge International, Inc.では，独自のデザインアルゴリズムB-Algo™の構築・最適化を行い，標的遺伝子を効果的に発現抑制でき，かつsiRNAによる望まない効果の回避が期待できるsiRNA設計の可能性を示唆している[34,35]。この中で彼らは，off-targetを回避するためには，siRNA配列と標的mRNAとのミスマッチ塩基数が多ければよいというわけではなく，siRNA内におけるミスマッチポジションとの組み合わせであるとの知見を得ている。

これまで哺乳動物においてmiRNAは，mRNA切断による転写制御を行うというよりは，主にmRNAの翻訳制御として機能すると考えられてきた。これに対し，近年，miRNAによるsiRNA様の遺伝子発現抑制も報告されている[36]。これまで報告されてきたsiRNAによるoff-target効果の一部は，miRNAによるon-target効果であった可能性も考えられ，*in vitro*実験系の構築には注意が必要であると思われる。現状のsiRNAを用いたプロファイリング分析では，RNAレベルの検討が主に行われているが，RNAi医薬開発を進める上でタンパク質レベルも考慮に入れることが課題である[37]。創薬開発においてoff-target効果や非特異的遺伝子応答は，どのレベルまでが臨床上考慮する必要があるのか曖昧な点もあり，今後の注意深い検討が必要である。

10.6　おわりに

RNAiメカニズムの基礎的研究の進展につれ，遺伝子の機能解明においてRNAi技術の利用は欠くことのできないtoolとなりつつある。同時に，RNAi技術を利用した医薬品開発も飛躍的な進歩を遂げてきた。それらには，より高いサイレンシング効果を期待でき，かつoff-target効果を低減できるsiRNA配列のデザイン技術の進歩や，siRNA/shRNA発現システムおよび送達システムの開発・改良も大いに寄与している。しかし，標的組織への局所的送達または全身性送達，off-target，毒性の問題など，解決するべき問題は多々あり，RNAi医薬品が市場へでるまでにどの程度の期間が必要となるのか現在のところ定かではない。しかし，特に遺伝子疾患やウィルス性疾患に対して，RNAi技術を利用した創薬開発が期待されていることも事実であり，基礎的技術を始めとして今後の動向が注目される。

文　　献

1）http://www.devgen.com/
2）http://www.b-bridge.com/
3）http://www.forbes.com/prnewswire/feeds/prnewswire/2005/05/02/prnewswire200505020900PR_NEWS_B_NWT_SF_SFM117.html
4）http://www.cenix-bioscience.com/new/
5）Sönnichsen B *et al.*, *Nature*, **434**, 462-469（2005）
6）Song E *et al.*, *J. Virol*, **77**, 7174-7181（2003）
7）Suzuki K *et al.*, *Nat Center HIV Epidemiol Clinic Res*, #C-142
8）Weinberger LS *et al.*, *J.Virol*, **77**, 10028-10036（2003）
9）Leonard JN *et al.*, *J Virol*, **79**, 1645-54（2005）
10）Boden D *et al.*, *J. Virol*, **77**, 11531-11535（2003）
11）Boden D *et al.*, *Mol Ther*, **9**, 396-402（2004）
12）Zeng Y *et al.*, *RNA*, **9**, 112-123（2003）

13) Boden D *et al.*, *Nucl Acid Res*, **32**, 1154-1158 (2004)
14) USPTO# 6,573,099
15) http://www.novosom.com/
16) http://www.nucleonicsinc.com/
17) Soutschek J *et al.*, *Nature*, **432**, 173-178 (2005)
18) Bumcrot D *et al.*, *Keystone Symposia*, #131 (2005)
19) http://www.intradigm.com/
20) http://www.alnylam.com/
21) Kim B *et al.*, *Am J Pathol.*, **165**, 2177-2185 (2004)
22) Schiffelers RM *et al.*, *Nuc Acid Res*, **32**, e149 (2004)
23) Zufferey R *et al.*, *J.Virol*, **73**, 2886-2892 (1999)
24) Abdallah B *et al.*, *Biol Cell*, **85**, 1-7 (1995)
25) *Nature*, **431**, 601 (2004)
26) http://www.mirusbio.com/
27) Chiu YL *et al.*, *RNA*, **9**, 1034-1048 (2003)
28) Amarzguioui M *et al.*, *Nucl Acids Res*, **31**, 589-595 (2003)
29) http://www.atugen.com/
30) Lind KE *et al.*, *Nucl Acid Res*, **26**, 3694-3699 (1998)
31) http://www.cyntellect.com/
32) Jackson AL *et al.*, *Nat Biotechnol*, **21**, 635-537 (2003)
33) Haley B *et al.*, *Nat Struct Mol Biol*, **11**, 599-606 (2004)
34) Wong J *et al.*, *Keyston Symposia*, #410 (2005)
35) Mizutani T *et al.*, *Nou21*, **7**, 109-118 (2004)
36) Lim LP *et al.*, *Nature*, **433**, 769-773 (2005)
37) *RNAi News*, **2** (37) (2004)

第2章　アプタマー

1　概論

大内将司*

1.1　はじめに

一本鎖の核酸分子は，ワトソン－クリック塩基対によってさまざまな二次構造を形成し，さらに水素結合やファンデル・ワールス相互作用，スタッキング相互作用（stacking interaction，脚注※1）等を介してさまざまな立体構造へと折りたたまれる。このような性質から，一本鎖核酸のなかには任意の標的分子に対して相補的な立体構造を持ち、親和性を示す配列が存在することが期待される。「アプタマー（aptamer）」（脚注※2）は，このような人工的な親和性核酸分子である。ランダムな配列をもつ一本鎖核酸のライブラリーからアプタマーを取得する方法が1990年に報告されて以来，低分子化合物から蛋白質にいたるさまざまな標的分子に結合する多数のアプタマーが同定されている。この「核酸製の抗体」とでもいうべき人工の機能性分子は，まさに抗体にかわるツールとして医学・分子生物学分野で注目を集めている。この章では，アプタマーの取得方法や特徴，応用技術について概説する。

1.2　アプタマーとは

1.2.1　SELEX法

アプタマーの取得方法であるSELEX（Systematic Evolution of Ligands by EXponential enrichment）法は，ランダムな配列をもつ一本鎖核酸のプールから，任意の標的分子に結合する配列を同定する分子生物学的手法である。この手法は，Ellington and Szostakのグループと Tuerk and Goldのグループによって，1990年にそれぞれ独立に報告された[1,2]。SELEX法のプロセスは，目的とする核酸分子の「選別」と選別された分子の「増幅」という大きくふたつのステップからなっている（図1）。

※1　$\pi-\pi$ 相互作用による塩基の重なり合い

※2　「to fit」を意味するラテン語「aptus」からつくられた造語

---

*　Shoji Ohuchi　東京大学　医科学研究所　基礎医科学部門　遺伝子動態分野　助手

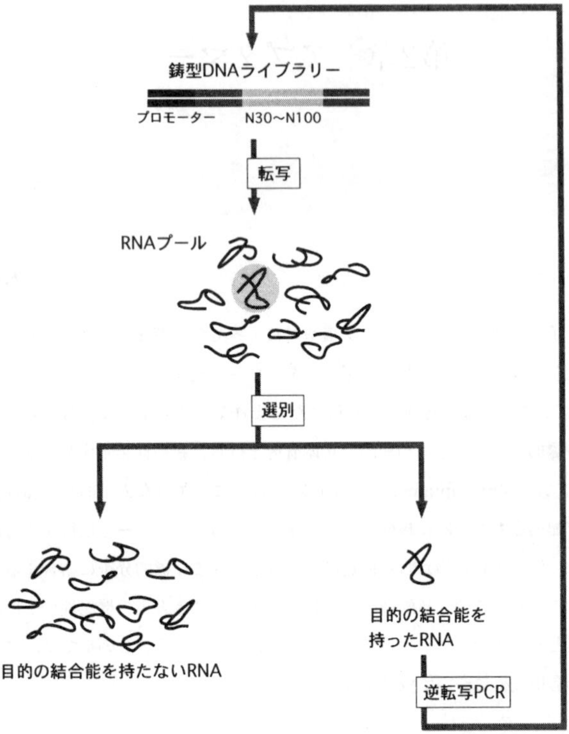

図1　RNAアプタマーのSELEXプロセス

RNA アプタマーを取得する場合，通常 30 ～ 100 塩基程度のランダムな配列が，プライマー結合配列や転写プロモーター配列を含む一定の配列にはさまれたような，10^{14}～10^{16}分子種からなる鋳型 DNA のプールを調製する。つぎに，この DNA プールを鋳型として転写反応を行い，一本鎖RNAのプールを調製する。この RNA プールのなかから，任意の標的分子に親和性を持つような配列を選別するわけであるが，これには後述するようなさまざまな方法が開発されている。続いて，選別されてきたRNA を鋳型として逆転写 PCR を行い，DNA プールを再生させる。通常，このプロセスを一回行っただけではアプタマーを同定することはできないため，一連のプロセスを数ラウンドから 10 数ラウンド繰り返すことで，アプタマーのプール内における割合を徐々に増大させていき，最終的にはクローニングして目的のアプタマーを同定する。

一方，DNA アプタマーを取得する場合には，ランダム配列がプライマー結合配列にはさまれた合成の一本鎖 DNA を直接最初の選別に使用する。選別されてきた DNA は同様に PCR によって増幅するが，この際，センス鎖を優先的に増幅させて一本鎖DNAのプールを再生させるため，アンチセンス鎖プライマーに対してセンス鎖プライマーを大過剰加える非対称PCR（asymmetric PCR）を行うのが一般的である。また，再生した一本鎖DNAプールにアンチセンス鎖が混入していると，センス鎖と不活性な二本鎖DNAを形成してしまうため，アンチセンス鎖プライマーをビオチン化しておき，非対称PCRの後にアビジン担体を用いたアフィニティ精製によって，アンチセンス鎖を完全に除去する。アンチセンス鎖の除去方法としては，ほかにも，センス鎖とアンチセンス鎖の鎖長が異なるように工夫したPCRを行い電気泳動で分離する方法や，酵素によってアンチセンス鎖のみを分解する方法がある。

1.2.2 アプタマーの特徴

構造解析や生化学的解析によって，アプタマーは通常，二本鎖ヘリックスやグアニン四重鎖（Guanin-quadruplex）といった構造を足場として，ループやバルジといった一本鎖領域によって標的分子と特異的な相互作用をしていることがわかっている。このような一本鎖領域では，しばしば標的分子との結合にともなって誘導適合（induced fit）とよばれる構造変化が引き起こされる。また，直接的な結合領域に含まれない領域も，標的分子の結合によって相対的な距離や配向性が変化することがあり，まれな例ではあるが，全体的な二次構造が再編成されることもある。

高い親和性をもつ生体分子としては，すでに抗体が医学・分子生物学分野での地位を確立している。しかしながら，アプタマーは抗体にはない特性をもっており，抗体の欠点を補うものと期待される。例えば，免疫原性を示さない点や還元状態でも機能する点は，アプタマーを生体内で機能させるうえでの大きな利点である。また，相補的な配列をもつ核酸とのハイブリダイゼーションによって不活性な二本鎖を形成するため，アプタマーに対する阻害分子を簡単にデザインすることが可能である。さらに，生理的な条件にとどまらず，通常，抗体が失活してしまうような温度・溶液条件下において機能するアプタマーの取得も可能である点，熱変性などによって不活性化させた後にも容易に再生することができる点，大規模な化学合成を行うことができる点なども利点としてあげられる。

一方で，アプタマーの欠点としては生化学的に分解されやすい点があげられる。アプタマーを生体内で使用する場合や生物由来サンプルに直接使用する場合，混在するヌクレアーゼの影響は避けられない。そのため，目的に応じて化学修飾による安定化が必要である（第4章4 核酸医薬品の安定化戦略）。

1.3 SELEX法におけるさまざまな選別プロセス

SELEX法の一連のプロセスのなかでも，アプタマー取得の成否にもっとも大きく関わるのが選別プロセスである。標的分子の性質や，どのような特性のアプタマーを取得したいのかに応じて，これまでにさまざまな選別方法が報告されている。

1.3.1　一般的な選別方法

親和性をもつ核酸分子をランダムなプールから選別するには，標的分子を固定化した担体を用いるのが一般的である。まず，担体と核酸プールを混合した後，担体に結合しなかった核酸分子を洗い流し，続いて結合した核酸分子をキレート剤（脚注※3）や変性剤，もしくは担体上の標的分子と競合する遊離の標的分子を過剰に添加することで回収する。また，あらかじめ標的分子を担体に固定化させておくのではなく，核酸プールと標的分子とを混合させた後に，標的分子のみに親和性をもつ担体，もしくは，標的分子にあらかじめ付加されたアフィニティ・タグを特異的に補足するような担体によって，標的分子に結合した核酸分子を回収することもできる。とくに，蛋白質を標的とした場合，蛋白質を吸着するものの一般的な核酸分子は吸着しないニトロセルロースフィルターがよく使用される。以上の一般的な選別方法については，後の章で詳述されるのでそちらを参照されたい（第2章2 翻訳開始因子に対するアプタマーによる制がん戦略)。

1.3.2　標的の切り替えをともなう選別方法

アプタマーの特異性は，標的分子をアプタマーがどのように認識しているかに依存している。このため，一般的な一種類の標的分子のみを用いた選別方法では，望ましい特異性をもったアプタマーが取得されるか否かは保証されていない。この点を解決するため，選別ステップで複数の標的分子を組み合わせて使用することで，任意の特異性をもつアプタマーを取得する方法が開発されている。たとえば，ある蛋白質ファミリー全体を認識するような幅広い特異性をもつアプタマーは，標的分子をラウンド毎に入れ替えることで取得できる。この選別方法によって，ヒトの蛋白質とブタのホモログ蛋白質との双方に高い親和性で結合するアプタマーが取得されている[3]。一方，類似した分子種を厳密に区別するような高い特異性をもつアプタマーは，非標的分子に結合しないものを回収するネガティブ選別を導入することで取得することができる。この選別方法によって，同じ蛋白質のリン酸化状態を10倍の親和性の違いで識別するアプタマーが取得されている（図2）[4]。

※3　アプタマーのように特異的な立体構造をもつ核酸分子は，その機能を保持するためにマグネシウムイオンやカルシウムイオンといった2価のカチオンを必要とするものが多く，そのためキレート剤の添加によって活性が失われる

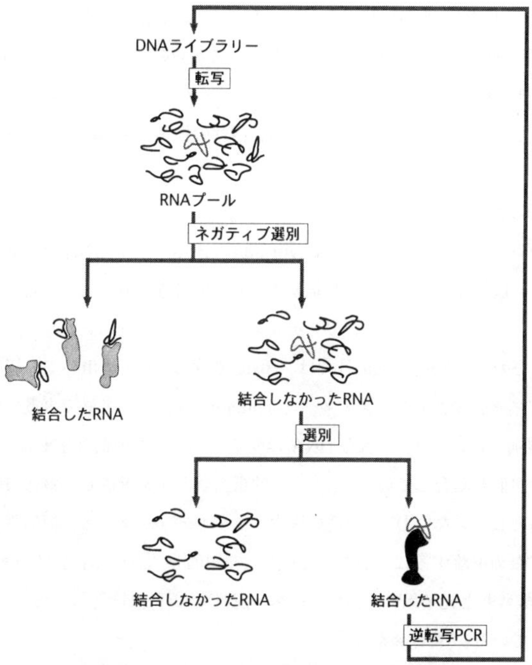

図2　高い特異性をもつRNAアプタマーの選別方法

1.3.3　精密測定装置を用いた選別方法

アプタマーと標的分子との結合は，さまざまな測定装置を用いて検出することができるが，これらの装置をSELEXの選別プロセスに応用した報告もなされている。例えば，標的分子とアプタマーの複合体が，アプタマー単体と比較して電荷や分子量に大きな違いをもつ場合，電気泳動によってこれらを分離することができる。とくに，キャピラリー電気泳動装置は極めて分離精度が高いため，これをSELEXの選別プロセスに使用することによって，高い選別効率を達成することが可能である[5,6)]。直接的な比較は行われていないが，キャピラリー電気泳動装置を使用したSELEXでは，通常の方法よりも少ないラウンド数でアプタマーが取得されるようである。また，この方法では，遊離した状態の標的分子に対して選別が行われるため，担体やフィルターといった本来標的としていない物質へ結合する核酸分子が選別されてくる可能性を最小限に抑えることができる。

他にも，原理的には担体へ固定化した標的分子に対する選別方法と同じであるが，表面プラズモン共鳴（surface plasmon resonance，SPR）解析装置や水晶振動子超微量天秤（Quartz

Crystal Microbalance，QCM）を用いて，センサーチップに固定化した標的分子に対する選別も報告されている[7]（第2章3 アプタマー治療薬の項目）。これらの方法は，高価な測定装置を必要とする，選別スケールが限定されるといった欠点をもつものの，速度論的に厳密に選別プロセスを制御することができ，また，核酸分子プールの結合活性の推移を確実に把握することが可能である。

1.3.4 光架橋を応用した選別方法

5-ブロモ化デオキシウリジン（5-bromodeoxyuridine，BrdU）は，DNAポリメラーゼによってチミジンの変わりに取り込まれる化学修飾塩基であり，紫外線照射によって励起され種々のアミノ酸残基（チロシン，トリプトファン，ヒスチジン，フェニルアラニン，システイン，メチオニン）へと共有結合される。SomaLogic社では，BrdUを含むDNAを用いて，標的蛋白質へと光架橋されるアプタマーを「フォトアプタマー（photoaptamer）」の名称で事業展開している[8]。このアプタマーの選別では，BrdUを含むDNAのライブラリーを標的分子と混合させた後に，この溶液に紫外線を照射し結合しているDNAを標的蛋白質と光架橋させ，厳密な洗浄によって標的蛋白質と共有結合していないDNAを洗い流す。フォトアプタマーは，標的蛋白質と不可逆的に共有結合されるため解離することがない。また，非標的分子との非特異的な相互作用では，BrdU塩基がアミノ酸残基と光架橋に適当な位置へと配置する可能性が低いため，高い特異性を示すことが報告されている[9]（脚注※4）。

1.3.5 アロステリック・セレクション

アプタマーへの標的分子の結合は，アプタマーの構造変化や活性型構造の安定化をともなうことが知られている。このような特徴を利用して，RNA酵素（リボザイム，ribozyme，第3章1概論）やDNA酵素（DNA enzyme，DNA zyme）とアプタマーを融合して，標的分子の結合が活性に影響を与えるようなアロステリック核酸酵素を作製することができる。たとえば，ハンマーヘッド型（<u>h</u>ammer<u>h</u>ead，HH）リボザイムを用いた場合，HHリボザイムのステムII領域に任意のアプタマー配列を組み込む方法がある[10]（図3）。この系を利用して，標的分子に対するアプタマーを取得する方法が開発されている。この方法では，ステムII領域に40塩基程度のランダム配列を導入したライブラリーを作成し，ここからアロステリック・セレクションとよばれる手

※4 SomaLogic社では，フォトアプタマーのSELEXプロセスの全行程を完全に自動化しており，アプタマー取得の受託サービスを行っている（国内でのサービス窓口はネットウェル社）。なお，通常のSELEXプロセスの全自動化に関しては，複数のグループから報告がなされており，NascaCell社も，自動化プロセスによるアプタマー取得の受託サービスを開始している（国内でのサービス窓口はアマシャムバイオサイエンス社）

法によってアプタマー配列を選別する[10]。アロステリック・セレクションでは，標的分子の存在下（または非存在下）における切断反応の促進を指標としたポジティブ選別と，標的分子の非存在下（または存在下）における切断反応の抑制を指標としたネガティブ選別，そして逆転写PCRと転写による増幅という一連のプロセスを繰り返し行う。これにより，ランダム領域に目的のアプタマー配列をもち，標的分子によって活性化（または不活性化）されるようなアロステリック核酸酵素が同定される。核酸酵素による触媒活性の他にも，オリゴ核酸とのハイブリダイゼーションを指標としたアロステリック・セレクションも報告されている[11]（図4）。この方法では，担体へ固定化したオリゴ核酸と相補的な配列をランダム配列で挟んだようなライブラリーを作成し，標的分子の非存在下におけるハイブリダイゼーションと，標的分子の存在下における担体からの遊離を指標として選別を行う。アロステリック・セレクションによるアプタマーの選別は，キャピラリー電気泳動装置を用いた場合と同様に，遊離した状態の標的分子に対して選別が行われるという利点がある（脚注※5）。

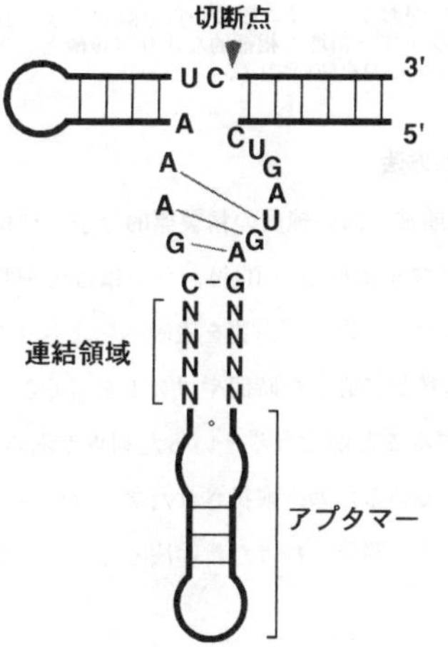

図3　アロステリックHHリボザイム

※5　アロステリック核酸酵素は，「RiboReporter」の名称でArchemix社が分子センサーの開発を行っている

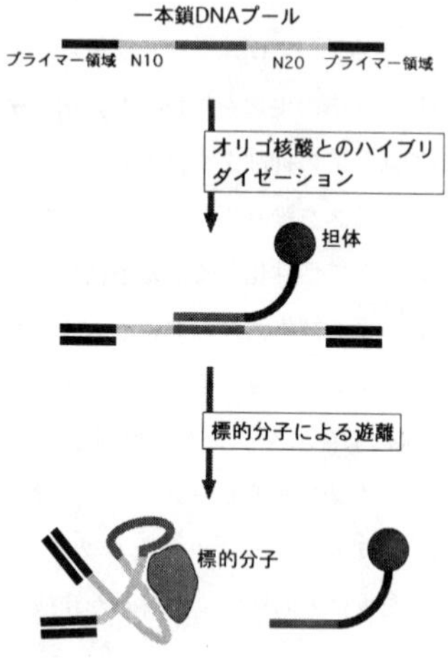

図4　ハイブリダイゼーションを指標としたDNAアプタマーのアロステリック・セレクション

まず，固定化したオリゴ核酸にプールDNAをハイブリダイゼーションさせ，続いて標的分子を添加する。標的分子との結合によって構造変化がおこりオリゴ核酸から遊離してきたDNAを回収・増幅し，次のラウンドに使用する。この例では，プライマー領域も相補的なオリゴ核酸と二本鎖を形成させることによって，この領域が標的分子との結合に関与するのを防いでいる。

1.3.6　複雑な標的を用いた選別方法

SELEXの選別プロセスには通常，高い純度の精製標的分子を使用するが，粗精製の膜画分やウイルス粒子（第2章3 アプタマー治療薬の項目），さらには生細胞を標的とした選別も報告されている。特に，最近報告された組み換え蛋白質を表層へ発現させた細胞を直接選別プロセスに使用する手法は，標的蛋白質の精製に必要な時間やコストを省くことができ，また，生化学的に不安定な膜蛋白質等も標的とすることができるといった利点がある[12,13]。さらに，細胞表層条件下における結合活性が保証されているため，取得されたアプタマーが生体内で機能する可能性が高く，後述するアプタマー医薬品の開発へむけた新手法として大きな期待が寄せられている。

1.4　アプタマーの応用技術

アプタマーは，抗体と同様に高い親和性・特異性で標的分子と結合し，抗体を用いた技術の多くに応用することが可能である。たとえば，アプタマーと標的分子との結合をなんらかの方法で検出することができれば検出システムへ応用することができるし，また，単に標的分子に結合するだけでなくその機能を阻害するようなアプタマーは，標的分子の機能阻害剤として用いることができるであろう。アプタマーの応用技術として特に研究の進んでいる検出システムと医薬品については後に詳述することにし，ここでは，その他の基本的な応用例について紹介する。

1.4.1　標的分子精製への応用

固定化したアプタマーは，標的分子をアフィニティ精製する際の担体として用いることができ，多くのグループから報告がなされている。SELEXの選別プロセスは任意の条件下で行うことができるため，そのようにして取得されたアプタマーを用いることで，標的分子にとって望ましい条件下での精製が可能となる。また，アプタマーを固定化するのではなく，一般的なカラム担体に結合するアプタマーと標的分子に結合するアプタマー（もしくはRNA因子）とを融合した二機能性アプタマー（bifunctional aptamer）を用いた精製も報告されている[14,15]（図５）。とくに興味深い例として，カラム担体に結合するRNAアプタマーと天然のRNA因子との融合遺伝子を細胞内で発現させて，生理的な条件下で，この融合RNA因子を含むRNA蛋白質複合体を精製した報告がなされている[15]（図5）。

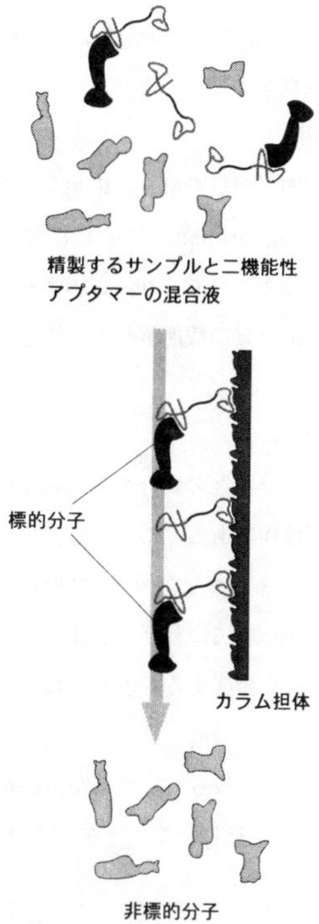

図5　二機能性アプタマーによるアフィニティ精製

二機能性アプタマー（アプタマー領域を灰色で示した）と結合している標的分子（濃灰色）のみがカラム担体へ捕捉される。

1.4.2 ホットスタートPCRへの応用

ホットスタートPCRは，プライマーのミスアニーリングに起因する非目的DNA断片の増幅を低減させる一般的な手法である。これには，反応液とDNAポリメラーゼを温度が上昇するまで物理的に隔離する方法と，DNAポリメラーゼを熱処理するまで不活性化しておく方法がある。後者のひとつとして，耐熱性DNAポリメラーゼに結合し，その酵素活性を阻害するアプタマーを用いる方法が開発されている[16]。このアプタマーは，PCRの伸張段階の温度では熱変性するために目的断片の伸張反応は阻害しないが，低い温度でのプライマーのミスアニーリングからの望ましくない伸張反応は阻害する。このアプタマーは，1ステップ逆転写PCRのキットに使用されており，ロシュ・ダイアグノスティックス社から「LightCycler RNA Master SYBR Green I」として，アプライドバイオシステムズ社から「AccuRT Hot Start RNA PCR Kit」として市販されている。この方法は，化学修飾や抗体によるDNAポリメラーゼの不活性化や物理的な隔離の場合とは異なり，温度が下がるとアプタマーの活性が再生するため，PCR終了後の望ましくない伸張反応も阻害されるという利点をもっている。

1.4.3 機能解析ツールとしての応用

アプタマーによる機能阻害は，標的蛋白質の解析に応用することができる。基本転写因子であるTATA結合蛋白質（TATA-binding protein，TBP）に対する複数のアプタマーが，TBPの機能を異なった様式で阻害する例も報告されており，このようなアプタマーは，複数の機能をもつ蛋白質や複雑な反応過程に関わる蛋白質の機能解析ツールとして有効である[17]。

1.5 アプタマーを用いた検出システム

前述したように，アプタマーと標的分子との結合をなんらかの方法で検出することができれば検出システムとして応用することが可能である。ここでは，アプタマーを用いた検出システムについて紹介する。ここにあげる以外にも，ウェスタン・ブロッティング（脚注※6）やELISA（enzyme-linked immunosorbent assay）法における抗体との代用も報告されており，とくに抗体の使用が困難な条件下において威力を発揮するものと思われる（脚注※7）。

1.5.1 アプタマー・チップ

アプタマーを用いた検出システムとして最もシンプルな方法が，固定化したアプタマーへの標的分子の結合の検出である。SomaLogic社は，フォトアプタマーを基盤上に固定化し，結合し

※6　抗体を使用したウェスタン・ブロッティングに対応して，Jayasenaはイースタン・ブロッティングと命名している[18]

※7　アプタマーを用いた検出システムの最近の研究例については，文献[19]でくわしく紹介されている

た蛋白質を染色することで検出するシステムを開発しており，ガン関連蛋白質群を標的とした診断システムの事業展開を行っている[20]。他にも，NascaCell 社が「LiquiChip」の名称で，アプタマーを固定化したビーズを用いた競合アッセイ系を開発しており，また，アロステリック核酸酵素を固定化したチップも報告されている[10]。これらの固定化したアプタマーを使用した検出システムは，DNA チップの作製技術と組み合わせることで，高度に集積化されたアプタマー・チップへと応用できるものと期待される。

1.5.2　アプタマー・ビーコン

前述のように，標的分子の結合によって，アプタマーに構造変化が引き起こされることがある。この構造変化は，アプタマーの特定の部位を蛍光分子でラベル化することによって検出することができる。このシステム，アプタマー・ビーコン（aptamer beacon，もしくは molecular beacon aptamer）では，アプタマーがふたつの蛍光分子，または蛍光分子と消光分子（quencher）でラベル化されている。標的分子の結合にともなうアプタマーの構造変化によってそれらの距離が変化すると蛍光波長や蛍光強度がシフトするため，これを測定することで標的分子を検出することができる。アプタマーの構造変化の他に，2分子に断片化したアプタマーの再会合を検出するシステムも報告されており，様々なアプタマーに汎用することが可能であると思われる（第2章 3 アプタマー治療薬の項目)。

1.5.3　近接効果を利用した検出方法

ひとつの標的分子にふたつのアプタマーが同時に結合するとき，標的分子上におけるアプタマーの局所的濃度は大きなものとなる。このため，このふたつのアプタマーの間でおこる化学反応は，近接効果によって格段に効率化する。

距離依存的ライゲーション（proximity-dependent ligation）反応は，この原理を利用した検出方法である[21]（図 6 A)。この方法では，ひとつの標的分子に結合した，一方のアプタマーの5'末端ともう一方のアプタマーの3'末端との間でライゲーション反応を行い，ライゲーション産物の生成によって標的分子を検出する。ライゲーション産物は PCR によって増幅することができるため，極めて高い感度での検出が可能となる。

また，同様の原理で，環状 DNA を鋳型とした DNA 伸張反応であるローリングサークル増幅（rolling circle amplification，RCA）反応を行う検出方法も報告されている[22]（図 6 B)。ライゲーション反応の場合，反応後に PCR を行う必要があるが，RCA 反応では，温度変化を必要としないひとつの酵素反応のみによって検出を行うことができる。

これらの方法は，ひとつの標的分子に対して同時に結合するふたつのアプタマーが必要であるという欠点があるものの，逆にふたつのアプタマーが同時に結合した場合にのみ反応が進行するため，検出の特異性も極めて高くなることが期待される。

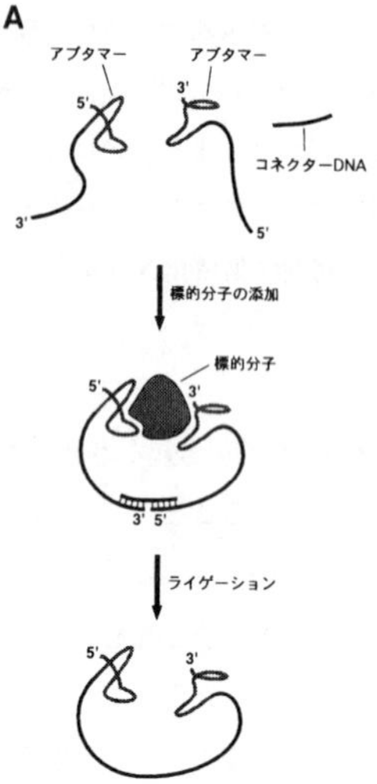

図6 （A）距離依存的ライゲーション反応

ここでは，ふたつのDNA アプタマーによる検出の例を示す。十分に短いコネクターDNA を用いたとき，標的分子の非存在下ではアプタマー末端同士のライゲーション反応はほとんど進行しない。しかし，ふたつのアプタマーが同時にひとつの標的分子に結合すると，近接効果によって効率的にライゲーション反応が進行する。

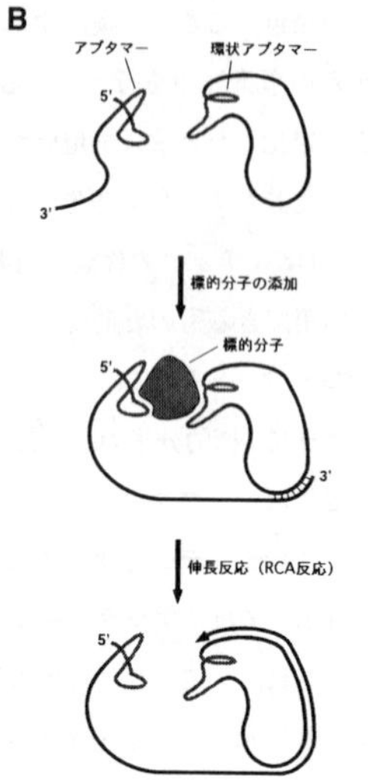

図6 （B）距離依存的RCA反応

直鎖のDNA アプタマーの3' 末端は，鋳型となる環状アプタマーの一部と相補的である。ふたつのアプタマーが同時にひとつの標的分子に結合すると，近接効果によってこの相補的配列がアニーリングし，伸張反応が開始する。

1.5.4 生細胞を用いた検出方法

真核細胞では，通常，翻訳開始因子によって5' キャップ構造近傍にリクルートされた40 Sリボソームが，mRNA 上をスキャニングして最初のAUG を開始コドンとして認識する。mRNAの5' 非翻訳領域（untranslated region，UTR）にある種の蛋白質因子が結合すると，このスキャニングプロセスもしくはリボソームとmRNA の相互作用が阻害され，翻訳抑制がおこる。同様の翻訳抑制は，5'UTR に挿入したアプタマー配列と標的分子との結合によっても人工的に引き起こすことができる[23]。この翻訳抑制は，CHO 細胞において標的分子である蛍光色素の培地中での濃度に依存して観察され，また，同様にテトラサイクリンに応答した翻訳抑制も酵母を用いた系で報告されている[24]。生細胞を用いたシステムとしては他に，塩基対形成によってトランスに翻訳を制御するRNA 因子（リボレギュレータ）（脚注※8）とアプタマーとを融合したアロステリック・リボレギュレータも報告されている[25]（図7）。これらのシステムは，細胞膜に透過性の標的分子にしか適用できないという制約があるものの，細胞を用いたセンサーとしてのみでなく，新規な発現制御系としての応用も可能であろう。

1.6　アプタマー医薬品

抗蛋白質アプタマーのなかには，蛋白質の機能部位に直接結合したり，蛋白質が機能するために必要な構造変化を妨げたりすることで，標的蛋白質の機能を阻害するものも取得されている。

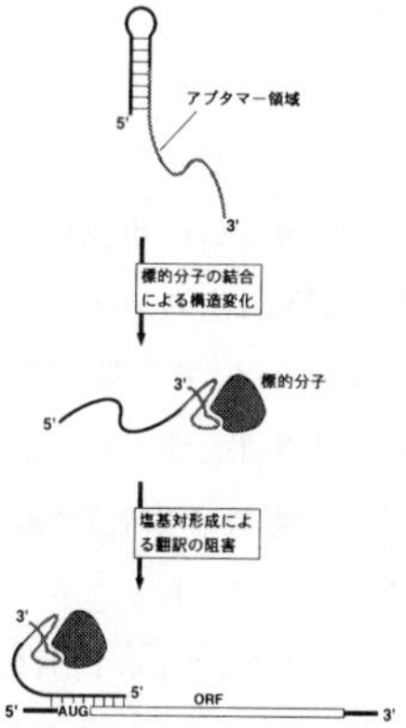

図7　アロステリック・リボレギュレータ

リボレギュレータ内のアプタマー配列（灰色）は，単独では競合するステムループ構造によって不活性な構造をとっているが，標的分子の結合によって安定な活性型構造となる。この構造変化よって，ステムループ構造を形成していたmRNAに相補的な領域が，mRNAと塩基対を形成できるようになり翻訳が抑制される。

これらのアプタマーは，病因蛋白質の機能阻害剤として用いることで医薬品への応用が期待されている。アプタマーは，相補的なオリゴ核酸の添加によって不活性化させることができるため，投与したアプタマー医薬品の効果を制御するために解毒剤の存在が望ましいようなケースでは特に有効な医薬品となるであろう。ここでは，アプタマー医薬品としてすでに実用段階にある開発例を紹介する。

1.6.1　抗血管内皮細胞増殖因子アプタマー

ヒトをはじめとする脊椎動物の閉鎖血管系は，血管発生と血管新生，そして血管のリモデリング（脚注※9）によって構築される。血管内皮細胞増殖因子（vascular endothelial growth factor，VEGF）は，これらのプロセスを制御する因子のなかでも最も基本的なシグナル蛋白質で

※8　リボレギュレータに関しては序章3　非翻訳型RNA（ncRNA）を参照されたい

あり，また，病的な血管新生にも中心的に関わっていると考えられている。

1998年，VEGFに関連する疾病に対しての治療薬リード化合物として，VEGFのなかでも主要なサブタイプであるVEGF$_{165}$に高い親和性・特異性で結合するアプタマーが取得された[26]。このアプタマーは，受容体へのVEGFの結合を阻害し，実際にVEGFによるシグナル伝達が阻害されることも培養細胞レベルで確認された。このアプタマーは，リボヌクレアーゼAに対して安定な2'-フルオロ化修飾ピリミジン残基をふくむRNA（2' F-Py-RNA）のライブラリーから取得されたが，さらに生体内での活性を向上するため，2' -O-メチル化修飾プリン残基の導入，ならびにポリエチレングリコール修飾がほどこされた（脚注※10）。

このアプタマーは，「Macugen」（ペガプタニブ・ナトリウム注射剤）の名称で，血管新生をともなう加齢黄斑変性症（age-related macular degeneration，AMD）を適用とする眼内注射用の治療薬として，米国アイテック社（Eyetech Pharmaceuticals）による開発が進められてきた[27, 28]。VEGFのシグナルは，AMDにともなって起こる失明のプロセスのうち，異常な血管新生と血管透過性亢進のふたつにおいて重要な役割を果たすことが知られている。AMDは，先進国における重篤な失明の最大原因であり，その患者数は現時点で1000万人，2010年までに倍増するといわれている。2004年6月には，米国ファイザー社とアイテック社より米国食品医薬品局（FDA）へMacugenの新薬販売許可申請が行われ，2004年12月に世界初のアプタマー治療薬としてその商業化が認可された。2005年4月現在，Macugenは，EUならびにカナダでも承認申請が行われており，また日本でもすでに臨床試験が開始されている。

1.6.2 抗血液凝固因子アプタマー

外傷などで組織が壊れて出血すると，血小板の凝集（一次止血）が起こり，この凝集した血小板の表面上で血液凝固（二次止血）が進行する。血液凝固は，12種の血液凝固因子が関与するカスケード反応であり，第XII因子（内因系凝固）もしくは第VII因子（外因系凝固）の活性化を引き金として，活性化された因子による次のステップの因子の活性化が段階的に進行し，最終的にはフィブリノーゲンがフィブリンに変換され，重合によるフィブリン網の形成で完了する。

トロンビンはフィブリノーゲンの変換を触媒する血液凝固因子である。1992年，このトロンビンに結合し，酵素活性を阻害するDNAアプタマーが取得された[29]。このアプタマーは，試験管内でフィブリン網の形成を阻害し，また，動物実験においても血液凝固の進行を遅らせることが確認されている。現在，このアプタマーは，「ARC183」の名称でArchemix社とNuvelo社に

※9　均一であった血管網から管径の変化や動脈・静脈への分化がおこり，管状の内皮細胞系が形成される過程

※10　これらの修飾については，第4章4 核酸医薬品の安定化戦略で詳述される

よる臨床試験が行われている。

2002 年には，活性型第 IX 因子（IXa）の活性を阻害する 2' F-Py-RNA アプタマーが取得されており，こちらも動物実験において凝固阻害活性が確認されている[30]。また，このアプタマーによる血液凝固の阻害は，相補的な配列をもつオリゴ核酸によって解除されることも動物実験で示されており，このアプタマーと相補鎖のセットは，「REG1」の名称で Regado 社による臨床試験が行われている。

現在，一般的に使用されている抗凝固薬はムコ多糖類のヘパリンで，これにも解毒薬が存在する。しかしながらヘパリンの使用は，数%の患者に血小板減少症という副作用を引き起こすことが知られており，これらのアプタマーはヘパリンの代替薬として期待されている。

1.6.3　その他

その他にも，英国で Antisoma 社が，種々のガンにおいて細胞表層に発現しているヌクレオリン（nucleolin）に対するアプタマー「AS1411」（旧 Aptamera 社「AGRO 100」）の臨床試験を行っている。また，NOXXON 社では，鏡像体核酸を使用したアプタマー（「Spiegelmer」）を作製する独自の技術によって医薬品開発を行っている（脚注※11）。

1.7　おわりに

アプタマーは抗体とは異なった特性を有しており，この章で紹介したようなアプタマーの応用技術は，とくに抗体の使用が困難な場面において汎用性の高いものになるであろう。現時点では，関連するサービスや機器・試薬類を取り扱うメーカーが少ないこともあり，抗体と比較するとまだまだ特殊な技術である感は否めない。しかしながら，治療薬としての使用が認可され，アプタマー取得の受託サービスもはじまった状況を考えると，数年内にも抗体にかわる選択肢のひとつとして，アプタマーが一般的に使用されるようになるものと思われる。

※11　Spiegelmer については他の章で詳述される（第 4 章 4 核酸医薬の安定化戦略）

文　献

1) Ellington AD and Szostak J, *Nature*, **346**, 812 (1990)
2) Tuerk C and Gold L, *Science*, **249**, 505 (1990)
3) White R, *et al.*, *Mol. Ther.*, **4**, 567 (2001)
4) Seiwert SD, *et al.*, *Chem. Biol.*, **7**, 833 (2000)
5) Krylov SN and Berezovski M, *Analyst*, **128**, 571 (2003)
6) Mendonsa SD and Bowser MT, *Anal. Chem.*, **76**, 5387 (2004)
7) Fukusho, S, *et al.*, *Nucl. Acids Symp. Ser.*, **44**, 187 (2000)
8) Golden MC, *et al.*, *J. Biotechnol.*, **81**, 167 (2000)
9) Smith D, *et al.*, *Mol. Cell. Proteom.*, **2**, 11 (2003)
10) Breaker RR, *Curr. Opin. Biotechnol.*, **13**, 31, (2002)
11) Nutiu R and Li Y, *Angew. Chem. Int. Ed.*, **44**, 1061 (2005)
12) Cerchia L, *et al. PLoS Biol.*, **3**, e123 (2005)
13) Ohuchi S, *et al.*, *Nucl. Acids Symp. Ser.* (*in press*)
14) Bachler M, *et al.*, *RNA*, **5**, 1509 (1999)
15) Srisawat C and Engelke DR, *RNA*, **7**, 632 (2001)
16) Lin Y and Jayasena SD, *J. Mol. Biol.*, **271**, 100 (1997)
17) Fan X, *et al.*, *Proc. Natl. Acad. Sci. USA*, **101**, 6934, (2004)
18) Jayasena SD, *Clin. Chem.*, **45**, 1628 (1999)
19) 大内将司, アプタマー工学（遺伝子医学MOOK「RNAと創薬」／中村義一編／メディカル ドゥ）（印刷中）
20) Petach H and Gold L, *Curr. Opin. Biotechnol.*, **13**, 309 (2002)
21) Fredriksson S, *et al.*, *Nat. Biotechnol.*, **20**, 473 (2002)
22) Giusto DAD, *et al.*, *Nucl. Acids Res.*, **33**, e64 (2005)
23) Werstuck G and Green MR, *Science*, **282**, 296 (1998)
24) Suess B, *et al.*, *Nucl. Acids Res.*, **31**, 1853 (2003)
25) Bayer TS and Smolke CD, *Nat. Biotechnol.*, **23**, 337 (2005)
26) Ruckman J, *et al.*, *J. Biol. Chem.*, **273**, 20556 (1998)
27) Eyetech Study Group, *Retina*, **22**, 143 (2002)
28) Eyetech Study Group, *Ophthalmology*, **110**, 979 (2003)
29) Bock LC, *et al.*, *Nature*, **355**, 564 (1992)
30) Rusconi CP, *et al.*, *Nature*, **419**, 90 (2002)

2　翻訳開始因子に対するアプタマーによる制がん戦略

小黒明広*

2.1　がんと翻訳開始因子

真核生物の翻訳開始反応はリボソームの40Sサブユニットが mRNA に結合し，スキャニングによって開始コドンに到達し，60Sサブユニットと結合して80Sリボソームを形成するまでの過程である。この過程には多くの翻訳開始因子（eukaryotic translation initiation factor; eIF）が協調的，連鎖的に働き，その反応を制御している。eIF のいくつかは細胞外シグナルの制御下に置かれ，翻訳量の調整を行っている（図1）。近年，eIF の発現異常とがんの関係が報告され，翻訳開始反応の制御異常が細胞増殖の恒常性に大きく影響することが示唆されてきている。例えば，がん組織でいくつかの eIF の発現が上昇しているという，臨床的知見が得られている（表1）。また，生化学的解析によって，培養細胞において eIF4E，eIF4G，eIF3-p48，eIF2α を過剰発現させると，がん化が促進されることが報告されている[1]。さらに，eIF4E の過剰発現により，c-Myc，Cyclin D1，FGF，VEGF，オルニチンデカルボキシラーゼ，MMP-9 など，がん化に関わる因子の翻訳量が著しく上昇している事が報告されている[2]。これらの mRNA は，5' 非翻訳領域

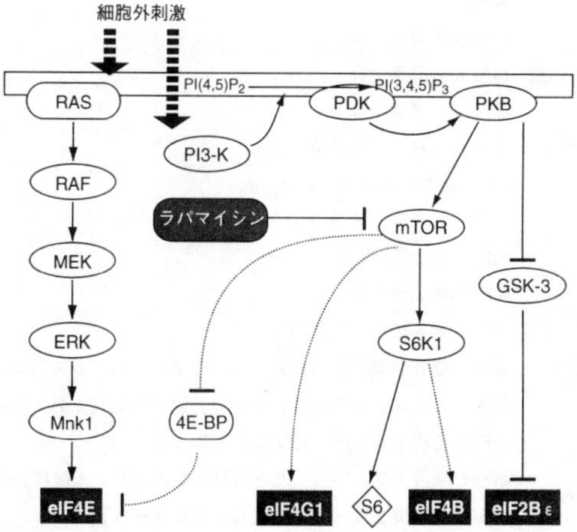

図1　細胞内情報伝達経路を介した eIF の制御機構（文献1より改変）

成長因子などの細胞外刺激は，様々な eIF やその上流因子をリン酸化し細胞内のタンパク質合成を制御している。

*　Akihiro Oguro　東京大学　医科学研究所　基礎医科学部門　遺伝子動態分野　助手

が長く，GC含量が高く，二次構造性が高いなどの特徴を持ち，そのために正常細胞中での翻訳量は低い。このことより，eIFの高発現により，がんに関わる因子の翻訳量が上昇するため，細胞のがん化が引き起こされていると考えられる。

一方，いくつかのeIFに対する機能抑制が，培養細胞レベルでの抗がん効果がある事が報告されており，現在このタンパク質の翻訳過程を標的としたがん抑制剤の開発が進められている[3]。このような翻訳抑制を目的とした治療薬として，ラパマイシン誘導体の研究が最も進んでいる。ラパマイシンはeIF4Eより上流の制御因子のリン酸化を制御し，eIF4Eの活性を抑制する（図1）。その結果，アポトーシスを誘発して腫瘍細胞を破壊する[4]。ラパマイシンはがん細胞特異的に作用する治療薬として期待されており，米国ではCCI-779（Wyeth社），RAD001（Novartis社），AP23573（ARIAD社）の3種類のラパマイシン誘導体について，抗がん剤として臨床試験が行われている。また，培養細胞レベルでeIF4EやeIF4A1に対するアンチセンスRNAが，抗腫瘍効果のある事が示されており[5,6]，このうちIsis Pharmaceuticals社の開発したeIF4Eをターゲットとしたアンチセンス製剤・LY2275796は，Eli Lilly社との提携のもとで抗がん剤として研究開発が進められている。

表1　がん組織の臨床生体組織検査で報告されたeIF発現の上昇とその特徴[1]

eIF	組織	特徴
eIF2α	大腸がん	eIF2αの発現上昇
	非ホジキンリンパ腫	eIF2αの発現上昇
	マウス乳がん	eIF2αの発現上昇
eIF2B	ヒト乳がん細胞株	幾つかの株でeIF2B発現上昇
eIF3	乳がん	eIF3（p40, p170）の発現上昇
	食道扁平上皮がん	eIF3（p170）の発現上昇
	前立腺がん	eIF3（p40）の発現上昇
eIF4A	メラノーマ	eIF4AIの発現上昇
eIF4E	乳がん	初期乳がんの約50％でeIF4E発現上昇
	頭頸部扁平上皮がん	悪性の頭頸部扁平上皮がんでeIF4E発現上昇。がん再発の指標として期待
	大腸がん	初期がんにおいて発現し，その進行過程で発現上昇。Cyclin D1の発現を伴う
	膀胱がん	eIF4E発現上昇に伴ったVEGF発現上昇
	前立腺がん	eIF4E発現上昇に伴って微小血管密度が上昇。人種特異性がみられる
	肺がん	eIF4Eが発現上昇。転移性がんに多くみられる
	子宮頸がん	eIF4Eは初期がんに発現。転移性がんに多くみられる
	非ホジキンリンパ腫	急進行性のリンパ腫においてeIF4Eが発現上昇

2.2　翻訳開始因子に対するRNAアプタマー

RNAアプタマーはターゲットを直接確認し，機能を阻害するため，(i) 作用機序がシンプルである，(ii) タンパク質以外も標的にできる，(iii) 細胞外でも作用させる事ができ，発現ベクターによる導入で，核内で作用させる事もできる，(iv) 標的分子のアンタゴニストとしての機能を持つものが得られる，(v) RNAアプタマーの相補的な配列を持つDNAやRNAなどの導入により，RNAアプタマーの機能阻害効果のon / offを調節できる，という利点を持つ。

筆者らの研究グループでは，研究解析のツールとして，さらに医薬品開発を目指して，eIFに対するRNAアプタマーの研究を行なっており，現在までにeIF4AI[7)]，eIF4E[8)]，eIF4G（宮川ら，投稿中)，eIF1A（小黒ら，投稿準備中）に対するアプタマーを取得し，解析を行ってきている。これらは*in vitro*でのタンパク質合成に対して阻害的に働く事を明らかにしており，このうちeIF4Aに対するアプタマーは培養細胞中でタンパク質合成を抑制する事を確認した（大津ら，投稿準備中)。このことから，前述のような翻訳亢進による細胞のがん化を抑制できるのではないかと期待している。

eIF4AIはN端側とC端側が球状構造を取り，全体でダンベルのような高次構造を取っているが，eIF4AIに対するアプタマーはN端，C端それぞれの球状構造だけでは強いアフィニティーを持たず，全体構造を認識して結合している事が示唆されてきた[7)]（図2)。これは，アプタマーは抗体とは異なり，大きな範囲の構造を認識して結合する特徴を持つ事が示唆しており，抗体とは異なった作用機序での応用展開が期待される。

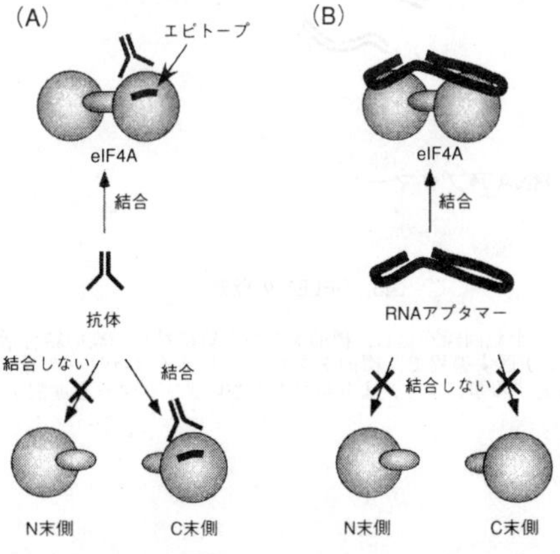

図2　eIF4Aアプタマーの結合様式

(A) 抗体はアミノ酸配列の一部（エピトープ）を認識し結合する。(B) 一方，アプタマーはeIF4Aの全体構造を認識しており，eIF4AをN端側の球状構造部分とC端側の球状構造部分に分けると結合しなくなる。

2.3 SELEXのプロトコール

2.3.1 RNAプールの作製

SELEXはランダムな配列を持つRNAプールより，標的への吸着，非吸着のRNAの洗浄，吸着RNAの抽出，増幅を一連の作業とし，これを繰り返す事によって，標的に対して高い結合性を持ったRNAを選択する操作である[9,10]（図3）。ここではRNAを用いた手法を説明するが，DNAやペプチド，修飾塩基を用いてアプタマーを作製する場合もある。

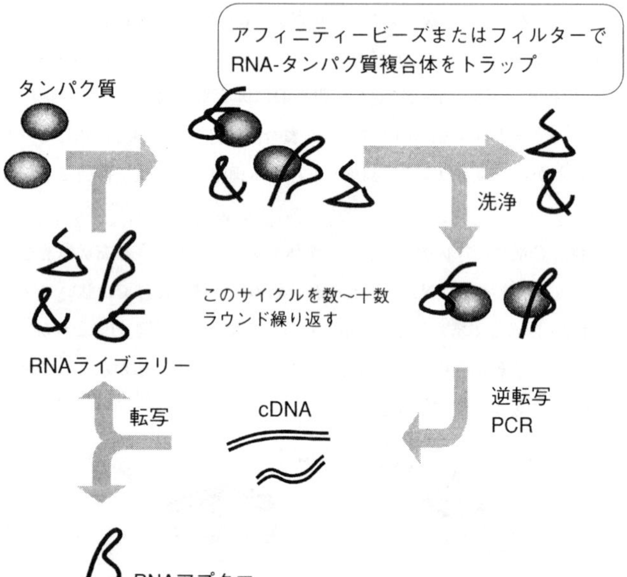

図3 SELEXの概要

図で示すような過程を数回から十数回繰り返し，標的タンパク質に対して高い結合活性を持つアプタマーを取得する。このサイクルを繰り返す過程で，標的タンパク質とライブラリーの結合条件を厳しくしたり，PCR反応においてエラーを誘発する事により，より結合力の強いアプタマーを選択する。

(i) template DNAとprimer

Temlpate DNA（下線部はT7 promoter配列）

5’-TAATACGACTCACTATAGGGAGACAAGAATAAACGCTCAA（40N）TTC-GACAGGAGGCTCACAACAGGC-3’

Forward Primer（下線部はT7 promoter配列）

5’-TAATACGACTCACTATAGGGAGACAAGAATAAACGCTCAA-3’

Reverse primer

5’-GCCTGTTGTGAGCCTCCTGTCGAA-3’

これらの配列は1例である。template，primer setの配列はselection中のクロスコンタミネーションを避けるために1回のSELEXごとに配列を変えた方が良い。

ここではランダムの長さ（N）は40ntだが，Nが短ければ，それだけ配列の多様性が少なくなり，長くすれば多様性は大きくなる。例えばN＝40の場合，その多様性は，4^{40}では約1.21×10^{24}種類となる。しかし，実際の反応系中で取り扱える分子数は$10^{14\sim16}$程度であるので，N＝27で理論上は十分な多様性を得る事が可能である。だが，ランダム配列部分を短くすると，最初から配列が固定されているプライマー領域の影響が大きくなるので，ランダム部分はある程度の長さは確保しておく方が良い。長めのランダム配列のRNAプールからselectionを行い，得られた配列中からアプタマーとしての活性を有する部分だけを決定し，最小化を行うことも可能である。

(ii) RNAプールの準備

dNTP mix（2.5 mM each）	16 μl
10×反応buffer	20 μl
Temlpate DNA（100 μM）	2 μl
Reverse primer（100 μM）	5 μl
taq polymerase（5U/μl）	0.5 μl
RNase free H_2O	156.5 μl
Total	200 μl

↓

thermal cycler

95℃　5 min

60℃　2 min

72℃　5 min

↓ 1 cycle

+ RNase free H_2O，300 μl

マイクロコン YM30（millipore）へ移す。

↓ ～100 μl 程度に濃縮されるまで遠心

サンプル

+ RNase free H_2O，400 μl（マイクロコン内のサンプルに直接加える）

↓ 60～70 μl 程度に濃縮されるまで遠心

DNA テンプレート

PCR による増幅配列の偏りを避けるために，ここでの増幅回数はできるだけ少なめにする（本プロトコールでは1回）。

Template の相補鎖を合成して，T7 promoter 領域を含むプライマーをアニーリングさせて，それを転写の鋳型に用いる方法もある。

(iii) 転写反応，RNA の精製

10×反応buffer	20 μl
50 mM DTT	20 μl
100 mM NTP Mix	16 μl
Inorganic pyrophosphatase（1 U/μl）	1 μl
RNase inhibitor（40 U/μl）	1.2 μl
T7 RNA polymerase	6 μl
DNA	10 μg

RNase free H_2O で 200 μl に fill up

↓ 37℃　O/N

+ RNase Free DNase（5 U/μl）5 μl

↓ 37℃ 15 min

フェノール/クロロホルム，クロロホルム処理

↓ 遠心

水層

+ RNase free H_2O，300 μl

マイクロコン YM50（millipore）へ移す。

↓ ～100 μl 程度に濃縮されるまで遠心

サンプル

+ RNase free H_2O，400 μl（マイクロコン内のサンプルに直接加える）

↓ ～70 μl 程度に濃縮されるまで遠心

サンプル

↓ ゲルろ過スピンカラム（BioRad のマイクロバイオスピンカラム 30 など）に通す

RNA プール

2.3.2 標的に結合する RNA の選択

標的と RNA を反応させる時に使用する結合溶液は，標的が *in vitro* のアッセイ系を持っていれば，その反応溶液の組成にしたり，培養細胞系でのアッセイを目指すのならば，塩濃度を高めに設定しておいたり，標的の生理活性を持つ緩衝溶液条件で結合反応を行わせる。ここでは便宜上，結合溶液と表記する。標的タンパク質などの等電点なども考慮して，RNA と標的の静電作用が大きくなりすぎないように注意する。

結合反応時のターゲットと RNA の量は，selection のラウンドが進むにつれて，結合条件として厳しくなるようにする。例えば，ラウンドが進むにつれて，RNA の比率をターゲットに比べ大きくしたり，RNA の濃度を薄くしたりする。

(1) アフィニティービーズを利用したselection

標的が tag 付きの場合はアフィニティービーズを用いて selection を行う。アフィニティービーズに結合する RNA の増幅を避けるために，ビーズは tRNA や BSA などであらかじめブロッキングしておく。また，複数種類の樹脂（例えば agarose とシリカなど）をラウンドごとに変えて用いるのも有効である。

(i) アフィニティービーズの前処理

buffer を結合溶液に置換したアフィニティービーズ

+ tRNA or BSA（final 1 mg/ml）

↓ ローテーターで回転させながら室温 15～30 min

↓ 遠心

ビーズ

↓ 150 μl の結合溶液で 3 回洗浄

処理済みビーズ

(ii) **RNA poolの前処理（アフィニティービーズに結合するRNAの除去）**

RNA poolに10×結合溶液を1/10容量加え，1×結合溶液にする。

↓ 95℃で5 min加熱後，氷冷あるいは徐冷（RNAのrefold）

(結合溶液で40 μlに)

+5 μl of 処理済みビーズ

↓ ローテーターで回転させながら室温15〜30 min

↓ 遠心

上清=処理済みRNA pool

(iii) **標的とRNAの結合**

タグ付き標的タンパク質+処理済みビーズ

↓ ローテーターで回転させながら室温30 min

↓ 遠心

ビーズ

↓ 150 μlの結合溶液で3回洗浄

標的タンパク質−ビーズ

+処理済みRNA pool

+tRNA（final 1 mg/ml）

+RNase inhibitor（40 U/μl）1μl

結合溶液で100 μlにfill up

↓ ローテーターで回転させながら室温30 min

↓ 遠心

ビーズ

↓ 150 μlの結合溶液で3回洗浄

ビーズ

+適切な溶出溶液

↓ ローテーターで回転させながら室温5 min

↓ 遠心

上清

↓ フェノール／クロロホルム，クロロホルム処理

↓ エタ沈

↓ 回収

11.25 μl の RNase free H_2O で溶解=結合 RNA

(iv) 逆転写反応

結合RNA	11.25 μl
dNTP（10 mM each）	2.5 μl
Reverse primer (100 μM)	1.25 μl
↓ 65℃, 5 min	
↓ 4℃, 5 min	
+ 5 ×反応buffer	5 μl
0.1 M DTT	1.25 μl
RNase inhibitor（40 U/ μl）	1.25 μl
Thermoscript RT（Invitrogen）	1 μl
RNase freeH_2O	1.5 μl
↓ 65℃, 45 min	
↓ 85℃, 5 min	
↓ 室温	
cDNA	
↓	

PCRで増幅，PCR産物を精製後，これを鋳型に転写を行い，次のラウンドのRNA poolを作製。

・逆転写反応時にRNAが強い高次構造を作っていると，そこがスキップされ，配列が抜け落ちる場合があるので，高温で反応が行えるThermoscript逆転写酵素（Invitrogen）を使用している。

・通常8～10ラウンドselectionのサイクルを回し，その後，塩基配列が収束しているかをチェックする。収束していても，標的に対して結合活性を持たないnon-specificなものの場合があるので，標的に対する結合活性を調べる。毎ラウンドごとにRNA poolの結合活性を調べても良い。

(2) nitrocellulose 膜を使った selection

標的にtagが付いていない場合はnitrocellulose膜を使用して，SELEXを行う。Tag付きでもアフィニティービーズを用いるラウンドの間にこの方法を入れる事により，非特異的なRNAの増加が防げる。

(i) RNA pool の前処理（膜に結合する RNA の除去）

refold した RNA をハウジングされている nitrocellulose 膜（millipore のマイレクス GS や HA）に 2～3 回通す。

↓

処理済み RNA pool

※この時，RNA の量がかなり減るので，RNA は多めに用意する。

(ii) 標的と RNA の結合

標的タンパク質

+処理済み RNA pool

+ tRNA（final 1 mg / ml）

+ RNase inhibitor（40 U / μl）1 μl

結合溶液で 100 μl に fill up

↓ ローテーターで回転させながら室温 15 ～ 30 min

標的タンパク質 - RNA 溶液

(iii-a) 緩い条件での結合 RNA の選択

nitrocellulose 膜（Millipore HAWP02500）を 1/4 くらいにカット。

これに標的タンパク質 -RNA 溶液を乗せて，そのまま置いておく（自然に吸着される）。

↓ 室温 5～15 min

60 mm disposal dish に結合溶液を入れ，この中で標的タンパク質 - RNA 溶液を吸着させた膜を洗浄。ピンセットでつまんで，数回，溶液の中で軽く揺する。

この洗浄を 3 回程度繰り返す。

膜を 7 M 尿素200 μl/フェノール 400 μl の混合液に入れる。

↓ 95℃，5 min

+ RNase free H2O 100 μl

+クロロホルム 100 μl

↓ 遠心

水層

↓ フェノール／クロロホルム，クロロホルム処理

↓ エタ沈

↓ 回収

11.25 μlの RNase free H_2O で溶解=結合RNA

逆転写反応へ

(iii-b) きつい条件での結合RNAの選択

nitrocellulose膜をミリポアなどのガラス製微粒子分析用フィルターホルダー（millipore など）にセットし，結合溶液+tRNA（final 1 mg／ml）溶液を 1 ml通す。

↓

標的タンパク質-RNA溶液をフィルターに通す。

↓

結合溶液+tRNA（final 1 mg／ml）溶液1 mlを通し，洗浄。3回繰り返す。

↓

膜を7 M 尿素200 μl/フェノール 400 μlの混合液に入れる。

↓ 95℃，5 min

+ RNase free H_2O 100 μl

+クロロホルム 100 μl

↓ 遠心

水層

↓ フェノール／クロロホルム，クロロホルム処理

↓ エタ沈

↓ 回収

11.25 μlのRNase free H_2O で溶解=結合RNA

逆転写反応へ

文　献

1） Hershey, J. W. B. & Miyamoto S., "Translational Contrrol of Gene Expression", pp637-654, Cold Spring Harbor Laboratory Press, Cold Spring Harbor, New York（2000）

2） De Benedetti, A. & Graff, J. R., *Oncogene*, **23**, 3189-3199,（2004）

3） Meric, F. & Hunt, K. K., *Mol. Cancer Ther.*, **1**, 971-979,（2002）
4） Hidalgo, M. & Rowinsky, E. K., *Oncogene*, **19**, 6680-6686,（2000）
5） Rinker-Schaeffer C. W. *et al.*, *Int. J. Cancer* **55**, 841-847,（1993）
6） Eberle, J. *et al.*, *Br. J. Cancer* **86**, 1957-1962,（2004）
7） Oguro, A. *et al.*, *RNA*, **9**, 394-407,（2003）
8） Mochizuki, K. *et al.*, *RNA*, **1**, 77-89,（2005）
9） Ellington, A. D. & Szostak, J. W., *Nature*, **346**, 818-822,（1990）
10） Tuerk, C. & Gold, L., *Science*, **249**, 505-510,（1990）

3 Efficient methodologies for RNA aptamer selection, and the isolation of antiviral aptamers and their application in novel diagnostic platform development

Penmetcha K.R. Kumar*

3.1 Introduction

In vitro genetic selections have facilitated the isolation of nucleic acids that can bind target molecules with high affinity and specificity[1~4]. The strategy involves the isolation of rare nucleic acid molecules with high affinity for a target molecule from a pool of random nucleic acids, with subsequent repeated rounds of selection and amplification. This procedure has proved to be extremely useful for the isolation of tightly-binding aptamers against a wide variety of targets, including metal ions, sugars, peptides, proteins, and even whole cells. The binding affinities displayed by various aptamers to their cognate molecules are comparable to or higher than the affinities achieved by antibodies for antigens. Therefore, the aptamers have been exploited for various applications *in vitro* and *in vivo*, including the detection and quantification of analytes and the inhibition of protein function or activity (decoy strategy), as well as in imaging processes and gene regulation.

Since the inception the aptamer technology a decade ago, several aptamers are now poised for use in medical diagnostics and therapeutics. In the therapeutic aaplications, the aptamers are used to sequester viral or defective cellular proteins, as a decoy. Interestingly, among the various nucleic acid-based strategies for inhibiting gene functions, aptamers are the most promising. For example, a drug called Macugen (Pegaptanib), has been developed by EyeTech Pharmaceuticals, USA for the treatment of age-related macular degeneration (AMD). This aptamer represents the first RNA-based drug that is commercially used for the treatment of AMD. At present, there are about 11 aptamers that are in clinical trials[5]. On the diagnostic front, aptamers are now widely accepted as substitutes for antibodies in immunodiagnostics. The affinities displayed by the aptamers (nucleic acids) are comparable to the affinities of antibodies for antigens; therefore, their utility as a fundamental molecular recognition element in biosensors has been realized. Moreover, aptamers are known for their higher discriminating ability between closely related molecules, and they require only a small region

* Penmetcha K.R. Kumar (独) 産業技術総合研究所 生物機能工学研究部門 機能性核酸研究グループ 主任研究員

for binding, as for binding, as compared to an antibody. In contrast to antibodies, aptamers are smaller and less complex, and consequently may be easier to manufacture and modify.

The several preceding reviews covered the potential applications of nucleic acid aptamers in medical diagnosis and therapy. In this chapter, as outlined in the following sections, I have focuses on the recent developments in aptamer selection methods, and the isolation of anti-viral apatmers and their applications in developing novel diagnostic platforms.

3.2 Aptamer selection

3.2.1 Aptamer selection methods

A general approach for the selection of aptamers from a completely random nucleic acid library was initially introduced by Szostak's and Gold's groups in 1990[1,2]. It involves two basic steps, selection and amplification, and requires multiple rounds (10 to 12 cycles) of these two processes to select suitably efficient aptamers that bind to the chosen analyte with high specificity and affinity. Initially, the nucleic acid library is incubated with the target so that the RNA/DNA forms dynamic complexes with it (Fig.1). There appears to be no limit to the target size for apatmer selections: it can range from simple metal ions to whole cells. The efficient RNA/DNA molecules predominantly remain bound with the target at equilibrium whereas the weaker affinity RNA/DNA molecules remain unbound. The RNA/DNA-target complex can be separated from the free nucleic acids by using different partitioning techniques (for example, membrane filters, affinity columns and titer plates, Fig.1) and these bound species can be regenerated by enzymatic amplification processes. The resulting enriched nucleic acid library is subjected to the next round of selection and amplification processes. Typically, about 10-12 cycles are needed to achieve a sufficient enrichment level.

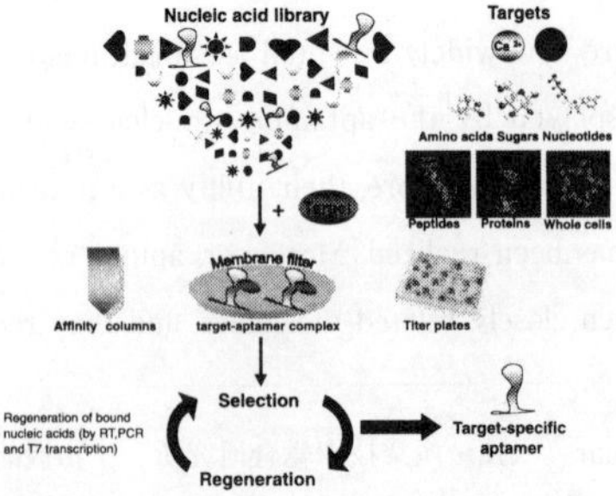

Figure 1. *In vitro* scheme for aptamer selections against various targets

The sequences of the individual aptamers in an enriched pool are revealed by cloning and sequencing.

The successful selection of high affinity aptamers from a library of nucleic acids mainly depends on the efficiency with which the unbound species can be separated from the bound sequences. In general, the currently available methods require multiple (about 10-12) selection cycles for enriching a specific nucleic acid pool from a library. However, the methods do not provide binding efficiency information, and tedious off-line evaluations are required after every few selection cycles. To address these issues, a capillary electrophoresis-based selection strategy has recently been reported[6,7].

On the other hand, Surface Plasmon Resonance (SPR) is extremely useful for analyzing various biochemical interactions, including RNA-protein interactions, and it allows real-time monitoring of complexes[8,9]. Although initial SPR studies suggested its potential for panning and enrichment of binding species from a library[10-12], its complete advantages (full extent use), such as the repeated use of an immobilized target (resulting in a minimal amount of protein needed for selections) and the identification of binding species fractions, were not explored.

3.2.2 Aptamer selection by SPR

With these points in mind, we recently developed a selection strategy based on SPR-methodology, using a Biacore 2000 machine[13], and will now describe the detailed methodology. To optimize the conditions for ***in vitro*** selections with the Biacore, we prepared an RNA library based on our previously identified, specific aptamer (PN30-10-16), which binds to the HA region of human influenza A/Panama/2007/1999 (H3N2) virus (Fig. 2A and unpublished data). We doped the randomized region of this aptamer (indicated by the underlined letters in Fig. 2A) and prepared RNA pools comprising 10^{13} variants of the PN30-10-16 aptamers (0 pool). This preparation was designed such that 62.5% of the positions in a given variant were wild-type, and 37.5% were non-wild type bases. Thus, the probability of obtaining an oligonucleotide with wild-type bases at all 23 positions in the doped region was 0.625^{23}, or approximately 2.0×10^{-5}. The degree of degeneracy obtained by the RNA pool permits changes in the interacting residues, but still ensures that most of the binding species bear a resemblance to the wild-type binding region. For the selection, the target protein was immobilized on the CM4 chip, which was found to be more suitable as compared to the CM5 chip, because the dextran was 70% less carboxymethylated. On the CM4 chip, the target protein could be immo-

A **Anti HA apatmer**

5'-gggagaauuccgaccagaag - GGUUAGCAGUCGGCAUGCGGUACAGACAGA - ccuuuccucucuccuuccucuucu -3'

Doped pool

5'- gggagaauuccgaccagaag - GGUUAGC<u>AGUCGGCAUGCGGUACAGACAGA</u> - ccuuuccucucuccuuccucuucu -3'

B

Cycles no.	RNA (μM)		Fraction (μl)	PCR (cycles)
1	2'OH doped pool (10)		1 — 1600	13
2	1st selected	(10)	101 — 1600	8
3	2nd selected	(1)	101 — 1600	8
4	3rd selected	(1)	201 — 1600	8
5	4th selected	(0.5)	201 — 1600	8

C

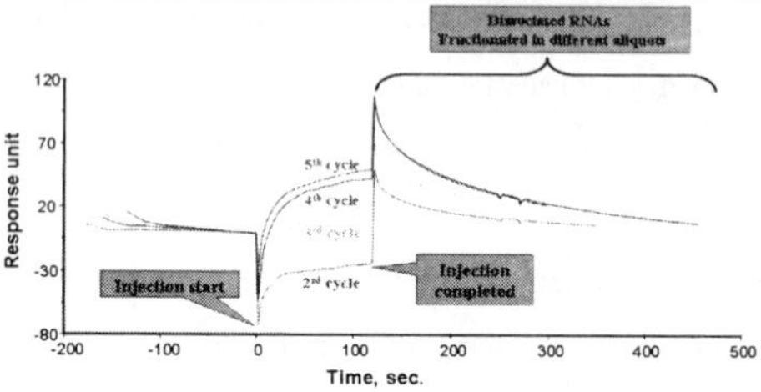

Figure 2. Selection of RNA aptamers against the HA of influenza virus. [A] Sequences of the anti-influenza virus aptamer and the doped RNA pool. Nucleotides written in small letters are primer regions and those in capitals were randomized for selection, while the underlined nucleotides were designed to be a mixture consisting of 62.5% of the nucleotide and 12.5% of each of the other three nucleotides, doped at the 37.5% level. [B] Conditions for each cycle of RNA aptamer selection. "Fraction" shows the range of the fraction used for the following RT-PCR, and "PCR" shows the number of cycles needed for enrichment. [C] Overlay of sensograms obtained during the selection cycle on the CM4chip.

bilized at a lower density, thus preventing overcrowding of the protein on the chip, and also reducing the overall charge on the chip. This kind of chip is especially useful for a nucleic acid library.

We carried out a total of five selection cycles, with some modifications in each cycle (Fig. 2B). Each cycle response in the Biacore during the selection cycles was compared (Fig. 2C). Interestingly, the response unit values increased (reflecting more binding) with more cycles (Fig. 2C), thus suggesting the enrichment of RNA binding species. To confirm that the selected RNA sequences bind HA, we generated poly$(A)_{24}$ tails for the RNA pools of the 0-5th selection cycles. The transcribed RNA pools were then immobilized on the SA chip and analyzed for their binding affinity to HA (50 nM). The results are clearly similar to those of the sensorgram obtained during the selection cycles (Fig. 3A), in that the RNA from the original pool and after the 1st selection cycle showed no binding response to HA, but the RNA from the 2nd cycle onward showed a clear binding response. The binding increased with more cycles. This suggests that the efficient HA binding RNAs from the pool of nucleic acids are selectively enriched in each selection cycle, and they no longer have to compete with the weak binders for HA binding during the stringent selection conditions applied in the later cycles.

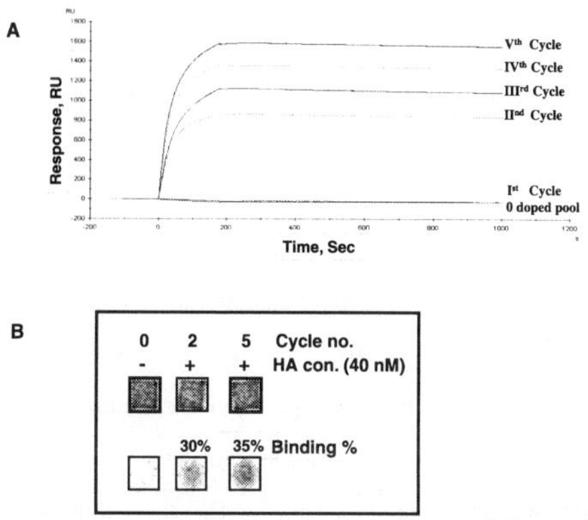

Figure 3. Binding analyses of RNA pools and HA protein. [A] Biacore analysis of RNA pools on the SA chip. [B] Filter binding assay of RNA pools from the initial, 2nd and 5th selection cycles (values indicated in the brackets are % of binders).

Next, we compared the binding ability of the RNA in the initial pool with those of the pools obtained after the 2nd and 5th selection cycles, by using a filter binding assay, which is commonly used in off-line analyses of RNA-protein interactions. Initially, the RNA pools were internally labeled and subjected to the filter binding assay. The filter binding results also showed that upon the completion of only the 2nd selection cycle, the HA-binding aptamers were sufficiently enriched to provide a positive readout (Fig. 3B). Subsequent selection cycles continued to improve the binding ability of the RNA pool, although only marginally.

A comparison of the sequences of the high affinity aptamers isolated above revealed a general recognition motif specific for the HA of influenza A. This motif is 5'-GUCGNCNU$(N)_{2\text{-}3}$ GUA-3', where N indicates any base[13]. Furthermore, the partially conserved sequence within the above motif, GNCNU, as observed in clones C and D, appears to be the minimal element required for binding to the HA[13]. In short, high affinity binding species, from combinatorial libraries of nucleic acids, that bind to the HA of influenza virus were enriched using the Biacore. Strongly binding species were found after only two selection cycles, which is quite efficient as compared to other reported methods[14,15]. By this procedure, we could reduce the amount of protein required for the selection (1.2 μgs / flow-cell), in which we used only one flow cell. Our results suggest that the SPR-based biosensor technology provides an improved methodology to rapidly enrich high-affinity binding species to multiple targets. Moreover, the great advantage of SPR is that it provides information about the target binding abilities of the molecules before they are selected. Using the strategy mentioned above, we recently succeeded in isolating efficient RNA aptamers against the HA of human influenza virus from a completely random RNA pool. Thus, the methodology can be readily extended to other important targets.

3.3 Anti-viral aptamers

Only a few antiviral agents are presently available, as compared to the large number of antimicrobial agents against bacteria. Antiviral agents are commonly discovered by empirical screening of diverse classes of synthetic and natural compounds for their ability to inhibit viral replication. This kind of screening is generally not only tedious but also inefficient. Other approaches, such as rational drug design based on the three-dimensional structures of viral proteins, are promising; however, until today, the strategy was basically unsuccessful.

In recent years, several genetic strategies have been examined in attempts to repress viral proliferation. *Trans*-dominant proteins, single chain antibodies, antisense molecules, ribozymes, and decoys (for a review, see 16) have been tested in cells infected by viruses. Combinations of these strategies (for example, decoys and ribozymes) have also been examined[17, 18]. Although the expression and regulation of such therapeutic molecules might be possible *in vivo*, their constitutive expression could lead to cellular toxicity or to an immune response by the host against the engineered cells. Among the various RNA-based strategies against HIV infection, the decoy strategy has a potential advantage over other RNA-inhibitors, such as short antisense RNAs and ribozymes, because the generation of escape mutants might be less frequent: alterations in Tat or Rev (HIV-1 protein) that prevent binding to a decoy would also prevent binding to the native elements (such as the Rev responsive element (RRE) and TAR sequences). Both the RRE and TAR RNAs have been exploited as decoys, and they can inhibit HIV replication of HIV by as much as 80-97%[19~21].

Although decoys might be more efficient inhibitors, with possible K_i values in the subnanomolar range, than other molecules, such as antisense RNA and ribozymes, the decoys might be toxic to cells if they sequestered cellular factors, especially when the decoy RNA includes regions that can interact with cellular proteins. Several cellular factors, such as TRP-185, Tat-SF1, polymerase II, Cyclin T1 and others, bind efficiently to TAR RNA. We previously showed that authentic TAR-1 RNA inhibits transcription *in vitro* from the cytomegalovirus (CMV) early promoter, by a mechanism that is not related to the Tat/TAR interaction[22]. Since authentic TAR-1 RNA interacts with several cellular factors within cells and inhibits the transcription of various genes, authentic TAR-1 RNA does not appear to be the most suitable antagonist and specific inhibitor of Tat. Thus, future applications of decoy-mediated HIV replication inhibition might depend on the identification of novel nucleic acids that specifically interact with Tat. In order to find suitable high affinity RNA motifs against the Tat of HIV-1, we have carried out *in vitro* selections (for aptamers) using a random RNA pool containing a 120-nucleotide random region. After 11 selection and amplification cycles, we isolated an aptamer that binds to the Tat of HIV with 133-fold higher affinity than that of the authentic TAR-1 RNA[23,24]. A truncated version of this aptamer (37-mer), named RNA^{Tat}, bound to Tat or its peptides with a K_d of 120 pM (Fig. 4). The RNA^{Tat} efficiently and specifically inhibited the Tat function, both *in vitro* and *in vivo*[25].

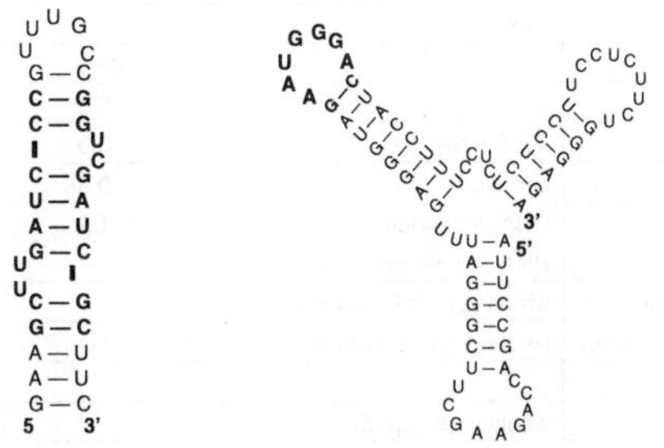

Tat-aptamer **NS3 aptamer**

Figure 4. Predicted secondary structures of the Tat and NS3 aptamers.

Similarly, we have also developed aptamers against the viral encoded nonstructural protein (NS3) of Hepatitis C virus (HCV)[14,26,27]. The NS3 is a serine protease that has protease, nucleoside triphosphatase, and helicase activities, and thus it represents a good target for HCV inhibition. Our *in vitro* selection strategy allowed us to isolate two aptamers that bound to NS3 and inhibited both the helicase and protease activities of NS3 *in vitro*[14]. Next, to find an aptamer that specifically recognizes and inhibits the protease activity of NS3, we selected an aptamer that specifically binds, with a Kd of 10 nM (Fig. 4), to the protease domain and inhibits its activity by 90% and 70% *in vitro* and in *vivo*, respectively[27].

In addition to the aforementioned examples of aptamers, for the convenience of readers, I have compiled a list of all known aptamers against viral proteins to date in Table 1. Most of these aptamers efficiently inhibited the function of the cognate target protein. Next, I will describe how these aptamers can be redesigned to detect viral proteins under native condition.

Table 1. Aptamers against viral proteins

Virus	Target protein/RNA	Affinity (Kd) (nM)	Reference
HIV-1	Tat	0.12	[23-25]
HIV-1	Rev	1.0	[28, 38]
HIV-1	Reverse transcriptase	5.0	[29]
HIV-1	RNase H domain		[42]
HIV-1	Nucleocapsid protein	2.0	[32, 43]
HIV-1	TAR RNA	30.0	[30]
HIV-1	gp120	5.0	[35, 50]
HIV-1	Gag protein		[39, 52]
HIV-1	Integrase	10.0	[33]
HTLV-1	Rex		[36]
HTLV-1	Tax	70.0	[34]
HCV	NS3	10.0	[14, 26, 27]
HCV	IRES RNA	70.0	[45, 49]
HCV	Helicase	0.99	[46, 48]
HCV	RNA-dependent RNA polymerase	1.5	[44, 47]
Human Cytomegalovirus	whole virus (gB and gH)		[40]
Feline Immunodeficiency virus (FIV)	Reverse Transcriptase	1.9	[31]
RSV	whole virus (gp85)		[41]
Influenza	HA	0.12	[13, 51]
Coliphage Qβ	Qβ replicase	20.0	[37]

3.4 Modulating aptamers

To date, diverse analytical formats have been reported for detecting various analytes with aptamers, including flow cytometry[53], affinity probe capillary electrophoresis[51], capillary electro-chromatography[55], affinity chromatography[56], high-throughput screening assays[57], and ELISA-like assays[58]. An enzyme-linked oligonucleotide assay (ELONA) was developed to detect human vascular endothelial growth factor (hVEGF) levels in sera[59]. The ELONA yielded results equivalent to those from an enzyme-linked immunosorbent assay (ELISA), with similar accuracy, specificity, and interference. Therefore, it appears that the *in vitro* evolved or selected aptamers could potentially substitute for antibody use in clinical research and diagnostics. Although the aforementioned studies have been encouraging and promising[53~58], in these studies, full-length aptamers were employed. This approach poses several limitations: for example, the efficiency of chemical synthesis diminishes with the increasing length of the aptamer; the full-length aptamer must be modified for protection against nucleases; and in the case of multiple analyses, the folding and refolding are relatively inefficient for longer aptamers.

To circumvent the present limitations of aptamers for applications in array environments, we proposed and demonstrated their use for the detection of the HIV Tat protein in cell extracts. Previously, we screened for an efficient and specific Tat binding aptamer, RNA-Tat [24, 25]. The RNA-Tat aptamer is small and forms a hairpin structure that has very high affinity (KD ～120 pM) to Tat and its peptides. The aptamer loop sequences are not required for Tat binding; therefore, the aptamer could be readily split into two oligos [59, 60]. We have constructed several oligos that potentially form duplex structure and found one set that forms an efficient duplex in the presence of Tat. Furthermore, the results show that oligonucleotides derived from the RNA-Tat aptamer reconstitute specifically in the presence of the HIV-1 Tat protein or its peptides, but not in the presence of other RNA binding proteins (Fig. 5). Gel-shift studies revealed that as little as 0.2 nM of Tat-peptide is sufficient to modulate the RNA Tat

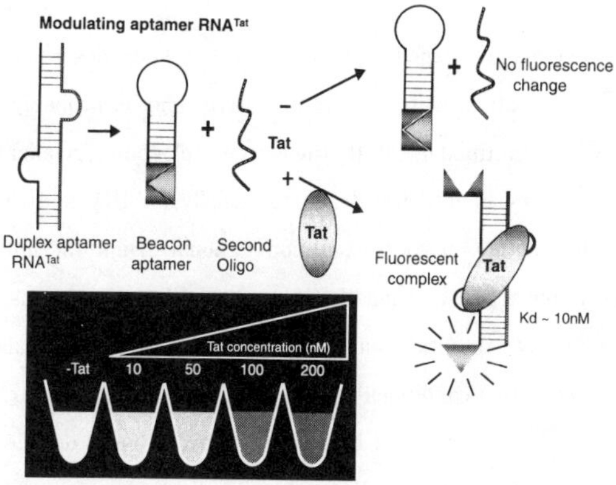

Figure 5. Modulating aptamer that fluoresces in the presence of the Tat protein of HIV-1.

aptamer derived oligos, indicating that the modulation is an efficient process. This was confirmed by the substitution of two conserved residues from the RNA Tat, which then failed to form the duplex in the absence of Tat protein or peptides. Based on these studies, a fluorescence-based micro-titer plate assay using a modulating aptamer was developed for analyzing the Tat protein of HIV-1. This assay, which we refer to the Analyte-dependent hybridizing oligonucleotide assay (ADHONA), detects the HIV-1 Tat protein efficiently and rapidly, with-

Table 2. Modulating aptamers reported against different targets

Target molecule	Reference
Cocaine	[61]
DNA binding protein	[62-64]
Adenine	[65]
rATP	[66]
Thrombine	[67, 68]
dATP	[68]

out interference from nuclear extract components[59, 60]. These results suggest that the ADHONA could potentially be used nucleic acid arrays for the identificaition of specific analytes, and that the ADHONA could be expanded for various targets, including small molecules. Based on our studies, a number of modulating aptamers have been reported, as summarized in Table 2.

3.5 Conclusion

I believe that the recently developed rapid screening methods, described above, may allow us to isolate high affinity aptamers against an analyte of choice, probably much easily than screening for monoclonal antibodies. With the successful commercialization of the AMD aptamer this year, aptamers as anti-viral drugs (especially for HIV and HCV) will certainly be launched soon. Interestingly, in contrast to conventional drugs, the aptamer-based drugs can be switched between active and inactive forms (antidote), and thus they represent a novel class of drugs 69). On the other hand, modulating aptamers may allow us to monitor specific analytes (under native conditions) for imaging and diagnostic purposes. Considering these developments in aptamer research, I believe that by the next decade, aptamers will be used commercially in both diagnostic and therapeutic applications.

References

1) A.D. Ellington and J.W. Szostak, *Nature*, **346**, 818-822, (1990)
2) C. Tuerk and L. Gold, *Science*, **249**, 505-510, (1990)
3) D.S. Wilson and J.W. Szostak, *Annu Rev Biochem*. **68**, 611-647, (1999)
4) S.D.Jayasena, *Clin Chem*. **45**, 1628-1650
5) K. Thiel, *Nat Biotechnol*. **22**, 649-651, (2004)

6) S.D. Mendosa and T. Bowser, *Anal. Chem.* **76**, 5387-5392, (2004)
7) M. Berezovski, A. Drabovich, S.M. Krylova, M. Musheev, V. Okhonin, A. Petrov and S.N. Krylov, *J. Am. Chem. Soc.* **127**, 3165-3171, (2005)
8) S. Park, D.G. Myszka, M. Yu, S.J. Litter and I.A. Laird-Offringa, *Mol. Cell Biol.* **20**, 4765-4772, (2000)
9) P.S. Katsamba, D.G. Myszka and I.A. Laird-Offringa, *J. Biol. Chem.* **276**, 21476-21481, (2001)
10) R. Schier and J.D. Marks, *Hum. Antibod. Hybridomas* **7**, 97-105, (1996)
11) F. Pileuf, M. Andreola, E. Dausse, J. Michel, S. Moreau, H. Yamada, S.A. Gaidamkov, R.J., Crouch, J. Toulme and C. Cazenave, *Nucleic Acids Res.* **31**, 5776-5788, (2003)
12) M. Khati, M. Schuman, J. Ibrahim, Q. Sattentau, S. Gordon and W. James, *J. Virol.* **77**, 12692-12698, (2003)
13) T. Misono and P.K.R. Kumar, *Anal. Biochem.* (2005) (in press)
14) P.K.R. Kumar, K. Machida, P.T. Urvil, N. Kakiuchi, D. Vishnuvardhan, K. Shimotohno, K. Taira and S. Nishikawa, *Virol.* **237**, 270-282, (1997)
15) J.C. Cox, A. Hayhurst, J. Hesselberth, T.S. Bayer, G. Georgiuo, A.D. Ellington, *Nucleic Acids Res.* **30**, e108/1-14, (2002)
16) M. Yu, E. Poeschla and F. Wong-Staal, *Gene Ther.* **1**, 13-26, (1994)
17) N. Yuyama, J. Ohkawa, T. Koguma, M. Shirai and K. Taira, *Nucleic Acids Res.* **22**, 5060-5067, (1994)
18) O. Yamada, G. Kraus, L. Luznik, M. Yu and F. Wong-Staal, *J Virol.* **70**, 1596-1601, (1996)
19) G.J. Graham and J.J. Maio, *Biotechniques.* **13**, 780-789, (1992)
20) B.A. Sullenger, H.F. Gallardo, G.E. Ungers and E. Gilboa, *Cell* **63**, 601-608, (1990)
21) J. Lisziewicz, D. Sun, J. Smythe, P. Lusso, F. Lori, A. Louie, P. Markham, J. Rossi, M. Reitz and R.C. Gallo, *Proc Natl Acad Sci U S A.* **90**, 8000-8004, (1993)
22) R. Yamamoto, S. Koseki, J. Ohkawa, K. Murakami, S. Nishikawa, K. Taira and P.K.R. Kumar, *Nucleic Acids Res.* **25**, 3445-3450, (1997)
23) R. Yamamoto, S. Toyoda, P. Viljanen, K. Machida, S. Nishikawa, K. Murakami, K. Taira and P.K.R. Kumar, *Nucleic Acids Res. Symp. Ser.* **34**, 145-146, (1995)
24) R. Yamamoto, K. Murakami, K. Taira and P.K.R. Kumar, *Gene Thera. Mol. Biol.* **1**, 451-466, (1998)
25) R. Yamamoto, M. Katahira, S. Nishikawa, K. Taira and P.K.R. Kumar, *Genes Cells* **5**, 371-388, (2000)
26) P.T. Urvil, N. Kakiuchi, D.M. Zhou, K. Shimotohno, P.K.R. Kumar and S. Nishikawa, *Eur J Biochem.* **248**, 130-138, (1997)
27) K. Fukuda, D. Vishnuvardhan, S. Sekiya, J. Hwang, N. Kakiuchi, K. Taira, K. Shimotohno, P.K.R. Kumar and S. Nishikawa, *Eur J Biochem.* **267**, 3685-3694, (2000)
28) L. Giver, D. Bartel, M. Zapp, A. Pawul, M. Green and A.D. Ellington, *Nucleic Acids Res.* **21**, 5509-5516, (1993)
29) C. Tuerk, S. MacDougal and L. Gold, *Proc. Natl. Acad. Sci. USA* **89**, 6988-6992, (1992)

30) F. Duconge and J.J. Toulme, *RNA*, **5**, 1605-1614, (1999)
31) H. Chen, D.G. McBroom, Y.-Q. Zhu, L.Gold and T.W. North, *Biochem.* **35**, 6923-6930, (1996)
32) P. Allen, B. Collins, D. Brown, Z. Hostomsky and L.Gold, *Virol.* **226**, 306-315, (1996)
33) P. Allen, S. Worland and L. Gold, *Virol.* **209**, 327-336, (1995)
34) Y. Tian, N. Adya, S. Wagner, C.-Z. Giam, M.R. Green and A.D. Ellington, *RNA*, **1**, 317-326, (1995)
35) J.R. Wyatt, T.A. Vickers, J.L. Roberson, R.W. Buckhett, T. Klimkait, E. DeBaets, P.W. Davis, B. Rayner, J.L. Imbach and D.J. Ecker, *Proc. Natl. Acad. Sci. USA*, **91**, 1356-1360, (1994)
36) S. Baskerville, M. Zapp and A.D. Ellington, *J. Virol.* **69**, 7559-7569, (1995)
37) D. Brown and L. Gold, *Biochem.* **34**, 14775-14782, (1995)
38) K.B. Jensen, B.L. Atkinson, M.C. Willis, T.H. Koch and L. Gold, *Proc. Natl. Acad. Sci. USA.* **92**, 12220-12224, (1995)
39) J.L. Clever, R.A. Taplitz, M.A. Lochrie, B. Polisky and T.G. Parslow, *J. Virol.* **74**, 541-546, (2000)
40) J. Wang, H. Jiang and F. Liu, *RNA*, **6**, 571-583, (2000)
41) W. Pan, R.C. Craven, Q. Qiu, C.B. Wilson, J.W. Wills, S. Golovine and J.F. Wang, *Proc. Natl. Acad. Sci. USA*, **92**, 11509-11513, (1995)
42) M.L. Andreola, F. Pileur, C. Calmels, M. Ventura, L. Tarrago-Litvak, J.J. Toulme and S. Litvak, *Biochem.* **40**, 10087-10094, (2001)
43) S.J. Kim, M.Y. Kim, J.H. Lee, J.C. You and S. Jeong, *Biochem. Biophys. Res. Com.* **291**, 925-931, (2002)
44) A. Biroccio, J. Hamm, I. Incitti, R.D. Francesco and L. Tomei, *J. Virol.* **76**, 3688-3696, (2002)
45) L. Aldaz-Carroll, B. Tallet, E. Dausse, L. Yurchenko and J.J. Toulme, *Biochem.* **41**, 5883-5893, (2002)
46) B. Hwang, J.S. Cho, H.J. Yeo, J.H. Kim, K.M. Chung, K. Han, S.K. Jang and S.W. Lee, *RNA*, **10**, 1-14, (2004)
47) P. Bellecave, M.L. Andreola, M. Ventura, L. Tarrago-Litvak, S. Litvak and T. Astier-Gin, *Oligonucleotides* **13**, 455-463, (2003)
48) F. Nishikawa, K. Funaji, K. Fukuda and S. Nishikawa, *Oligonucleotides* **14**, 114-129, (2004)
49) K. Kikuchi, T. Umehara, K. Fukuda, A. Kuno, T. Hasegawa and S. Nishikawa, *Nucleic Acids Res.* **33**, 683-692, (2005)
50) M. Khati, M. Schuman, J. Ibrahim, Q. Sattentau, S. Gordon and W. James, *J. Virol.* **77**, 12692-12698, (2003)
51) S.H. Jeon, B. Kayhan, T. Ben-Yedidia, and R. Arnon, *J Biol Chem.* **279**, 48410-48419, (2004)
52) M.A. Lochrie, S. Waugh, D.G. Pratt jr, J. Clever, T.G. Parslow and B. Polisky, *Nucleic Acid Res.* **25**, 2902-2910, (1997)
53) K.A. Davis, B. Abrams, Y. Lin and S.D. Jayasena, *Nucleic Acids Res.* **24**, 702-706, (1996)

54) I. German, D.D. Buchanan and R.T. Kennedy, *Anal. Chem.* **70**, 4540-4545, (1998)
55) R.B. Kotia, L. Li and L.B. McGown, *Anal. Chem.*, **72**, 827-831, (2000)
56) T.S. Romig, C. Bell and D.W. Drolet, *J. chromatography. B. Biomed. Sci. Appl.* **731**, 275-284, (1999)
57) L.S. Green, C. Bell and N. Janjic, *Biotechniques,* **30**,1094-1096, (2001)
58) D. W. Drolet, L. Moon-McDermott and T.S. Roming, *Nature Biotechnol.* **14**, 1021-1025, (1996)
59) R. Yamamoto, T. Baba and P.K.R. Kumar, *Genes Cells.* **5**, 389-936, (2000)
60) P.K.R. Kumar and R. Yamamoto, *Japanese patent.* **288677**, (2003)
61) M.N. Stojanovic, P. de Prada and D.W. Landry, *J Am Chem Soc.* **123**, 4928-4931, (2001)
62) X. Liu, W. Farmerie, S. Schuster and W. Tan, *Anal Biochem.* **283**, 56-63, (2000)
63) T. Heyduk and E. Heyduk, *Nat Biotechnol.* **20**, 171-176, (2002)
64) J.J. Li, Fang, X, Schuster, S and W.Tan, *Angew. Chem. Int. Edit.* **39**, 1049-1052, (2000)
65) M. Meli, J. Vergne, J.L. Decout and M.C. Maurel, *J Biol Chem.* **277**, 2104-2111, (2002)
66) R. Nutiu and Y. Li, *J Am Chem Soc.* 125, 4771-4778, (2003)
67) N. Hamaguchi, A. Ellington and M. Stanton, *Anal Biochem.* **294**, 126-131, (2001)
68) M. Rajendran and A.D. Ellington, *Nucleic Acids Res.* **31**, 5700-5713, (2003)
69) S.M. Nimjee, C.P. Rusconi and B.A. Sullenger, *Annu. Rev. Med.* **56**, 555-5583, (2005)

第3章　リボザイム

1　概論

井上　丹*

1.1　はじめに

DNAは生体内で単純な二重らせん構造を形成する。RNAは多様な立体構造を形成し，触媒としてまた情報伝達に高度な機能を発揮する。タンパク質は，RNAよりはるかに多彩かつ複雑な組成，立体構造および機能をもつ。しかし，バイオテクノロジーとしてのタンパク質の分子設計，分子構築には，その構造とフォールディングの複雑さから限界があり，単純な構造を持つものに限られている。一方，RNAは，二重らせんを基本ユニットとしたシンプルな構築原理に基づいて構築されている。そのため，現時点では，高度な立体構造を持つ“柔軟な”機能性高分子の設計と構築には，「DNAとタンパク質の中間の性質」を持つRNAが適している。実例として，この章では分子デザインと*in vitro*セレクションによる二つの高度な機能を持つリボザイムの構築について紹介する。

リボザイムの研究は，1980年代初頭，テトラヒメナのrRNA（LSU）に存在するイントロンRNAが，それ自身を切り出す能力，つまりセルフスプライシングを行うRNAであることが発見されスタートした[1]。リボザイムという言葉は，その後，化学反応を加速する能力を持つRNAの総称となった。

リボザイムの発見は，現存する生物を構成するDNAから，RNA，タンパク質へという遺伝情報の伝達系が確立される前には，その原型としてRNAがRNAの複製を行う世界「RNAワールド」が存在したとする新しい「生命の起源」説を誘導した[2]。また生物学の研究としては，その後，noncoding RNAが生体内で果たす動的機能（リボソーマルRNAのペプチド結合生成の機能，またRNAiやmicroRNAの発見などを含む），また，さまざまなRNAの構造と機能の相関関係の研究を誘発し，RNAについて，従来知られていなかったさまざまな新しい知見をもたらした[3]。

タンパク質酵素と同じように，リボザイムを，医療，生物学の研究手法に応用することが試みられるようになり「RNA工学」という生物工学の新分野が創成された。その応用例として，特定のmRNAを切断し，対応する遺伝子の発現を制御するための，さまざまな天然のリボザイムを応用したシステムが構築された[4]。このシステムには，十分実用性があることは知られている。

---

*　Tan Inoue　京都大学　大学院生命科学研究科　教授

しかし，現在，この目的には，より簡便で効率が良いRNAiを用いる手法が主流となってきている（第1章　参照）。

天然のリボザイムは，「単分子RNA」から構成されるものと活性中心はRNAにあるが「複数のRNAとタンパク質」から構成されるものの2種類に区分される。セルフスプライシングの発見の後「単分子RNA」から構成されるものとして，リボヌクレアーゼ P（RNase P），グループIイントロン，グループIIイントロン，ハンマーヘッドリボザイム，ヘアピンリボザイム，HDVリボザイムなどのさまざまなリボザイムの発見が続いた。一方「複数のRNAとタンパク質」から構成されるものとして，タンパク質合成を行うリボソームや真核生物の核内mRNAのスプライシングを行うスプライソゾームがある[5]。また，*in vitro* selection法など新規に開発された手法により，この章で紹介するような全く人工的に作成されたリボザイムも数多く報告されている。

自然界に存在する「単分子RNA」のリボザイムは，分子量の大小とRNAを切断する反応機構の違いにより，さらにlarge ribozymeとsmall ribozymeの2種類に分類される。ここでは，これら二群のリボザイムのうち，その組成が，この章でとりあげる人工のリボザイムに類似しているlarge ribozyme（ラージリボザイム）について解説する。

1.2　Large ribozyme（ラージリボザイム）

ラージリボザイムには，セルフスプライシングを行うグループIイントロンとグループIIイントロンおよびtRNA前駆体の5'末端を加水分解により切断するRNase Pがある[6]。これらは，通常，細胞内ではRNA結合タンパク質と複合体を形成し，その機能を発揮する。その理由は，本来はRNA単独で活性を発揮していたものが，分子進化によりタンパク質との複合体になったためと考えられている。

グループIおよびグループIIイントロンは，主に真性細菌および真核生物のミトコンドリアや葉緑体のゲノムに存在する。両イントロンは，共に葉緑体の先祖型と考えられるシアノバクテリアのゲノムにも存在する。また，ミトコンドリアの先祖型と考えられるパープルバクテリアのゲノムにも，グループIIイントロンは存在するため，これらは進化上，古い起源を持つ。その起源については「RNAワールド」まで遡るとする説と真性細菌にあるとする説の2説がある。

グループIイントロンRNAは，共通する特徴的な基本骨格をもつ一群のイントロンである。このRNAは，物理的に分割可能な三つの構造単位から構成されている。それらは（a）基質（スプライス部位）認識を行う構造単位，（b）活性発現に必須な基本骨格，およびその（c）外廓を形成する領域である。

その基本骨格は，P3-P7-P8とP5-P4-P6の二つの連続するヘリックス構造体から構成され，この中のP3-P7領域にリボザイムとしての活性中心が存在する。それぞれのイントロンの基本骨格の外廓にはさまざまなステムループ構造が存在する。このイントロンは，それらのもつ特徴から，4種に大別され，さらに少なくとも11のサブクラスに分類される。これらステムループの存在は，リボザイム活性にとって必須ではなく，主に基本骨格の立体構造を安定化する役割を果たしている。このRNAの高分解能での結晶構造が報告されている[7]。

グループIIイントロンは，グループIイントロンと同様に，主に真核生物のミトコンドリアや葉緑体ゲノムに存在する。このイントロンRNAは，グループIイントロンと異なる特有の骨格をもつ一群のイントロンである。グループIIイントロンの構造単位のうち，リボザイム活性の発現に重要なものは，D1，D5およびD6の三つであり，活性中心はD5に存在すると考えられている。残りはグループIイントロンの場合と同様に，主にイントロンRNAの構造の安定化に寄与していることが知られているが，このイントロンの立体構造については，まだ不明の点が多い[8]。

RNase Pは，前駆体tRNAから成熟tRNAを作成するために必須な酵素である。この酵素は，tRNAを産生するあらゆる細胞と器官（ミトコンドリアや葉緑体）に存在し，バクテリア，真核生物およびオルガネラにおいてそれぞれ特徴的な分子進化を遂げている。RNase PはRNAとタンパク質の二つの成分から構成されており，その活性中心はRNA成分（P RNA）に存在する。バクテリアのRNase Pは一分子のタンパク質と一分子のP RNAから構成される。このP RNAには，十数個の構造単位から構成される共通の基本骨格が存在し，その外廓にはさまざまなステムループ構造が存在する。このRNAは基質である前駆体tRNAの認識をおこなう。また，基本骨格の中には，活性発現に必須とされる高度に保存されたヌクレオチドが存在する。なおP RNAの立体構造モデルが提唱されている[9]。

これら三つのラージリボザイムに共通して見られる特徴は，それぞれ活性中心，反応部位認識，構造安定化など各々特定の機能を担うモジュールユニット（構造単位）を，巧妙に組み合わせアセンブルすることにより製作された，精密機械のような構成を持つという点にある。

1.3　構造解析

1990年代半ばより，X線結晶学やNMRによるRNA及びRNP（RNA・タンパク質複合体）の高分解能での構造解析が大きく進展し，リボザイムの構造が相次いで決定されている。なかでも2.6×10^6ダルトンもの大きさを持つリボザイムとして知られるようになった，リボソームの高分解能による構造解析は特筆すべきものである[10]。また強いリボザイム活性を持つグループIイントロンRNAの立体構造が，結晶構造解析により解明され，リボザイムとして働く際の分子レベルでの機能と構造の関係があきらかになった[7]。こうしたRNA構造解析の進展は，多くのリボザイムの機能解析にも新たな展開をもたらした。これらRNAの反応メカニズムは，立体構造に基づく詳細な生化学的解析により，特定のヌクレオチド中の官能基の作用に帰結できるようになった。また，複雑な立体構造をもつRNA，RNPを構成するRNA-RNA相互作用またRNA-タンパク質相互作用についても，同様のレベルでの理解が進んでいる。

RNAの構造解析が進むにつれ，リボソームのような大型かつ複雑なRNA分子でさえも，その基本構成原理はワトソンクリック型の「二重らせん」構造を基本ユニットとし，RNA-RNAの特殊な高次相互作用により，これらを複雑に連結することでできていることがわかった。また，さらには，これらのRNAは「二重らせん」を基本とするものの，より高度な構造単位（モジュール）（「二重らせん」構造を基本ユニットとし，RNA-RNAの特殊な高次相互作用によりつくられる物理的に分割可能な立体構造の単位）の集積により構築されていることがあきらかになった。したがって，これらRNAは，基本となるモジュールに，新しいモジュールが徐々に付加することで，現存する高度な構造と機能をもつものへ進化したと思われる。

1.4　活性発現のメカニズム

ラージリボザイムは，RNAのリン酸ジエステル結合を開裂して，その結果5' 側にリン酸残基，3' 側に水酸基を反応により新たに生じたRNA末端に形成させる。活性の発現には，2価のマグネシウムイオンを必要とする。グループIおよびIIイントロンRNAは，その特徴としてヌクオチドの水酸基の攻撃による連携する二つのトランスエステル化反応（求核置換反応，SN2）によりセルフスプライシングを行う。RNase Pは水分子による求核置換反応により加水分解反応を行うが，グループIおよびIIイントロンRNAも，この反応を行うことができる。

上で述べたように，グループＩイントロンにはP4-P6とP3-P7で構成される基本構造に加え，それぞれに特有のモジュールをその周辺領域をもつサブグループがある。周辺領域は，イントロンRNAのさまざまな部位と高次相互作用を形成し活性中心を含む基本構造を安定化している。これによりリボザイムは高い活性が発揮できる。紅色細菌*Azoarcus* sp. *BH72*由来のグループＩイントロンが高解像度で構造決定された[7]。このRNAも同イントロンに共通する活性中心を構成する基本構造P4-P6とP3-P7を中心に構成されている。この構造から，活性中心はP3-P7モジュールを主体に構成されることが確認され，反応に直接関与するヌクレオチド及び反応の遷移状態安定化に寄与するマグネシウムイオンの配位部位も同定されている。

このように，天然のラージリボザイムの構造と機能の関係について，その詳細が知られるようになった。したがって，これらの知見を分子デザインにフィードバックすることにより「人工リボザイム」の設計や構築が，立体構造のデザインを含む高度なレベルで可能になって来ている。このことは，リボザイムに限らず，「特定の機能を持つRNA分子のデザインと構築」という新しいビルドアップ型バイオナノテクノロジー領域またシンセティックバイオロジー領域の研究分野が創設されたことを意味する。

文　献

1） Kruger K, Grabowski PJ, Zaug AJ, Sands J, Gottschling DE, Cech TR（1982） Cell 31:147 – 157
2） Gilbert W（1986） Nature 319:618.
3） Couzin J. Small（2002） Science 298:2296 – 2297.
4） Birikh KR, Heaton PA, Eckstein F（1997） European Journal of Biochemistry 245:1 – 16.
5） Stevens SW, Ryan DE, Ge HY, Moore RE, Young MK, Lee TD, Abelson J.（2002） Mol Cell. 9:31 – 44.
6） Cech TR（1993） Cold Spring Harbor Laboratory Press, pp239 – 269.
7） Adams, PL, Stahley, MR, Kosek, AB, Wang, J. & Strobel SA（2004） Nature 430:45 – 50.
8） Sigel RKO, Sashital DG, Abramovitz DL, Palmer III AG, Butcher SE, Pyle AM（2004） Nature Structural & Molecular Biology 11: 187 – 192.
9） Altman S, Kirsebom L（1999） Cold Spring Harbor Laboratory Press. pp351 – 380.
10） Ban N, Nissen P, Hansen J, Moore PB, Steitz TA.（2000） Science 289:905 – 920.

2　人工リボザイム

2.1　はじめに

井川善也*

ランダムなRNA配列のライブラリーから触媒機能を有するRNA配列を選別する試みはアプタマー（第2章参照）の最初の報告とほぼ同時期，1990年代初頭に既存のリボザイムを母体とした研究から始まった[1~4]。以来，多くの人工リボザイムが創製され，「RNAワールド仮説」の実証的研究として独自のフィールドを確立するに至っている。また，近年では分子進化的な興味のみならず，バイオテクノロジーへの応用を志向した人工リボザイムも実用化されつつある。それら全てを限られた紙面で詳述する事は不可能であるため，ここでは研究例の多い3種のリボザイムを中心として，人工リボザイムの現状について概説したい。

2.1.1　リガーゼ・リボザイム

自然界に既存のグループI，グループIIの自己スプライシング・リボザイムはエステル交換反応を介してRNA断片の連結反応を行うことが示されている。またハンマーヘッド，ヘアピンリボザイムなど自己切断型の小型リボザイムも自己切断反応の逆反応としてRNA連結反応を行うことができる。しかし，これらの連結反応の様式は，ヌクレオシド三リン酸を基質としピロリン酸を脱離基としてリン酸ジエステル結合を生成するRNAポリメラーゼやDNAポリメラーゼとは異なっている。これら蛋白質酵素と同様の機構でRNAの連結，さらには重合を行うリボザイムは，RNAワールド仮説検証の上での必須の要素である。

Szostak・Bartelらは10^{15}の異なる配列を含む220塩基のランダムなRNA配列集団から蛋白質ポリメラーゼと類似の様式でRNA自己連結反応を行う人工リボザイムを選別した[5]。10ラウンドの選別サイクルの後に得られた3種のリガーゼ中，クラスIと呼ばれるリガーゼは複雑な二次構造を形成し，鋳型となる配列にワトソン - クリック塩基対依存的に3'-5'の位置選択性でRNA断片を連結した[6]。特筆すべき事に，最適化されたクラスIリガーゼの反応速度定数（*k*cat）は100 sec^{-1}に達し[7]，これは既存の全てのリボザイムを凌駕する。さらにこの自己連結型リガーゼは改変により，3つのヌクレオチドを連続して連結できる弱いRNAポリメラーゼ活性を示した[8]。さらにBartelらはクラスIリガーゼのポリメラーゼ活性を向上させる目的で，70塩基のランダム配列を付加し，伸長活性の向上した進化体のセレクションを試みた。その結果，鋳型依存的に最大14塩基のヌクレオチドを99%の正確性で連結するポリメラーゼ・リボザイムの単離に成功している[9]。

Bartelらの進化型クラスIはポリメラーゼ・モデルとして最も複雑かつ進化したものである

＊　Yoshiya Ikawa　九州大学　大学院工学研究院　助教授

が，それ以外にも複数の特色ある5'-3'の位置選択性を示すリガーゼ・リボザイムが人工進化によって創製されている。

Ellingtonらは90塩基のランダムなRNA配列のプール中からクラスL1と名付けたリガーゼを単離した[10]。このリガーゼはSzostak・BartelらのクラスIに比べ，単純な構造で，活性も低い（1.0sec^{-1}）が，偶然にも*in vitro*セレクションの過程で使われたDNAオリゴマーをエフェクター分子として利用することがわかった。即ちDNAオリゴマー非存在下では，L1リガーゼは不活性型であるが，DNAオリゴマーの添加により活性は10^4倍にも増強される。Ellingtonらはこの特性を利用し，ATP[11]やRNA結合蛋白質[12]をエフェクターとしたリガーゼの創製にも成功し，そのアロステリック活性を利用した分子センサーの構築も試みている[13]。

JoyceらはR3Cとよばれるリガーゼをユニークなアプローチで創製している。彼らはA,G,Uの3種の塩基のみからなるRNA配列のライブラリーからR3と呼ばれるCを全く含まないリガーゼを最初に取得し[14]，ついでR3の配列にCをドープする事でR3Cへと進化させた[15]。R3CのRNA連結点は特定の塩基配列を要求するため，クラスIのようなポリメラーゼへの改変は困難であるが，Joyceらは2分子のR3Cを組み合わせることで，2分割された一方のR3Cの断片が他方のR3により連結される，極めて単純な自己複製システムの構築に成功している[16,17]。

上記の3つのリガーゼはいずれもランダムなRNA配列から機能を指標に目的分子を選別するアプローチで創製されたが，それらとはやや異なり，構造を基盤としたRNA触媒創製の方法論もリガーセ反応をモデル反応として試みられている。

機能的アプローチと構造的アプローチの中間的な手法として，Jaegerらは，テトラヒメナ・グループIイントロンのP3-P9と呼ばれる触媒ドメインを除去し，換わりに80塩基のランダムな塩基配列を導入したライブラリーを構築した。得られたライブラリーはP4-P6ドメインと呼ばれる160塩基からなる堅固な構造ユニットと80塩基のランダム配列から構成されている。セレクションの結果，天然のグループ I イントロンと同様に触媒ドメイン形成の足場として P4-P6の構造ユニットを利用するリガーゼ・リボザイム（クラスhc）が取得されている[18]。この結果は機能性RNAの分子進化の過程で，同一の構造ユニットを利用しながら複数の異なる機能をもつRNAが進化しえた可能性を示唆している。

こうした構造を主体としたアプローチをさらに展開させ，井川・井上はRNA分子骨格に機能ユニットをインストールする「RNAアーキテクチャ（RNA建築学)」と呼ばれる方法論を提案し，その有効性を実証しつつある（第3章2.3 RNAアーキテクチャ（RNA建築学）と人工リボザイム創製への応用参照)。

2.1.2 自己切断リボザイム

*in vitro*セレクション法により最初に創製された人工リボザイムはPanとUhlenbeckによる

Pb^{2+}依存的自己切断リボザイム（レッドザイム）である[19]。かれらはtRNAがPb^{2+}存在下部位特異的切断を生じる知見をもとに，Pb^{2+}存在下で効率良く自己切断を行うRNAモチーフをセレクションにより同定した。得られた6塩基の内部ループを持つモチーフはもとのtRNAに比べ10倍効率よく自己切断を行った。RNAの自己切断反応は自身のリボース2’位の水酸基のリン酸への求核攻撃を介して切断を生じる。従って切断機構が比較的単純なことを反映し，自然界にも少なくとも5つの自己切断リボザイムが確認されている[20]。

さらにその配列の切断機能を有するRNA配列の多様性を検証するための実験が複数のグループによって行われ，少なくとも10数種の自然界には見いだされていない自己切断活性を示すRNAモチーフが同定されている[21~23]。しかし他方，厳しい進化選択圧のもとにランダム配列から自己切断リボザイムを選別したところ，得られた配列の大部分が自然界に既存のハンマーヘッド・リボザイムに属するモチーフであった。ハンマーヘッド・リボザイムが進化的に隔たった多様な生物種に見いだされている事と合わせ，この結果はハンマーヘッド・リボザイムが自己切断モチーフとしては，最もシンプルかつ高活性である事を強く示唆している[24]。

人工リボザイムの創製とはやや視点が異なるが，*in vitro*セレクションによって得られたクラスIIIと呼ばれる2’-5’選択的な人工リガーゼ・リボザイムと既存のHDVと呼ばれる自己切断型リボザイムとの間には，25％の塩基配列が一致している。Bartelらは両リボザイムに塩基置換を導入し，2つのリボザイムを配列を同一配列へと近づけてゆく事を試みた。その結果，極めて低い活性ながら一つの配列でクラスIIIリガーゼとHDVの二つのリボザイムの活性を併せ持つ配列の同定に成功した[25]。この2つのリボザイムには一次配列の相同性の他には高次構造等の類似性は全くない。したがってこの結果は，一つのRNA配列から数個の変異で全く別の構造，機能をもつRNAが進化しうる可能性を示している。

2.1.3　タンパク合成に関わるリボザイム

蛋白質酵素を主体とする生命システムがRNAを主体とするRNAワールドから進化したと考える場合，その機能の移行に関してもリボザイムが重要な役割を果たしていたと考えられる。事実，現在の生命システムにおいて最も複雑かつ重要であるといってよい蛋白質の合成はリボソームと呼ばれる巨大なRNA-蛋白質複合体によって担われているが，近年の研究から，そのペプチド結合の生成反応はリボソームのRNA成分によって行われていることが明らかとなった[26]。この知見に触発され，RNA成分のみによって蛋白質合成を行う原始リボソームを再現しようという挑戦が活発に行われている。

また現在の生体システムでは，核酸の遺伝情報とアミノ酸の情報とはアミノアシル化されたtRNAによって介在されているため，RNAのアミノアシル化能をもつリボザイムは，現在の翻訳系が進化する上での重要な鍵であったと考えられている。現在の蛋白質酵素（ARS）による

tRNAのアミノアシル化は，①アミノ酸とATPによるアミノアシル-AMPの合成，②アミノアシル-AMPからのtRNA3 '末端水酸基へのアシル基転移によるアミノアシル-tRNAの合成の2つのステップに分けることができる。後者の反応については1995年，アミノアシル-AMPを用いて，自身の3'末端の水酸基をアミノアシル化するリボザイムがYarusらにより報告されている[27]。また彼らはその後，数種の自己アミノアシル化リボザイムを報告し，RNAのアミノアシル化が極めてシンプルなRNA構造モチーフによって触媒できることを示している[28]。

第一段階のアミノアシル-AMP合成については，アミノ酸を活性化した例は報告されていないが，2001年にYarusらはアミノ酸の代替としてプロピオン酸誘導体を用い，アミノアシル-AMPと形式的に等価な混合リン酸無水物を形成するRNAのセレクションに成功している[29]。

Yarusらの創成したリボザイムは現存するアミノアシルtRNA合成の化学ステップを忠実に再現しようとする試みであるが，遺伝暗号の拡張による非天然アミノ酸の導入などアミノアシルtRNA合成リボザイムのより工学的な応用を志向して，菅らにより優れた研究がなされている(第3章2.2 アミノアシルtRNA合成機能をもつ人工リボザイムとその技術的応用)。

2.1.4 その他の人工リボザイム

上記の3種の人工リボザイムの他に，RNAワールド仮説に関わる核酸の生合成や修飾に関係する反応を触媒する人工リボザイムとして，RNAアルキル化活性[30]，リン酸化活性[31]，ウラシルホスホリボシル転移活性[32]，キャッピング活性[33]，RNA-ペプチド連結活性[34]，などの活性をもつRNA配列が選択されている。また最近では有機物代謝に重要なNAD^+を補因子として用い高い酸化還元活性を示すリボザイム[35]や，現存の生物代謝で重要な役割をになう補酵素CoAを合成・利用できるリボザイム[36~38]の創成も報告されている。

人工酵素としてのリボザイムの能力を拡張するため，有機化学的に基本的かつ重要な炭素-炭素結合形成反応を触媒させる試みも行われている。FamulokらおよびJaschkeらはマイケル付加反応とDiels－Alder反応を触媒するリボザイムをそれぞれ創製している[39,40]。とくに後者はエナンチオ選択的に反応を触媒し[41]，基質-リボザイムの結晶構造も解析されている[42]。

リボザイムの触媒能力を向上させる試みとして，EatonらはRNA配列中のウラシルにピリジル基あるいはイミダゾール基を修飾した誘導体を導入したライブラリーから，Diels－Alder反応およびアミド結合形成反応を触媒できる修飾リボザイムを単離している[43,44]。

これまで紹介したリボザイムの濃縮・選別は，RNA配列の自己修飾反応を利用し，反応活性を指標にアフィニティー・カラムなどでの分離，あるいは反応で付加された塩基配列をタグとして用いた選択的PCR法による増幅を利用している。異なる方法論として，抗体触媒の作成で用いられる遷移状態アナログを利用し，遷移状態アナログに結合するアプタマーの酵素活性を検定する方法も試みられている。この方法で得られたリボザイムは多くないがSchultzらはビフェニルの異性化反応，ポルフィリンへの金属挿入反応を加速するリボザイムを得ている[45, 46]。

このように現在までに様々な人工リボザイムが創製されている。現在のところ RNA ワールド仮説に基づく基礎研究の色彩が濃いが，今後，RNA 構造を基盤とした分子工学や，バイオテクノロジーツールとしての展開，アプタマーと複合化させたアロステリック・リボザイム[47]の構築などで医療診断用バイオセンサーへの応用が期待される。

文　　献

1） R. Green *et al.*, *Nature*, **347**, 406-408（1990）
2） R. Green and J.W. Szostak, *Science*, **258**, 1910-1915（1992）
3） A.A. Beaudry and G.F. Joyce, *Science*, **257**, 635-641（1992）
4） N. Lehman and G.F. Joyce, *Nature*, **361**, 182-185（1993）
5） D.P. Bartel and J.W. Szostak, *Science*, **261**, 1411-1418（1993）
6） E.H. Ekland *et al.*, *Science*, **269**, 364-370（1995）
7） N.H. Bergman *et al.*, *Biochemistry*, **39**, 3115-3123（2000）
8） E.H. Ekland and D.P. Bartel, *Nature*, **382**, 373-376（1996）
9） W.K. Johnston *et al.*, *Science*, **292**, 1319-1325（2001）
10） M.P. Robertson and A.D. Ellington, *Nat. Biotechnol.*, **17**, 62-66（1999）
11） M.P. Robertson and A.D. Ellington, *Nucleic Acids Res.*, **28**, 1751-1759（2000）
12） M.P. Robertson and A.D. Ellington, *Nat. Biotechnol.*, **19**, 650-655（2001）
13） J.R. Hesselberth *et al.*, *Anal. Biochem.*, **312**, 106-112（2003）
14） J. Rogers and G.F. Joyce, *Nature*, **402**, 323-325（1999）
15） J. Rogers and G.F. Joyce, *RNA*, **7**, 395-404（2001）
16） N. Paul and G.F. Joyce, *Proc. Natl. Acad. Sci. USA*, **99**, 12733-12740（2002）
17） D.E. Kim and G.F. Joyce, *Chem. Biol.*, **11**, 1505-1512（2004）
18） L. Jaeger *et al.*, *Proc. Natl. Acad. Sci. USA*, **96**, 14712-14717（1999）
19） T. Pan and O.C. Uhlenbeck, *Nature*, **358**, 560-563（1992）
20） R.H. Symons, *Annu. Rev. Biochem.*, **61**, 641-671（1992）
21） W.C. Winkler *et al.*, *Nature*, **428**, 281-286（2004）
22） K.P. Williams *et al.*, *EMBO J.*, **14**, 4551-4557（1995）
23） J. Tang and R.R. Breaker, *Proc. Natl. Acad. Sci. USA*, **97**, 5784-5789（2000）
24） K. Salehi-Ashtiani and J.W. Szostak, *Nature*, **414**, 82-84（2001）
25） E.A. Schultes and D.P. Bartel, *Science*, **289**, 448-452（2000）
26） P. Nissen *et al.*, *Science*, **289**, 920-930（2000）
27） M. Illangasekare *et al.*, *Science*, **267**, 643-647（1995）

28）M. Illangasekare and M. Yarus, *RNA*, **5**, 1482-1489（1999）

29）R.K. Kumar and M. Yarus, *Biochemistry*, **40**, 6998-7004（2001）

30）C. Wilson and J.W. Szostak, *Nature*, **374**, 777-782（1995）

31）J.R. Lorsch and J.W. Szostak, *Nature*, **371**, 31-36（1994）

32）P.J. Unrau and D.P. Bartel, *Nature*, **395**, 260-263（1998）

33）F. Huang and M. Yarus, *Biochemistry*, **36**, 6557-6563（1997）

34）E.A. Schultes and D.P. Bartel, *Proc. Natl. Acad. Sci. USA*, **99**, 9154-9159（2002）

35）S. Tsukiji *et al.*, *Nat.Struct. Biol.*, **10**, 713-717（2003）

36）F. Huang *et al.*, *Biochemistry*, **39**, 15548-15555（2000）

37）T.M. Coleman and F. Huang, *Chem. Biol.*, **9**, 1227-1236（2002）

38）N. Li and F. Huang, *Biochemistry*, **44**, 4582-4590（2005）

39）G. Sengle et *al.*, *Chem. Biol.*, **8**, 459-473（2001）

40）B. Seelig and A. Jaschke, *Chem. Biol.*, **6**, 167-176（1999）

41）J.C. Schlatterer *et al.*, *Chembiochem.*, **4**, 1089-1092（2003）

42）A. Serganov *et al.*, *Nat. Struct. Mol. Biol.*, **12**, 218-224（2005）

43）T.M. Tarasow *et al.*, *Nature*, **389**, 54-57（1997）

44）T.W. Wiegand *et al.*, *Chem. Biol.*, **4**, 675-683（1997）

45）J.R. Prudent *et al.*, *Science*, **264**, 1924-1927（1994）

46）M.M. Conn *et al.*, *J. Am. Chem. Soc.*, **118**, 7012-7013（1996）

47）R.R. Breaker, *Curr. Opin. Biotechnol.*,**13**, 31-39（2002）

2.2 アミノアシルtRNA合成機能をもつ人工リボザイムとその技術的応用

菅　裕明*

2.2.1 アミノアシルtRNA合成リボザイムの重要性

前述したように（第3章2.1.3参照），RNAワールドにおいては，タンパク合成を担う原始翻訳系はRNAのみで構成されていたと推測されており，アミノアシルtRNA合成（ARS）機能をもつリボザイムはその重要な構成要素として不可欠な触媒と目される。Yarusらが行った人工リボザイムの創製は，ARS機能のモデル反応をできるだけ忠実に再現しようとする試みであった（3章1引用文献27～29）。一方，ARSリボザイムの人工創製には，もうひとつの重要な目的がある。リボザイムの人工進化で用いる基質は，研究者が自由に選択し進化に使用することができるため，基質への制限はない。そこで，天然アミノ酸以外のアミノ酸，即ち非天然型アミノ酸に対して活性をもつARSリボザイムを創製することで，遺伝暗号を拡張し，蛋白質への非天然アミノ酸導入を可能にする翻訳技術を開発することができる。前述のYarusらの人工リボザイムでは，自己修飾型リボザイムもしくはその一部をリボザイム構造から分離させた非tRNA基質に対してアシル化反応を促進することはできるものの，tRNAへのアミノアシル化機能はもっていない。後者の技術的目標を達成するには，当然tRNAそのものへのアミノアシル化機能が不可欠であり，また前者のRNAから構成される原始翻訳系の実験的検証でも同様の機能なしでは語れない。

2.2.2 人工ARSリボザイムの創製

菅らは，アミノ酸を特異的にしかもtRNAの3'末端に選択的にアシル化するARSリボザイムの人工進化を目指し，1997年頃から多彩なアプローチで進化実験を試み，tRNAにアミノアシル化できる複数のリボザイムを報告した[1~3]。2003年には，その研究の集大成ともいえるリボザイム（フレキシザイムと命名）の進化を報告した（図1）[4]。フレキシザイムは，2段階の進化実験を経て誕生したリボザイムである。第1段階の進化実験では，ランダム塩基配列をtRNAの5'末端上流に配置したRNAライブラリーを合成し，そこから3'末端にフェニルアラニン（Phe）をアミノアシル化できる活性種を進化させた[3]。この実験には，綿密に計画された2つの仕掛けがあった（図1）。1つ目はアミノ酸基質に仕掛けた。まず，Pheのカルボニル基は，シアノメチル基で弱く活性化しておいた（この基質の活性化の強さは極めて重要で，あまり強く活性化しておくと基質の加水分解が平行して起きてしまい基質の取り扱いが困難となるばかりか，アミノアシル化反応が非特異的に無触媒で起きてしまうおそれがある）。さらに，Pheのアミノ基にあらかじめビオチンを付加しておくことで，3'末端に自己アシル化活性種を固定化アビジンで効率よ

＊ Hiroaki Suga　東京大学　先端科学技術研究センター　教授

く選別できるようにしておいた。2つ目はRNAライブラリーに仕掛けた。ランダム塩基配列をtRNAの5'末端上流に配置し，RNAライブラリー全体をtRNA前駆体に類似した構造にした。この仕掛けにより，目的のリボザイムが進化された場合，リボザイム部位をRNasePと呼ばれるエンドヌクレアーゼで切断除去することが可能となる。興味深い点は，原核生物のRNasePはリボザイムであることから，このプロセスがRNAワールドから保存されてきたと考えられていることである。つまり，5'末端上流にあたる部分にリボザイムが直接連結されていればtRNAへの特異的アミノアシル化が容易に進行し，アミノアシル化後RNasePの働きでその余分なリボザイム部位が除去され，成熟型アミノアシルtRNAが合成されるシナリオである。事実，この構想は期待通り達成され[3)]，進化したARSリボザイムはRNasePで切断除去できる触媒システムが構築できた（図1）。

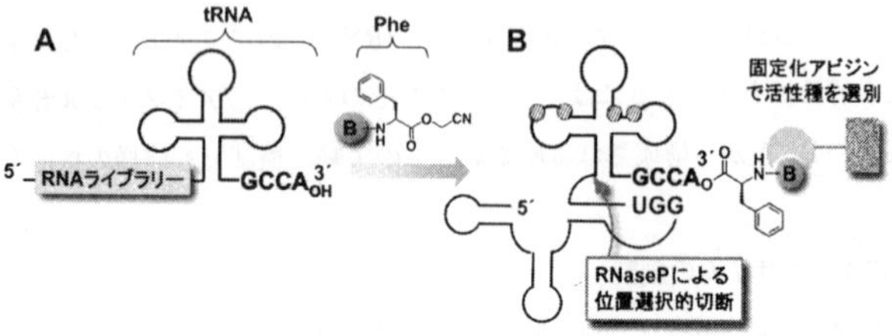

図1　ARSリボザイムの人工進化戦略

(A) tRNA（太線）の5'側に配置されたランダムライブラリーは10^{15}の異なるシーケンスからなる。アミノ酸上のBはビオチンの略。(B) 進化された自己アミノアシル型リボザイム（黒線）は，RNasePの働きで位置選択的に切断できる。tRNA配列上の斜線の点は，進化実験中に起きた変異塩基を示す。

しかし，この第1段階目の進化では，解決せねばならない課題も残した。進化実験の課程でtRNAに突然変異が導入され，この変異がリボザイムのアミノアシル化効率向上に寄与していることが判明した[5)]。筆者らは，このARSリボザイムを翻訳へ応用したいと考えていたため，変異型tRNAではなく，野生型tRNAでも効率よくアミノアシル化するリボザイムを必要としていた。そこで，このリボザイムに関する種々の研究で蓄積された情報を基に，機能に不可欠な塩基

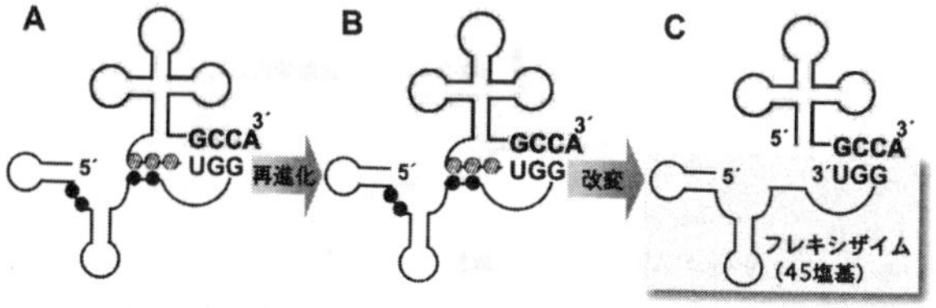

図2　再進化と人工改変によるフレキシザイムの誕生

(A) 斜線の点はリボザイムの配列上に導入した変異を示した位置だが，実際には斜線の点に相当する領域の19塩基に変異を導入した。(B) 進化の結果，黒点に相当する塩基は野生型に戻ったが，斜線の点に相当する部分の塩基は活性種間で全く相同性がなく，この部分の不必要性が示唆された。(C) 不必要な部分を取り除いた結果，野生型よりも活性の高いリボザイムに改変でき，この45塩基から成る触媒型リボザイムをフレキシザイムと名付けた。

配列を残し，他の部位にランダム配列を導入して活性種の再進化を行った（図2）[4]。

この第2段階目の進化により，活性に不要な部分が明らかとなり，それらを取り除いた結果，45塩基から成るコンパクトでしかも野生型tRNAへ活性を示すフレキシザイムに到達したのである。しかも，このフレキシザイムは，tRNAを触媒的に効率よくアミノアシル化できることも明らかになった。さらにtRNAへの特異性は，tRNA3’末端の$R_{73}C_{74}C_{75}$（数字はtRNAの一般塩基番号を示し，RはAもしくはGを意味する）とリボザイム3’末端のCCUとの塩基対で決定されるため，目的のtRNAもしくはリボザイムを用途に合わせて改変することができる。このように，フレキシザイムはテーラーメイド触媒として活用できることがわかった。

2.2.3　翻訳への応用：遺伝暗号の拡張

フレキシザイムの創製により，RNA分子がARS機能を持ちうることを示すことができ，原始翻訳系がRNAだけで構築されたとする概念を支持する強い実験的根拠を提示することができた。さらに，フレキシザイムに関する種々の研究を通し，フレキシザイムは芳香環を側鎖に持つ幅広いアミノ酸誘導体に対して反応性があることも明らかとなり，第2の目標である翻訳への技術的応用の道筋もついた（図3）。そこで，フレキシザイムを用いて非天然型Phe類似体をサプレッサーtRNAにアミノアシル化し，タンパク質への非天然アミノ酸の位置特異的導入に応用しようと考えた。さらにテクノロジーとしての簡便さを追求するために，フレキシザイムを固定化することで（フレキシレジンと命名），生成物であるアミノアシルtRNAの単離を容易にした[6,7]。また，フレキシレジンは再使用可能で経済的でもある（図3）。

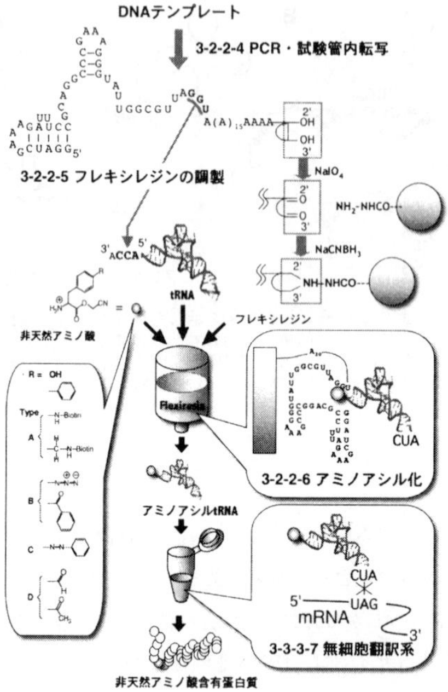

図3　フレキシレジンの調製とそれを用いた遺伝暗号拡張による蛋白質への非天然アミノ酸の導入

試験管内転写したフレキシザイムの3'末端を酸化し，ヒドラジドレジンと反応させ，還元することにより非可逆結合をもったフレキシレジンを調製する。フレキシレジンに非天然アミノ酸とtRNAを加え，マグネシウム存在下反応させるとアミノアシルtRNAが合成される。回収したアミノアシルtRNAを無細胞翻訳系に加えることで，アンバー終止コドンを抑制し，その位置に非天然アミノ酸を導入する。

このフレキシレジンを用いることで，非天然型Phe類似体を自在にtRNAにアシル化することができる。この特性を利用して，村上らはまず大腸菌由来の高効率無細胞翻訳系で内在の天然ARSに非活性であり，且つアンバー終止コドンを効率よく抑制できる人工tRNAを様々なtRNAコンストラクトから同定した[7]。このような迅速な人工tRNAのスクリーニングも，フレキシレジンの使用により非天然型アミノアシルtRNA合成が著しく簡便になったからこそ可能になったのである。こうして得られた人工tRNAにフレキシレジンを用いて種々の非天然型Phe類似体をアミノアシル化し，高効率無細胞翻訳系中に加えることで，蛋白質の望みの位置に非天然型Phe類似体の導入が可能となった（図3）。

これまで，非天然アミノ酸を蛋白質へ位置特異的に導入する技術は，非常に高度な技術を必要とするばかりでなく，研究者の時間と労力も同時に必要とした[8,9]。一方，フレキシレジンを用いれば，非天然アミノ酸がアシル化されたtRNAの調製が極めて簡便となり，アミノアシル化段階から非天然アミノ酸が導入された蛋白質の翻訳，精製までの全行程をわずか1日という超スピードで達成することが可能となった[7]。フレキシレジンの登場により，遺伝暗号の拡張技術が，特殊技術から汎用性の高い技術へと変貌を遂げたのである。

残念ながら，現在のフレキシザイムは芳香環をもつアミノ酸に対し特異性をもつため，他の天然もしくは非天然アミノ酸への対応はできていない。しかし，最近村上らはアミノ酸基質の再デザインとフレキシザイムのさらなる人工進化により，反応性を保ちながらアミノ酸への特異性をほとんど除去した変異体フレキシザイムの創製に成功している（村上，菅，未発表データ）。この変異体フレキシザイムは，ユーザーが望むいかなる非天然アミノ酸にも対応できる技術として，今後の発展が期待される。

〔実験プロトコル〕

実験に用いる合成オリゴヌクレオチド配列

Flex　（5'-ACCTAACGCC AATACCCTTT CGGGCCTGCG GAAATCTTTC GATCC-3'）

P5-1　（5'-ACGCATATG*TAATACGACTC ACTATAG*GAT CGAAAGATTT CCGC-3'，
イタリックの部分はT7 RNA ポリメラーゼのプロモーター配列を示す。）

P5-2　（5'-GGTAACACGC ATATG*TAATA CGACTC*-3'）

P3-1　（5'-T_{20} ACCTAACGCC AATACCCTTT-3'）

P3-2　（5'-T_{20} ACCTAACGCC -3'）

tR　（5'-TGGTGCCTCT GACTGGACTC GAACCAGTGA CATACGGATT *XXX*AGTCCGC CGTTCTACCG ACTGAACTAC AGAGGC-3', *XXX* = *TAG* or *GGGT*）

P5-3　（5'-ACGCATATGT *AATACGACTC ACTATAG*CCT CTGTAGTTCAG TCGGT-3'）

P3-3　（5'-TGGTGCCTCT GACTGGACTC-3'）

2.2.4 PCR・試験管内転写

フレキシザイムをコードするDNAは，Flexを鋳型とし，P5-1，P3-1次いでP5-2，P3-2をプライマーとして2段階のPCRで増幅する。tRNAも同様に，tRを鋳型としてP5-3，P3-3次いでP5-2，P3-3をプライマーとして2段階のPCRで増幅する。このPCR産物を鋳型として5 mM GMP，3.75 mM NTPs存在下T7 RNAポリメラーゼを用いてRNAを転写する。変性ポリアクリルアミドゲルを用いて転写産物を精製し，超純水に溶解した後，260 nmの波長の吸収より濃度を決定する。

2.2.5 フレキシレジンの調整

反応直前に調整した0.1 M $NaIO_4$（40 μL）と，40 μM フレキシザイム（100 μL）を混ぜ，氷上で20分間反応させる。これに1.4 mLの2 % $LiClO_4$を加え遠心により3' 末端が酸化されたRNAを沈殿として回収する。沈殿をアセトン（100 μL）で洗浄して乾燥させた後，pH 5.0の0.1 M酢酸ナトリウム（100 μL）に溶解する。これを超純水で洗浄したヒドラゾンアガロース（100 μL，Sigmaから購入）に加え，3時間，室温下で混合する。これに1 M $NaCNBH_3$（50 μL）を加えて30分間反応させることにより，環状イミン結合を非可逆型環状アミン結合に変換する。遠心によりレジンを回収，さらに300 μL W1（pH 5.0の1 M酢酸ナトリウム，300 mM NaCl，8 M尿素）で洗浄する。フレキシザイムの固定化効率を，洗浄液の260 nmの波長吸収より求める（通常80～95 %の効率で得られる）。調整したフレキシレジンは，W1（300 μL）を加え4 ℃で保存する。通常，半年以上保存できる。

2.2.6 アミノアシル化

20 μLの翻訳反応に対し，90 μLのアミノアシル化反応を行う。保存状態にあるフレキシレジン（30 μL）をスピンカラムに流し込み，120 μLの超純水で4回洗浄することで再生する。次にtRNAを含む60 μLの反応溶液（6 μM tRNA，79 mM EPPS・K pH 7.0，20 mM KCl）を95 ℃で2分間加熱した後，室温に戻し，さらに3 M $MgCl_2$を16 μL加える。このtRNA含有反応溶液を上記のフレキシレジン上に乗せ，軽く撹拌，それを氷上に3分間，1分間隔で撹拌しながら置くことでフレキシザイムとtRNAの複合体を形成させる。これに50 mMの活性化アミノ酸（6 μL）を加えたのち，氷上で2時間，30分間隔で撹拌しながら反応を進行させる。（注意：側鎖疎水性度が高いために水溶液への溶解が困難なアミノ酸については，50 %のエタノールを含むストック溶液を調製することで完全に溶解させ，上記の方法に従い反応させる。この時，全反応溶液中の最終エタノール濃度は約5 %になる。）　反応後，軽く遠心することで未反応基質を含む反応溶液をフレキシレジンから除く。さらに，室温下で120 μLのE1（50 mM EPPS・K pH 7.5，12.5 mM KCl，10 mM EDTA）と5分間混合し，遠心によりアミノアシル化されたtRNAをレジンから溶出させる。同様の操作を2回繰り返すことで，アミノアシルtRNAを完全に回収する。回収した溶出液に3 M酢酸ナトリウムpH 5（36 μL）加え，エタノール沈殿によりアミノアシルtRNAのペレットを得る。乾燥させたアミノアシルtRNAペレットは−80 ℃に保存し，翻訳実験時に反応溶液（下参照）に溶解させて使用する。反応後のフレキシレジンは，120 μLの超純水で4回洗浄した後，連続使用するか，もしくは90 μLのW1混合することで保存することもできる。RNaseの汚染によるリボザイムの破壊がない限り，再使用は，10回以上可能である。

2.2.7 無細胞翻訳系

翻訳反応は，RTS-100（Roche）を用いて，市販操作マニュアルに準じて行う。以下，10 μL

の反応系を例に挙げて記述する。上記の操作により調整したアミノアシルtRNAを1 mM 酢酸ナトリウム pH 5（4 μL）に溶かす。このうち2 μLを取り，溶液2（2 μL），溶液3（1.2 μL），溶液4（0.2 μL），非天然アミノ酸導入部位のコドンをTAGまたはGGGTに置換した遺伝子をもつ100 ng/μLプラスミド（1 μL），超純水（1.2 μL）と混合する（各溶液の組成は操作マニュアル参照）。これに2.4 μLの溶液1を加え，30℃で1時間反応させる。生成した蛋白質は，SDS - ポリアクリルアミドゲル電気泳動で解析する。

文　献

1）N. Lee, Y. Bessho, K. Wei, J.W. Szostak, H. Suga, *Nature Struct. Biol.* **7**, 28 - 34 (2000)

2）Y. Bessho, D. Hodgson, H. Suga, *Nature Biotechnol.*, **20**, 723 - 728 (2002)

3）H. Saito, D. Kourouklis, H. Suga, *EMBO J.*, **20**, 1797 - 1806 (2001)

4）H. Murakami, H. Saito, H. Suga, *Chem. Biol.* **10**, 655 - 662 (2003)

5）H. Saito, K. Watanabe, H. Suga, *RNA* **7**, 1867 - 1878 (2001)

6）H. Murakami, N. J. Bonzagni, H. Suga, *J. Am. Chem. Soc.*, **124**, 6834 - 6835 (2002)

7）H. Murakami, D. Kourouklis, H. Suga, *Chem. Biol.* **10**, 1077 - 1084 (2003)

8）Bain, J. D., Glabe, C. G., Dix, T. A., and Chamberlin, A. R, *J. Am. Chem. Soc.* **111**, 8013 - 14 (1989)

9）Noren, C. J., Anthony - Cahill, S. J., Griffith, M. C., and Schultz, P. G., *Science* **244**, 182 - 88 (1989)

2.3 RNAアーキテクチャ(RNA建築学)と人工リボザイム創製への応用

井川善也*

2.3.1 分子骨格を利用した人工酵素創製リボザイム創製

機能性生体高分子のテーラーメイドなデザインあるいは創製は，基礎化学・生物学的にまた医療・バイオ工学などへの応用面からも重要な課題と考えられ，活発な研究が行われている。そのアプローチとしては，「分子設計による合理的デザイン (*de novo* design)」と「進化工学的手法によるランダムライブラリーからの選別 (*in vitro* directed evolution)」の二つが両極端の手法として挙げられる。

前者については，安定な立体構造を形成するポリペプチドやRNAの設計例がいくつか報告されているが，化学反応を触媒する活性部位までを完全に設計できるには至っていない。一方，後者の方法論は主としてRNA酵素（リボザイム）について大きな成功を収め，多様な化学反応を触媒できる種々の人工リボザイムが，数十～二百塩基のランダムな配列ライブラリーからの反応活性を指標とした選別・濃縮により得られている（3章2.1参照)。しかしランダムライブラリーからの選別では得られた活性配列の構造的知見がないため，得られた新規酵素については，立体構造や活性部位の同定等の解析に天然酵素の場合と変わらぬ労力を要する。

こうした2つの手法の欠点を克服し利点を生かす試みとして，両法を複合化した手法が提案されている。すなわち「既存の安定な立体構造をscaffold（土台・骨格）として用い，その一部分のみを活性部位構築のためにライブラリー化し，機能を指標に進化工学的手法による選別を行う」という手法である。この手法によれば，骨格構造の大部分については既知となり，デザイン不可能な活性部位のみを機能的に選別するため，得られた新規酵素についての機能・構造解析も大幅に容易にすることができる。

この方法論は，生体内における抗体産生のプロセスと類似している。抗体分子は各2本のH鎖とL鎖からなるY字型の構造を基本骨格（scaffold）とし，H，L鎖それぞれのN末端に可変部領域として多様なアミノ酸配列をもたせ，生体内に侵入する種々の異物（ハプテン）に対する多様なレセプターを生み出す。実際，化学反応の遷移状態を模した化合物をハプテンとして免疫することで，酵素活性を示す抗体（抗体触媒）が作成され，テーラーメイド酵素創製の有力な手法となっている[1]。

蛋白質工学においては，抗体分子以外の蛋白質をscaffoldとして用い，上記の方法論を一般化する試みが活発に行われている。しかし機能性RNAの創製においては，立体構造を部分的に規

---

* Yoshiya Ikawa　九州大学　大学院工学研究院　助教授

定したRNAライブラリーを用いてアプタマーを創製する試みが2例報告されているのみであった。しかし筆者らは，上述の方法論が人工リボザイム創製において極めて有効であろうと考え，それを実証すべくグループIイントロンの部分構造であるP4-P6 RNA構造体をscaffoldとした人工RNA酵素の創製を試みた。

2.3.2 分子骨格からの人工酵素創製リボザイム創製[2)]

P4-P6 RNAは全体が約160塩基からなり，P5abcとP4-P6の間で約180°折れ曲がったヘアピン型の立体構造を自律的かつ安定に形成する（図1）[3,4)]。このRNA中，P5cと呼ばれる領域（図1中，楕円で囲った部分）は，グループIイントロンの全体構造中ではP4-P6以外の領域と相互作用して，イントロンの全体構造を安定化している。しかしP4-P6構造体そのものの構造形成・安定性には寄与していない。

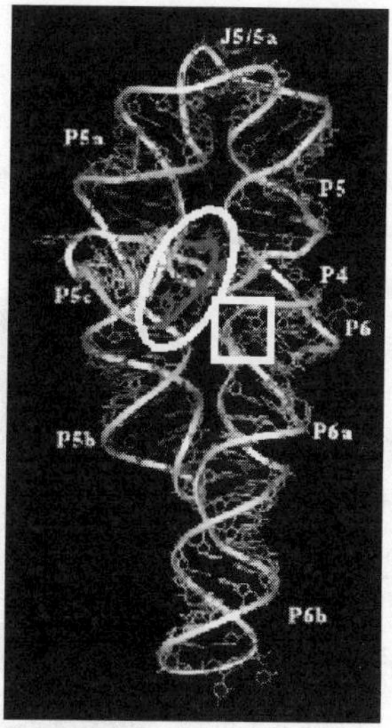

図1

このような構造的特性を基盤とし，P5c領域を改変して触媒ユニットを組み込むことで，P4-P6を骨格とする新規人工リボザイムの創製を試みた。このP4-P6構造体を人工リボザイムの骨格とするためには，全体のヘアピン構造を保持したまま，器質部位と反応点（図1中，四角で囲った部分）をP5c領域と立体構造上，十分近接した位置に設定する必要がある。このため分子モデリングに基づいて反応点を設定し，その部位で基質となるRNA部分を分割した。この分子骨格上でRNA同士の連結反応（リガーゼ反応）を触媒する機能ユニットの創製を試みた。

P4-P6骨格上のP5c領域に30塩基のランダムライブラリーを挿入し，このライブラリーから反応点でのRNA連結反応を促進することの出来る配列を*in vitro* selection法（試験管内人工進化法）によって選別・濃縮した。10回のセレクション・サイクルの後，一つのファミリー配列が「触媒ユニット」として単離された。この配列を持つP4-P6リガーゼ・リボザイムは当初に意図したように，図1のヘアピン型の立体構造に依存して活性を発現し，RNA連結反応を10^4倍加速した。また，その反応点で生成するリン酸ジエステル結合は人工リガーゼ・リボザイムでしばしば見られる2'-5'の非天然型ではなく，天然酵素と同様の3'-5'の位置選択性を持って結合されることがわかった。

2.3.3 RNAアーキテクチャ（RNA建築学）[5)]

90年代半ばより，X線結晶学やNMRによるRNA及びRNA・タンパク質複合体の高分解能での構造解析が大きく進展し，リボザイムを含む機能性RNAの構造が相次いで決定されてきている。これらのRNA立体構造中には，ワトソン・クリック型などの塩基対以外に，多様なRNA-RNA相互作用や構造単位がRNA全体の構造を形成・保持するために存在することが示された。それらの幾つかは複数のRNAに共通して見出されるため“RNAモチーフ”と呼ばれる。

「これら立体構造既知のRNAモチーフを構造パーツとして利用し，分子設計を行えば，新規な立体構造をもつ人工RNAがデザイン・創製できるのではないか？」。このような着想から3つのヘリックスをGAAA末端ループとその特異的レセプターのペアー（図2中，上に示した部分）およびTHS（triple helical scaffold）とよばれる三重鎖を形成するモチーフ（同-下に示した部分）の二種のRNAモチーフを用いて特異的に連結した立体構造のRNAをコンピュータ上で実際に設計した（図2）。

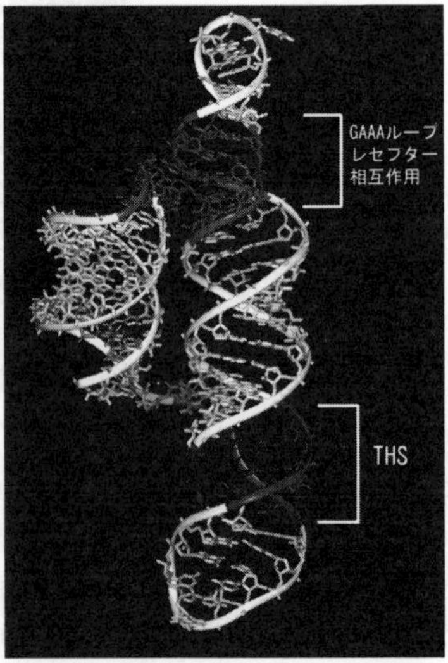

図2

設計した人工分子の評価を行うために実物のRNA分子を*in vitro*転写によって調製し生化学的解析を行った。その結果，実際の分子もコンピュータ上でデザインされたものと同一の立体構造を形成すること，またその構造形成には2組のRNAモチーフが実際に寄与していることが実証された。このように「既存のRNA構造パーツを組み合わせ，全く新規なRNA構造体をデザイン・創製する手法」を筆者らは「RNAアーキテクチャ（RNA建築学）」と命名した。

2.3.4　RNA アーキテクチャからの人工リボザイムの進化[6)]

このようにRNA アーキテクチャ法により人工創製された構造体も，天然由来の構造体と同様に人工リボザイム構築のscaffoldとして利用できると考えられる。実際，上記の人工RNA構造体をscaffoldとし，P4-P6の場合と同様の方法論によって，触媒部位と反応点を立体構造上隣接する二つの部位（P1とP3）に設定した(図3)。この触媒部位に設定したP3には，30塩基長のランダムライブラリーを挿入し *in vitro* selection法を行った。9回のセレクション・ラウンドの後，10^6倍の加速効果を示し，やはり3'-5'の位置選択性を示す「触媒ユニット」配列が得られた。

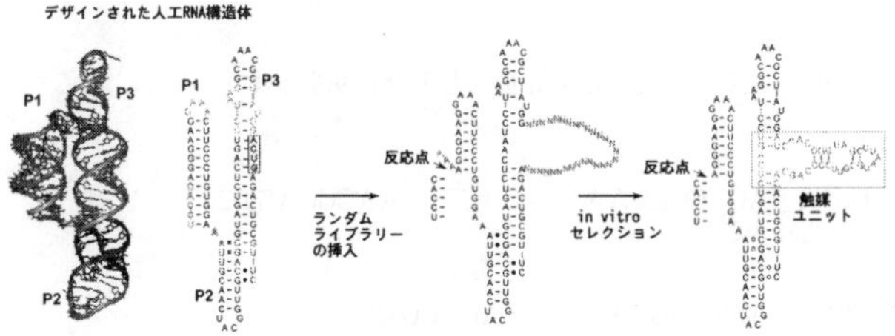

図3

創製されたリボザイムは，scaffoldが分子設計により規定され，また創製された「触媒ユニット」はscaffoldのデザインされた立体構造を乱していないことが実験的に確認されている。このため80%を上回るRNA分子がミスフォールドすることなく活性構造を形成し，リガーゼ反応を行う。

以上の結果より「触媒ユニット」をscaffoldに付加された1つの「構造単位」として扱うことにより，これを中心とする構造の変換が容易であると考えられる。実際，scaffold分子の再設計により，P1とP3部位を基質および酵素ドメインとして分割した2種の新規分子システムを段階的に構築したところ，この2つのシステムはともにリガーゼ活性を発揮し，酵素ドメインはターンオーバーをすることも観察された。これは構造の明確なscaffoldを用いた分子設計の有用性を顕著に示している。

今回示したRNA構造体の人工デザインと人工進化に巧みに複合化した手法は，機能性RNAの創製法として極めて強力な手法となりえる。従って今後は，様々な天然由来，あるいはRNAアーキテクチャによって人工デザインした骨格を用い，様々な触媒機能をもつ人工リボザイムの効率的創製が本法により可能になると予想される。

2.3.5 DSLリガーゼ・リボザイムの*in vitro*セレクション（実験プロトコール）

（1） 実験に用いる合成オリゴヌクレオチド配列

DNAオリゴヌクレオチド

pool R-a

5'-*GAAGTAATACGACTCACTATT*AGGGAAGGAAACTTCCCTGTGGAAATT-GCAACTACGGTTGCAGCGTAGTCTCAGTCCTAAGGCAAACGCTATGG-3'

イタリック部分はT7 RNAポリメラーゼプロモーター配列を示す。

pool N30R-b

5'-GTCTCAGTCCTAAGGCAAACGCTATGG-N_{30}-AGACTGCGTTCCAGTCTCATTGCC-CAC-3'

N_{30}は30塩基長のA，G，T，Cを等量含む混合塩基を示す。

pool R-c

5'-TCTGCCTAAGTGGGCAATGAGACTGGAACGCAGTC-3'

Rv-S

5'-TCTGCCTAAGTGGGCAATGAGACTGG-3'

Rv-M

5'-TCTGCCTAAGTGGGCAATGAGACTGGAAC-3'

SS-1

5'-CGTACACGTACTCACGCGTATACAGTC-3'

RS-1

5'-*GAAGTAATACGACTCACTATT*AGGGAAGGAAACTTCCCT GTGGAAATTG-3'

イタリック部分はT7 RNAポリメラーゼプロモーター配列を示す。

RNAオリゴヌクレオチド

ビオチン標識基質RNA

5' biotin-CGUACACGUACUCACGCGUAUACAGUCCAC-3'

（2） *in vitro*セレクションのプロトコル

ステップ1：RNAライブラリーの調製

3種の合成オリゴヌクレオチド，pool R-a，pool N30R-b，pool R-cを各120pmol含むPCR反応溶液を6ml調製し，100 μlずつPCRチューブ60本に分注する。Ex Taq DNAポリメラーゼを用い，94℃1分，55℃1分，72℃1分のサイクルで15サイクルのPCR反応を行った後，反応混合物を低融点アガロースゲル（濃度2％）を用いた電気泳動により精製することにより，約200pmolの目的PCR産物を得る。このPCR産物を鋳型として，[α-^{32}P] GTPの存在下，T7RNA

ポリメラーゼによる *in vitro* 転写反応を37℃で4時間行った後，RNaseフリーDNaseを30分作用させ鋳型DNAを分解する。反応溶液をエタノール沈殿後，7Mの尿素を含む5%変性ポリアクリルアミドゲルを用いた電気泳動によって精製し，約1000pmolのRNAライブラリーを得る。

ステップ2：RNAライブラリーの反応

電気泳動により精製したRNAライブラリー（1000pmol）を700μlのRNaseフリー超純水に溶解する。溶液を80℃で3分間加温し，ついで37℃で5分間保温する。150mM Tris-Cl（pH7.7），1M KCl，250mM $MgCl_2$を含む溶液200μlとビオチンで5'末端を修飾した基質RNA溶液（濃度20μM）100μlを加え反応を開始させる。37℃で18時間保温した後，エタノール沈殿により反応を停止させる。

ステップ3：反応活性種の選択的増幅

RNAライブラリー中で基質RNAと反応した分子をストレプトアビジン（プロメガ社製）を固定した磁気ビーズを用いて回収し，3'末端に相補的なプライマーRv-Sを用いて逆転写反応を行う。RNaseH 活性を欠損させたM-MLV逆転写酵素を用い，42℃で1時間反応を行った後，得られた RNA-DNAハイブリッドに対し，終濃度 150mMになるようKOHを加え5分間放置してRNA 鎖を分解し，cDNAを溶出させる。希HClを加え溶液を中性に戻し，エタノール沈殿後，ペレットを50μlの超純水に溶解する。

cDNA溶液の1/10量を鋳型として用い，プライマーSS-1とRv-M，Ex Taq DNA polymeraseを用い，94℃1分，55℃1分，72℃1分のサイクルでPCR反応を行う。5サイクル毎に反応溶液の一部をサンプリングする。目的のPCR産物が増幅されるサイクル数をアガロースゲル電気泳動で確認した後，残りのcDNA溶液を決定されたサイクル数を用いてPCR増幅する。目的のPCR産物を低融点アガロースゲル（濃度2%）を用いた電気泳動により精製し，エタノール沈殿の後TE50μlに溶解する。

ステップ4：次ラウンドRNAライブラリーの調製

上記のPCR反応溶液の1/50量を鋳型とし，Rv-MとRS-1をプライマーとして，二度目のPCRを行い次世代のRNAライブラリーを転写するための鋳型DNAを調製する。ステップ1の場合と同じ条件を用いて，*in vitro* 転写反応と電気泳動による精製を行い，次ラウンドのRNAライブラリーを得る。

2ラウンド目以降はステップ2から4を繰り返すことにより反応活性をもつRNA配列を選択的に増幅・濃縮してゆく。その際，RNAライブラリーのサンプル量を段階的に少なくし（最終的には200pmol），また反応溶液中の$MgCl_2$，およびKClの濃度を段階的に低下させてゆくことで選別条件を厳しくする（最終的には25mM $MgCl_2$, 50mM KCl）。さらに反応時間も段階的に短縮し（最終的には1分），反応速度の高いRNA配列を優先的に濃縮する。

適当な回数のラウンド（通常4-15ラウンド）の上記サイクルの後，ステップ3により得られたPCR産物をTAクローニング用のプラスミドベクターに組み込み，大腸菌に形質転換しクローン化する。各クローンからプラスミドDNAを回収し，ジデオキシ法により塩基配列を決定する。

文　献

1) D. Hilvert, *Ann. Rev. Biochem.*, **69**, 751-793 (2000)
2) W. Yoshioka *et al.*, *RNA*, **10**, 1900-1906 (2004)
3) F.L. Murphy and T.R. Cech, *Biochemistry*, **32**, 5291-5300 (1993)
4) J.H. Cate *et al.*, *Science*, **273**, 1678-1685 (1996)
5) Y. Ikawa *et al.*, *Structure*, **10**, 527-534 (2002)
6) Y. Ikawa *et al.*, *Proc. Natl. Acad. Sci. USA*, **101**, 13750-13755 (2004)

第4章　RNA工学プラットホーム

1　アンチセンスRNAテクノロジー

舩渡忠男[*1]，高橋美奈子[*2]

1.1　はじめに

アンチセンス核酸技術（アンチセンス法）は，20数年来遺伝子機能を選択的に阻害する有力な手段として用いられてきた。アンチセンスRNAはmRNAに相補的なRNAであり，mRNAと結合することによりRNAの翻訳を抑制する[1]。これを応用して人工的に合成したアンチセンスオリゴヌクレオチド（ODN，RNA/DNA）技術が開発された。アンチセンスによる遺伝子発現制御は，医薬としての可能性が追求され，副作用が少ない医薬として局所投与および他の療法との併用で臨床応用される段階にまで発展してきた[2]。その抑制作用は単純に相補的結合によるものであるが，制御機構は複雑であり，未だ解明されていないのが現状である。

1.2　アンチセンス法

1960年代，Belikovaらは内在性のRNAが遺伝子の発現を抑制することを見出した[3]。1977年にPatersonらは外来性の一本鎖DNAが相補的RNAと結合し，蛋白翻訳を抑制することを報告した[4]。ついで，1978年にZamecnikらは，合成オリゴヌクレオチド（ODN）が培養細胞でウイルス複製を抑制する活性を有することを報告した[5]。さらに1980年代のWeintraubらの研究を経て，mRNAに対して相補的な配列を有する核酸（アンチセンス核酸）を利用して特定の遺伝子の発現およびその機能を抑制する方法は，アンチセンス法として一躍注目を集めることとなった。そして，化学，医学，生物学，薬学，工学など多岐に渡る分野において，遺伝子の機能を解析するための遺伝子工学のツールとして，さらには既存の治療法では効果が不十分な難治性疾患に対する画期的な新薬となる可能性を期待されて，研究が重ねられてきた。一方，非翻訳（non-coding）領域やアンチセンス鎖からのRNA発現がアンチセンスRNAとして無核細胞（prokaryotes）では認められていたが，最近有核細胞（eukaryotes）でも見出されるようになってきた[6]。さらに近年，ゲノム解析の進歩からも転写および翻訳機能を超えたアンチセンスRNAに対する興味が急速に増してきている。

＊1　Tadao Funato　京都大学　医学部　保健学科　情報理工医学講座　教授

＊2　Minako Takahashi　東北大学大学院　医学系研究科　免疫血液病学

アンチセンス法の原理は，DNAやRNAに相補的な配列の核酸（DNAあるいはRNAオリゴヌクレオチド）あるいはその修飾体（アンチセンス分子）が選択的に結合することにより，その後の遺伝子発現を停止させることである。その結果，塩基配列特異的な遺伝子発現制御が行われる。作用機構として，①転写段階での阻害，②RNAプロセシング段階での阻害，③RNA膜透過段階での阻害，④翻訳段階での阻害，が提唱されている。また，内在するリボヌクレアーゼ（RNase H, RNase III）はDNAとRNAとの二重鎖に作用し，mRNAを特異的に切断するため，遺伝子発現が抑制される。アンチセンスRNAは，相補的な配列のmRNAに結合しRNA-RNAハイブリッドを形成することにより，翻訳のステップを阻害する。

アンチセンス法を効果的に用いるためには，いくつかの重要な問題点がある。①より有効で特異的な標的配列選定，②アンチセンス分子の安定性，③効率の良いデリバリーの方法，④off-target効果を最少にすることなどである。基礎研究の発展により，これらの問題は克服されつつある。天然型とよばれるフォスフォジエステル型の結合は，血清中や細胞に存在するヌクレアーゼによって容易に加水分解されてしまう。血液や培養液中から細胞内へ，さらに細胞内で目的とするセンス鎖mRNAとするまでの間にほとんど分解されてしまうため，より安定でかつ機能的なアンチセンス効果を有する種々の化学修飾分子が開発されてきた。ホスホロチオエート型修飾が広く用いられてきたが，近年では第二世代，第三世代のオリゴヌクレオチド（ODN）も開発されている。デリバリーについても，導入試薬と導入方法の改良により導入効率の改善が得られている。アンチセンスRNAについても，ウイルスベクターの発展によりデリバリー効率の改善が得られている。様々な問題が克服されつつあり，現実に臨床応用のはじまっているアンチセンス分子もあるが，治療法として確立されるまでにはさらなる研究が必要と考えられる。

1.3 ナチュラルアンチセンスRNA（naturally occurring antisense RNA）

自然界に存在するアンチセンスRNAとして，1980年代に大腸菌のプラスミド遺伝子のコピー数を制御する天然型RNA（narural antisense RNA or natural antisense transcripts NATs）の存在が相次いで報告された[7~9]。R1プラスミド由来のhok遺伝子群はアンチセンスRNAとして細菌のプログラム死を調節することが明らかとなった[10]。その後，30種類程度のナチュラルアンチセンスRNAが実験的に同定された（表1）[11]。さらに，近年の急速なゲノム解析の進展に伴い，多くのアンチセンスRNAが同定されつつあり，約1600ペアのセンス-アンチセンス遺伝子が発現していると考えられる[12]。さらに，転写されているゲノム領域の約20%が反対鎖において転写され，アンチセンスRNAとして発現しているとの報告もある[13]。このように，自然界においてアンチセンスRNAが遺伝子発現をコントロールしていることが明らかとなり，ナチュラルアンチセンスRNAによる遺伝子発現抑制は種を超えた普遍的なメカニズムであるとの認識が広まりつつある。

表1　Naturally Occurring Antisene RNAs

Gene	Nucleotides	Species	Gene Properties
N-myc	746-769	Human	転写因子
erbA α-2	269	Rat	DNA結合蛋白
Thymidylate syntase	522	Human	DNA合成
c-myc	-400	Human	Proto-oncogene
RAD10	>600	Yeast	DNA修復
ERCC-1	170	Human	DNA修復
Cytochrome P450c27	291	Human	ビタミンD_3加水分解
α 1(I)Collagen	-235-240,467	Rat	構造蛋白
Chorion	-223,-381	Chicken	構造蛋白
Gonadotropin-releasing hormone	-500	Silkmoth	ペプチドホルモン
Basic Fibroblast growth factor	900	Xenopus	成長因子
RPS14	250,280	Human	リボゾーム蛋白

アンチセンスRNAの生物学的な機能に関してはまだ不明な部分が多いが，DNA鎖からセンスRNAとアンチセンスRNAが発現する配列が存在し，アンチセンス-センス結合（二重鎖（ds）RNAハイブリッド形成）がセンスRNAの発現を調節していると考えられている（図1）[5]。ds RNAの存在はds RNA特異的アデノシンデアミナーゼ（DRADA）酵素の研究により明らかとなった（図2）[6]。DRADAはウイルス増殖抑制作用を有するインターフェロンを誘導するとされる[14]。

また，ヒトではがん遺伝子のアンチセンス転写についても種々の報告がある。脳腫瘍で過剰発現している成長因子であるbasic fibroblast growth factor（bFGF）において，bFGF-2　mRNAの3' 非翻訳領域にはセンスmRNAを制御するアンチセンス転写が認められている[15]。また，がんや精巣で発現しているMAGE D2 mRNAにおいて，特異的なアンチセンス転写を同定している[16]。すなわち，アンチセンスtranscriptはセンスtranscriptとハイブリダイズして，センスtranscriptの5' 端からの翻訳を阻害する。

ナチュラルアンチセンスRNAの機能に関してはまだ不明な部分が多いが，センスの転写およびスプライシングでの発現調節，翻訳の調節に関与する機序が明らかになってきた。mRNA-like nc RNAやmicroRNA，siRNAなどとともにアンチセンスRNAが遺伝子発現制御を行っている可能性が高い。今後機能解析は急速に進むものと考えられ，その機序の解明はアンチセンス医薬として臨床応用につながっていくと考えられる。

アンチセンスtranscriptを含めてアンチセンスRNAと総称している。殆どの有核細胞におい

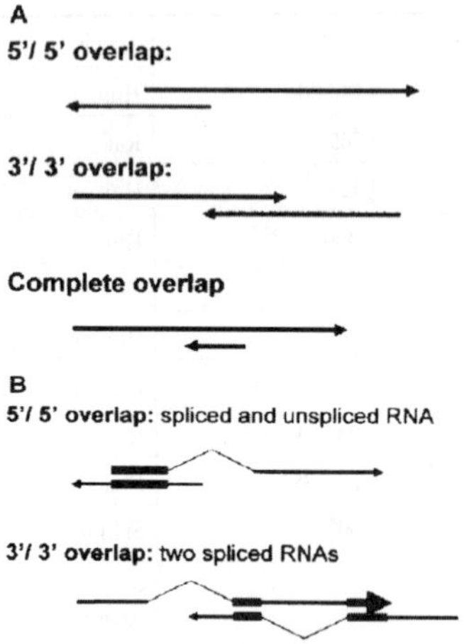

図1　cisをコードするRNAのパターン
A.転写単位の3パターン
B. exon-exonオーバーラップのパターン

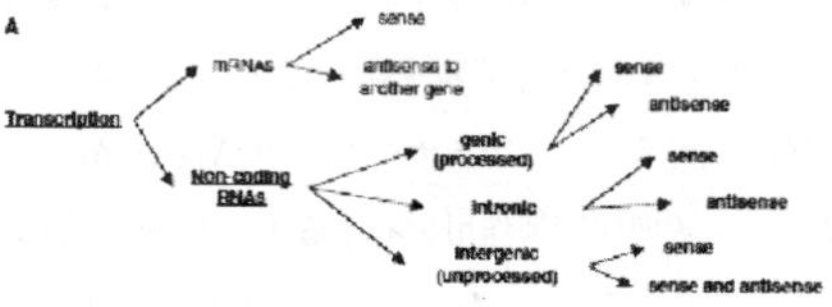

図2　アンチセンスRNAの分類

てアンチセンスRNAとして二重鎖のRNA（dsRNA）が存在するとされる[17]。dsRNAの最初の報告では，heterogeous nuclear ribonucleoprotein（hnRAP）としてHeLa細胞の2～5%存在するとされる[18]。繰り返し配列の多い配列においてdsRNAが生じるのではないかと推定されているが，その意義は明らかではない。転写にはmRNAとnon-coding RNAsがあり，それぞれセンスおよびアンチセンスが存在する（図2）[6,19]。

1.4　Non-coding RNAs（ncRNAs）

生体内で発現するRNAのうち，タンパクをコードしないRNAの総称をnon-coding RNAという。miRNAをはじめ，tRNAやrRNA，UsnRNAなどもタンパクをコードしないため，ncRNA

とされる。限られた数の遺伝子から多種多様な機能をもつタンパク質をより多く生産する仕組みの一つとして，miRNA 様のncRNAの関与が掲げられるようになってきている。ncRNAsは2つに分類される。1つはハウスキーピングRNAsであり，細胞の生命維持に関連し，恒常的に発現している。もう一方は，調節ncRNAsであり，最近の翻訳後遺伝子サイレンシング（silencing）に関連するmicroRNA（miRNA）を含む。microRNA（miRNA）は組織特異的機能を司る。アンチセンスRNAとして調節にはそのサイズ，方向性などから多様性を生じることが知られている[20]。このことにコピー数，安定性あるいは二次構造などの要素が加わるとされる。最近ではコンピューターからmRNAの二次構造を予測するソフト（INFERNAL）があり，*in silico*によってncRNA（Rfam）が見出される[21]。

アンチセンスRNAは，ncRNA（non-coding RNA）である場合が多い。最近ヒトではRNAに転写されるゲノム情報の97～98%がncRNAであり，しかもこれらの多くが機能性RNAとして働いていることが明らかになってきた。RNAは，当初考えられていたように遺伝子情報の翻訳に関わるだけではなく，転写・スプライシング・翻訳といった遺伝子発現機構のすべての段階において重要な働きをしていることが明らかとなり，その機能はリボザイムとしての触媒活性や相補正を利用した核酸の認識，タンパク質との特異的な相互作用など多岐に渡ることが分かってきた。

1.5　インプリント遺伝子

ゲノムインプリンティングとは，特定の遺伝子（インプリンティング遺伝子とよばれる）が相同染色体のどちらか片方からのみ発現する現象であり，インプリンティング遺伝子を発現している相同染色体の違いによりmaternally expressed gene とpaternally expressed geneの両方が知られている。インプリンティング遺伝子はゲノム上でクラスターを形成していることが多いが，多くのクラスターでmRNA-like nc RNA遺伝子が見つかっており，これらのうちいくつかは近傍の遺伝子の発現制御に関与していることが報告されている[22]。インプリント遺伝子にはアンチセンスRNAが発見される確率が高いとされており，約15%のインプリント遺伝子においてアンチセンスRNAが見つかっている[23]。LIT-1，Nespas，PEG8/IGF2ASは父方由来の染色体から特異的に発現するインプリンティングRNAであるが，それぞれ母方由来の染色体から特異的に発現するKvLQT1，Nesp，Igf2のアンチセンスRNAでもあることが分かっている。Tsixは，XsistのアンチセンスRNAで，Xsist RNAの蓄積を抑制しているが，父方由来の染色体から特異的に発現するインプリンティングRNAでもある。また，インプリンティングを受けるmRNA-like nc RNAの機能はほとんど解析されていないが，何らかの遺伝子発現制御に関与する機能性RNAとして働く可能性も考えられている。

1.6 アンチセンスRNAの臨床応用

アンチセンス法では，合成核酸や化学修飾されたODNを細胞外から投与する方法が主に用いられてきた。Vitaraveneをはじめとして，多くのアンチセンスが治療薬として研究され，そのうちのいくつかがすでに臨床応用されている。一方，発現ベクターを用いてアンチセンスRNAを細胞内で発現させる方法は，連続的にアンチセンスを供給できるという利点がある。また，ある種の細胞特異的プロモーターを用いることでアンチセンスRNAを細胞特異的に発現させることができるという利点もある。臨床的な研究面では，DNAや修飾オリゴヌクレオチドに比べて遅れてはいるものの，前述のように自然界においてアンチセンスRNAが遺伝子発現をコントロールしていることを考えると，アンチセンスRNAを用いた遺伝子発現制御は生体レベルで有効な方法と考えられる。

アンチセンスRNAについては数多くの研究がなされているが，中でも医薬品としては，エイズの治療を対象として，HIVアンチセンスRNAの臨床試験が米国で開始されている。細胞内で核に局在し高レベルに発現しているUridine-rich small nuclear RNA（UsnRNAs）にアンチセンス配列をつなげることによりアンチセンスRNAを核内に局在させる方法があるが，HIVアンチセンスRNAをU1snRNAにつなげて免疫細胞に導入するものである[24]。また，HBV[25]やHCV[26]でもアンチセンスRNAによるウイルス発現抑制効果が報告されている。アンチセンスRNAで変異遺伝子を制御する試みとして，サラセミアにおいて変異β-globin遺伝子によるスプライシング異常を制御し，正常なタンパク合成に変換させる研究もなされている[27]。高血圧の治療においては，アンギオテンシンIIレセプターに対するアンチセンスRNAにより降圧効果が得られている[28]。その他，種々の疾患において，アンチセンスRNAを用いた治療の試みがなされている[29,30]

1.7 実験例

アンチセンス法は，短い（13-25bps）一本鎖のDNAやRNAが相補的な配列のDNAあるいはRNAオリゴヌクレトチドと特異的かつ安定な二重鎖を形成して結合することを基本としている[5,6]。DNAとRNAの二重鎖形成は，内在するリボヌクレアーゼ（RNaseH）により対象とする遺伝子が選択的に分解され，遺伝子発現およびその機能を制御することができる。また，アンチセンスODNは，標的遺伝子と結合することにより，転写・スプライシング・翻訳・リボソームの移動の阻害などさまざまな細胞内機能に選択的に作用し，その効果を表すと考えられている。RNase protection assay（RPA）は遺伝子発現分析法として感度の高い方法である。本法はプローブと結合したRNAはRNase SIで処理されないが，結合しないRNAは処理されるという原理である[31]。本法はアンチセンスRNAの発現を検出するツールとしても用いられる。最近では，二次構造を予測し温度安定性から，機能しているRNA（ncRNA）を検出する方法がある[32]。

〔**実際例1**〕: firoblast growth factor（FGF）ファミリーにおけるFGF-2アンチセンス transcriptsは，胎生期の脳など神経組織で発現している[33]。このことを証明するために，両方向のcRNAプローブによる RNase protection assay にてFGF-2RNA の発現を分析した。その結果，前脳および脊髄においてFGF-2アンチセンスの発現が認められ，胎生期ではFGF-2アンチセンス transcriptsが存在することが示される（図3）。このアンチセンス transcriptsが存在する意義については不明であるが，神経組織の発達において成長因子として調節している可能性が考えられる。

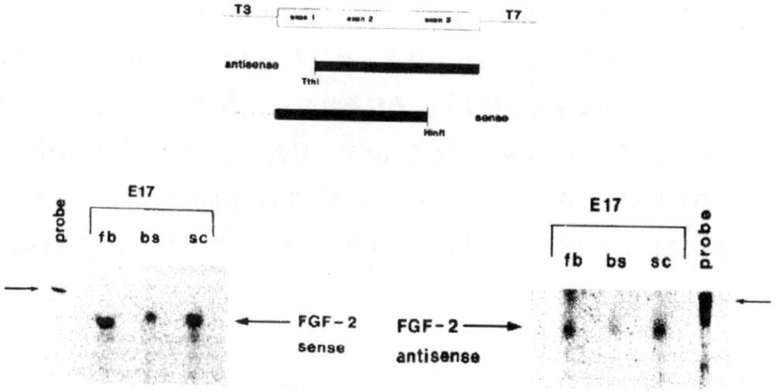

図3　FGF-2センスおよびアンチセンスの発現

アンチセンスおよびセンス方向のcRNAプローブを用いたRibonuclease protection assay。E17ラットRNAを使用。fb（前脳）・bs（脳幹）・sc（脊髄）（文献36より）

〔**実際例2**〕: インプリント遺伝子であるH19遺伝子は，胎生期に発現して成長するとともに発現が減少する。しかし，ある種のがんではH19RNAが検出され，H19発現と腫瘍増殖との関連性が示唆されている[34]。したがって，がんにおいてH19発現を制御することは抗腫瘍効果の可能性が期待される。

1）アンチセンスRNA配列の検索：NCBI GenBankにおいてH19遺伝子の配列を検索すると，2つのスプライスバリアントが見出される（2090塩基・1797塩基）。

2）RT-PCR分析：胎盤RNAにおいて700と344bpの2つのバンドが検出され，344bpのバンドがスプライスバリアントの可能性が高い（図4）。

3）RNase protection assay：矢印のようにsplicing variantsのサイズを検出することによって，アンチセンスRNAの可能性を探索する。

このスプライズバリアントが胎生時期において発現して，アンチセンスRNAとして調節機能に関与していることが考えられる。

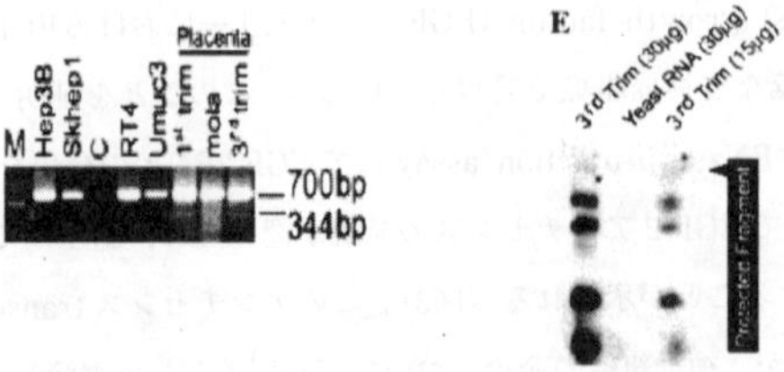

図4　胎盤 RNA におけるスプライシングバリアントの検出
RT-PCR と RNase protection assay（矢印がバリアント）(E)（文献26より）

〔**実験例3**〕：ミオシンH鎖（MHC）のnaturally occurring antisense RNA例[35]。ラットの心筋において2つのイソタイプ（α,β-MHC）のアンチセンスRNAが検出される。それぞれのアンチセンスをリアルタイムPCR定量分析により，それぞれのピークを確認した後，T3あるいはphelyephrine添加実験での発現量の変動を認める（図5)。最近，リアルタイムPCR定量分析は，遺伝子発現量を正確に把握しうるため，頻用されている。T3はα-MHCアンチセンスおよびセンスの増加を促し,β―MHCアンチセンスおよびセンスの減少を示す。一方，phelyephrineはβ-MHC

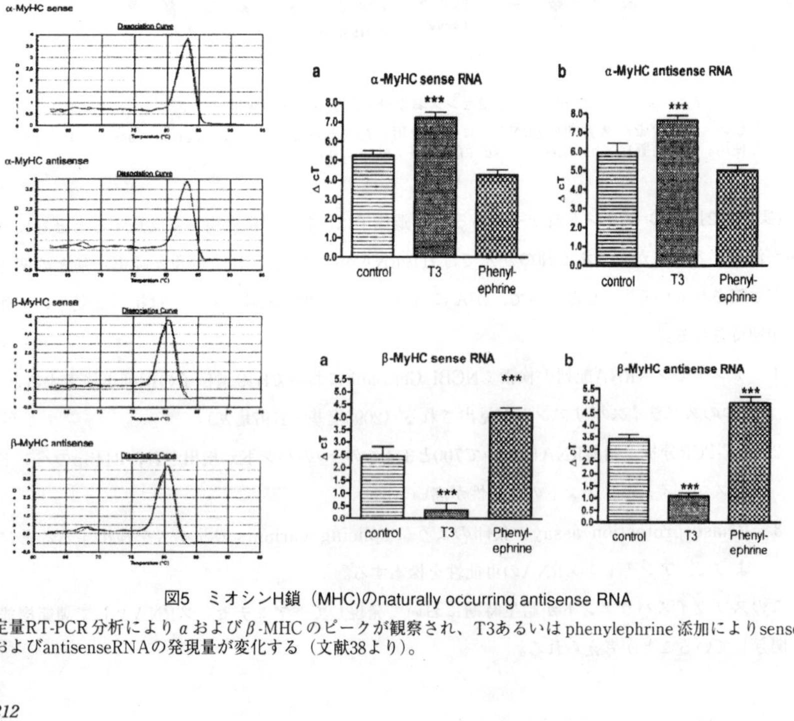

図5　ミオシンH鎖（MHC)のnaturally occurring antisense RNA
定量RT-PCR分析によりαおよびβ-MHCのピークが観察され、T3あるいはphenylephrine添加によりsenseおよびantisenseRNAの発現量が変化する（文献38より)。

のアンチセンスおよびセンスの増加を促し，α-MHCアンチセンスを減少させる。したがって，心筋においてはMHCアンチセンス，すなわちnaturally occurring antisense RNAが各種刺激に対して調節している可能性がある。

1.8 おわりに

アンチセンスが報告され20数年が過ぎたが，選択的に遺伝子発現を抑制する手段としての臨床応用はsiRNAの一歩先を行っている。がんを始めとする難治性疾患において，特異性が高く，有効で副作用が少ない分子標的療法としてアンチセンス核酸医薬に対する期待は大きい。すでにアンチセンス医薬はいくつかの臨床試験が行われている。これらの動向と治療成績に注目しつつ，さらに標的遺伝子を探索していくことはアンチセンスの創薬において重要である。今後，アンチセンスRNAとRNAiは核酸医薬として分子標的治療において盛んに競合していくことが期待される。

文　　献

1） Crooke ST. *Biochem Biophys Acta*, **1489**: 31-44, (1999)
2） Holmlund JT. *Ann NY Acad Sci*, **1002**: 244-251, (2003)
3） Belikova AM, Zarytova VF, *et al.*, *Terahedron Lett*, **37**, 3557-3562, (1967)
4） Paterson BM, Roberts BE, *et al.*, *Proc Natl Acad Sci USA*, **74**, 4370-4374, (1977)
5） Zamecnik PC, Stephenson ML. *Proc. Natl. Acad. Sci. USA*, **75**, 280-284, (1978)
6） Morey C. and Avner P. *FEBS Letters*, **567**: 27-34, (2004)
7） Tomizawa J, Itoh G, *et al.*, *Proc Natl Acad Sci USA*, **78**, 1421-1425, (1981)
8） Stougaard P, Molin S, *et al.*, *Proc Natl Acad Sci USA*, **78**, 6008-6012, (1981)
9） Simons RW, Kleckner N. *Cell*, **34**, 683-691, (1983)
10） Gerdes K, Gulltyaev AP, *et al.*, *Ann Rev Genet*, **31**, 1-31, (1997)
11） Dolnick BJ. *Pharmacol Ther*, **75**, 179-184, (1997)
12） Yelin R, Dahary D, Sorek R, *et al.*, *Nat Biotechnol*, **21**: 379-386, (2003)
13） Kampa D, Cheng J, *et al.*, *Genome Res*, **14**, 331-342, (2004)
14） Patterson JB, Samuel CE. *Mol Cell Biol*, **15**, 5376-5388, (1995)
15） Murphy PR, and Knee RS. *Mol Endocrinol*, **8**: 852-859, (1994)
16） Harper R, Xu C, Di P, *et al.*, *Biochem Biophys Res Commun*, **324**: 199-204, (2004)
17） Kumar M, and Carmichael GG. *Microbiol Mol Biol Rev*, **62**: 1415-1434, (1998)
18） Fedoroff N, Wellauer PK, and Wall R. *Cell*, **10**: 597-610, (1977)

19) Brantl S. *Biochmica Biophys Acta*, **1575**: 15-25, (2002)
20) Munroe SH. *J Cell Biochem*, **93**: 664-671, (2004)
21) Griffiths-Jones S, Moxon S, *et al.*, *Nucleic Acids Res*, **33**: D121-124, (2005)
22) Verona, R. I. *et al.*, *Annu.Rev.Cell Dev. Biol.*, **19**: 237-259, (2003)
23) Reik W, Walter J. *Naure Rev Genet*, **2**, 21-32, (2001)
24) Liu D, Donegan J, *et al.*, *J Virol*, **71**: 4079-4085, (1997)
25) Putlitz JZ, Wieland S, *et al.*, *Gastroenterol.*, **115**: 702-713, (1998)
26) Wakita T, Moradpor D, *et al.*, *J Med Virol*, **57**: 217-222, (1999)
27) Gorman L, Mercatante DR, *et al.*, *J Biol Chem*, **275**: 35914-35919, (2000)
28) Pachori AS, Mohammed T, *et al.*, *Hypertension*, **39**: 969-975, (2002)
29) Sazani P, Vacek MM, *et al.*, *Current Opin Biotech*, **13**: 468-472, (2002)
30) Lee LK, Roth CM. *Current Opin Biotech*, **14**: 505-511, (2003)
31) Rottman JB. *Vet Pathol*, **39**: 2-9, (2002)
32) Washiet S, Hofacker IL, *et al.*, *Proc Natl Acad Sci USA*, **102**: 2454-2459, (2005)
33) Grothe C and Meisinger C. *Neuroscience Lett*, **197**: 175-178, (1995)
34) Ariel I, Ayesh S, *et al.*, *Mol Pathol*, **50**: 34-44, (1997)
35) Luther HP, Bartsch H, *et al.*, *J Cell Biol*, **94**: 848-855, (2005)

2 RNase P および tRNase Z の遺伝子治療への応用

羽生勇一郎[*1]，黒崎直子[*2]，高久 洋[*3]

2.1 はじめに

ある特定の遺伝子の機能を知るためには，その遺伝子の発現を増減させることが必要である。しかし，目的遺伝子を配列特異的に制御することは容易ではない。これまでの遺伝子制御はアンチセンス法やリボザイムなどがよく用いられていたが，最近ではRNA interference（RNAi）法を用いて遺伝子の発現を制御し，その機能を解明する研究が盛んに行われている。また，これらの手法はエイズ，癌，遺伝子疾患等の治療が困難な疾患に対しての遺伝子治療としての応用が期待されている。

これらの手法は，RNA-RNA相互作用によりその機能を発揮する。最近，これらの作用機序とは異なるtRNA 3', 5' -プロセシングエンドリボヌクレアーゼであるRNase PやtRNase Zを標的となる一本鎖RNAに相補的なexternal guide sequences（EGSs）と呼ばれるRNAとのtRNA様構造を形成させることで目的遺伝子を切断し，その遺伝子の発現を制御させる効率の良い手法が報告されている。これらの手法もアンチセンス法やRNAi法と同様に難病治療に対する遺伝子治療としての応用が期待できる。

すべてのtRNAは，その対応する遺伝子から前駆体tRNAとして転写された後，5'と3'の両端が切りそろえられ成熟tRNAとなる。

RNase Pは，その前駆体tRNAの5'側を切断するエンドリボヌクレアーゼである（図-1A）。RNase Pは生物に広く分布しており，これまでに大腸菌や枯草菌などの細菌，好熱菌や好酸菌や好塩菌などの古細菌，酵母やヒトなど真核生物の細胞小器官である葉緑体やミトコンドリアに存在することが確認されている。

RNase Pが，生体内でエンドヌクレアーゼ活性を示すためには，RNA成分と蛋白質成分の両者が必要であると考えられていたが，1983年にAltmanらが大腸菌や枯草菌のRNase PのRNA成分が，試験管内の反応で前駆体tRNAを特定の部位で切断できること，また蛋白質には切断活性がないことを発見した[1]。RNase PはtRNA前駆体のヌクレオチドのみ切断し，他のヌクレオチドは切断しない。また，tRNA前駆体はヌクレオチド配列が異なるにも関わらず，これらを認識して特異的に切断する（ただし，変異を起こして立体的に正常な構造がとれないtRNA前駆体

＊1 Yuichirou Habu 千葉工業大学 ㈶エイズ予防財団 リサーチ・レジデント
＊2 Naoko Kurosaki 千葉工業大学 工学部 生命環境科学科 講師
＊3 Hiroshi Takaku 千葉工業大学 工学研究科 生命環境科学専攻 大学院教授

の場合は，切断速度が非常に遅くなる)。

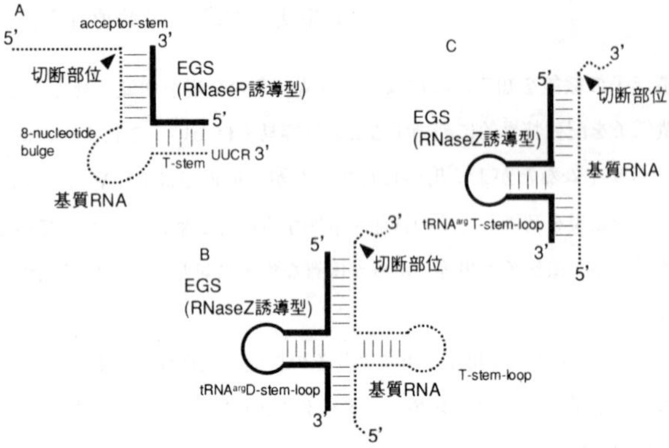

図1　External Guide Sequence（EGS）と基質RNAのデザイン

RNase Pによる5'末端のプロセシングがどの生物においても見られる過程であるのに対し，tRNase Z[2]による3'末端のプロセシングは生物ごとに異なる。また，tRNAの5'，3'末端のプロセシングは核内においておこる（図-1B, C）[3,4]。そして核内tRNA前駆体は，3'末端のCCAモチーフを欠き，およそ5-15塩基のflanking regionが5'，3'末端に付加した状態で存在する[5]。さらに，いくつかの核内tRNA前駆体はイントロンを含んでいる。現在まで，異なる3'末端の成熟化が様々な真核生物において報告されている。いくつかはエキソヌクレアーゼによって3'末端の成熟化が行われるというものであるが，エンドヌクレアーゼによって行われる機構が主である[6]。

また，最近tRNase Zに関する研究が進み，大きく2つに分けることができる。ひとつはアミノ酸残基が800-900から構成されるlong formのtRNase ZLで，もうひとつはアミノ酸残基が300-400から構成されるshort formのtRNase ZSである。細菌，古細菌はtRNase ZSをコードする遺伝子のみがゲノム上に存在するのに対し，真核生物はtRNase ZLをコードする遺伝子のみあるいは，tRNase ZS, tRNase ZLの2つをコードする遺伝子がゲノム上に存在する[7~10]。現在までにHuman, *Arabidopsis thaliana*のゲノム上でのみ2つのformのtRNase Zが存在することがわかっており，細胞内における機能の差異が非常に興味深いところである。

RNase PとtRNase Zを利用した新たな遺伝子治療法は，RNA分子（EGSs）が標的遺伝子（基質RNA）と結合することによって形成されるRNAの二次構造がtRNAに非常に似た構造物を形成することで，細胞内エンドリボヌクレアーゼであるRNase PやtRNase Zがこれらの構造を認識し，基質RNAを切断する。ここでは我々の研究室がエイズ感染症の病原ウイルスである human immunodeficiency virus type-1（HIV-1）を基質RNAとし，このウイルスRNAの一部と配列特異的に結合するEGSsをデザインした例を図-1に示す。これらのEGSsを用いてRNase PとtRNase Zにより基質であるウイルスRNAを切断し，ウイルス蛋白質の発現を制御することに成功した[11～15]。RNAをデザインする際の注意は実験プロトコールの項で述べる。

現在，ウイルス感染症に対する治療法の主力である抗ウイルス剤や最近話題となっているRNAi法による遺伝子治療は，薬剤耐性ウイルスの出現や薬剤間の交差耐性などによる有効性の減少が問題となっている。また，副作用も非常に強いことから，ウイルス遺伝子に特異的に働く薬剤（物質）の検索が急務である。本稿で紹介した生体内RNAプロセシング機構を利用したウイルス発現制御が実現されれば，これらの問題を解決することができるのではないかと期待される。

2.2　実験プロトコール

細胞内での長期的に短いRNA遺伝子発現を望むためにはPol IIIプロモーターが適しており，比較的短鎖のRNAを発現するには有効で,近年siRNAの発現系によく用いられている。また，tRNAのプロセシングは核内で行われるため，転写物を核に局在させる必要があることからもPol III発現系を用いることを推奨する。

2.2.1　標的部位の選択およびEGSのデザイン

はじめに，標的となる遺伝子配列からEGSの認識配列の選定を行う。標的とする配列については，最も効果的な領域を特定するため数種類の標的を選択した方が良い。タンパク質発現を抑制する場合は，翻訳開始コドン付近を狙ったものが効果的であると考えられる。EGSのデザインについては，エンドリボヌクレアーゼが認識するサイトとしてaccepter stemとT-stem-loopの構造が必要とされるのでこの点のデザインを確実にする必要がある（図-1A～C）。当初はtRNase Zに対してEGSs側にhuman pre-tRNA^{arg}のD-stem-loopと基質側にT-stem-loop構造が求められたが（図-1B），今回我々の研究室ではhuman pre-tRNA^{arg}のT-stem-loopを含むEGSsをデザインすることで，基質側にT-stem-loop配列を有するRNA分子を検索する必要がなくなり，EGSsのデザインを容易にすることに成功した（図-1Cを参照)。一方，RNase Pに対するEGSsのデザインに際してもEGS（最小RNA 12残基）と基質RNAがT-stemとその3'末端にUUCR配列をデザインした配列でtRNA様構造を形成させるだけでもその機能を十分に発揮出来ることを確認した（図-1Aを参照)。

(1) EGS発現ベクターの構築

〔準備するもの〕

・Pol III系発現プロモーターを持つベクター（本実験ではClontech社のpSV2-neoにhU6（図-2A）またはtRNA^{Met}プロモーターを挿入したベクター（図-2B）を使用した）。

・トランスファーベクター（本実験ではClontech社のpLXSN[16]（図-3A）または，CS-CDF-CG-PRE[17]（図-3B）を使用した）。

・QIAEX II Gel Extraction kit（QIAGEN）

・Ligation High（TOYOBO）

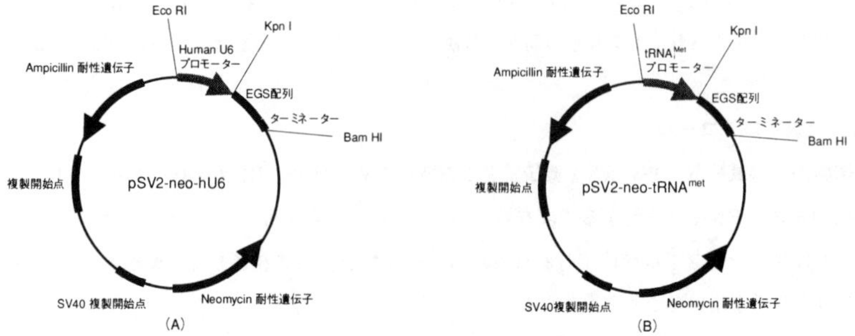

図2　pol III プロモーターを持つEGS発現ベクター

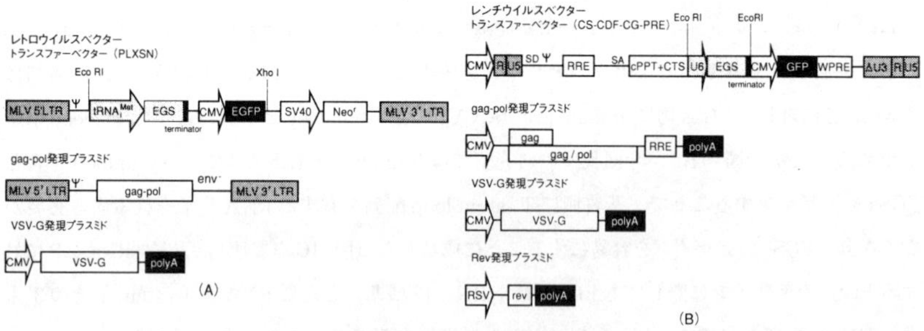

図3　ウイルスベクターの構造

〔プロトコール〕

Pol III プロモーターにより EGS を発現するプラスミドの構築

・ベクター DNA の調製

Pol III 系発現プロモーターを持つプラスミドベクターのプロモーターの下流を制限酵素（本実験では Kpn I, Bam HI）で切断する。

⬇

ゲル電気泳動の後，QIAEX II Gel Extraction Kit で DNA を回収する。回収した DNA のうち約0.1 μg をライゲーションに用いる。

・インサート DNA の調製

デザインした EGS の下流にターミネーターの配列を付加し，更に両末端がベクターのクローニングサイトと合うようにオリゴ DNA を合成する。各々 1nmol のセンス鎖，アンチセンス鎖と，1/10 量の 1M NaCl を加え 90℃，5 分で変性をした後 − 1℃/1 分で 4℃まで徐冷しアニーリングを行う。

・ライゲーションおよびトランスフォーメーション

ベクターとインサートの混合モル比を 1：3〜1：5 とし，Ligation High を 3 μl 加え 16℃，1 時間ライゲーションを行う。これを用いて大腸菌（本実験では XL-2 Blue 株を使用）をトランスフォーム[注]する。このうち 100 μl 程度を抗生物質（本実験ではアンピシリン）入り LB Agar プレートに撒き 37℃で一晩培養を行う。

注）エレクトロポレーション法によりトランスフォーメーションを行う場合はライゲーション後にエタノール沈殿を行う必要がある。

・ミニプレップ，シークエンス解析

プレートに形成したコロニーを 3 ml の液体培地に播種し，ミニプレップを行う。シークエンス解析によりインサートの配列に変異が挿入されていないことを確認する。

(2) EGS 発現トランスファーベクターの構築

・ベクター DNA の調製

トランスファーベクターのクローニングサイトを制限酵素で切断し，ゲル電気泳動の後，DNA の抽出をする。

・インサートDNAの調製

先に構築したpol III発現プラスミドのプロモーターからターミネーターの部分を制限酵素により切断し，ゲル電気泳動の後，DNAを抽出する。

前項と同様にライゲーションおよびトランスフォーメーションを行い，ミニプレップによりインサートの挿入を確認する。

(3) ウイルスベクターの作製

〔準備するもの〕

・293T細胞
・2.5M塩化カルシウム（フィルター滅菌後，凍結保存）
・2×HBS（280mM NaCl，50mM HEPES，1.4mM Na_2PO_4をNaOHでpH7.16に調製し，フィルター滅菌後，凍結保存）
・20％グリセロール（滅菌済）
・DMEM
・RPMI/10％FBS/100unit/mlペニシリン－0.1mg/mlストレプトマイシン

〔プロトコール〕

・トランスフェクションリン酸カルシウム法およびウイルスベクターの回収
・φ10cmディッシュに293T細胞を5×10^6cells播種[注1]し，37℃，5％CO_2インキュベータで一晩培養する。

⬇

トランスフェクションするプラスミドの調製をする。以下は1サンプルあたりの分量である。

（レトロウイルスベクター）

トランスファーベクター	20μg
Gag-pol発現プラスミド	10μg
VSV-G発現プラスミド	10μg
滅菌水	
計	450μl

（レンチウイルスベクター）

トランスファーベクター	15μg
Gag-pol発現プラスミド	15μg
Rev発現プラスミド	5μg
VSV-G発現プラスミド	5μg
滅菌水	
計	450μl

⬇

2.5 M 塩化カルシウム 50 μl を加えよく攪拌する。

⬇

15ml 遠沈管に 2 × HBS を 500 μl 分取し，先に調製した DNA - 塩化カルシウム混合溶液を 100 μl ずつ加える[注2)]。

⬇

室温で30分間静置し，リン酸カルシウム－DNA共沈殿を形成させる[注3)]。

⬇

293 T 細胞は培地を除き，新たに 2 ml の DMEM を加える。

⬇

リン酸カルシウム－DNA 液を 1 ml ずつディッシュに加え，室温で 30 分間放置する。このとき10 分毎にディッシュを軽くゆする。その後，37 ℃，5 % CO_2 インキュベートで 4 時間インキュベートする。

⬇

培地を除き 20 %グリセロールを 1 ml 添加し，室温で 1 分間静置する。その後，細胞を DMEM で 3 回洗浄する[注4)]。

⬇

10 % FBS - RPMI を 5 ml 加え，37 ℃，5 % CO_2 インキュベータで 24 時間インキュベートする。

⬇

培養上清を回収し，新鮮な 10 % FBS - RPMI を 5 ml 加え培養を続ける。回収した上清は 0.45 μm フィルターで浮遊した細胞を取り除く。さらに 24 時間後に同様の操作を行い，トランスフェクションから 72 時間後の培養上清まで回収する。

注 1 ）細胞はトランスフェクション前に約 80 %コンフルエントの状態になる。一般的に細胞密度が 70 ～ 80 %であればトランスフェクション効率が良いとされている。接着時間を短縮するためコラーゲンコートのプレートを用いても良い。その際には細胞が 70 ～ 80 %コンフルエントになるよう撒く。

注 2 ）このときにオートピペッター等で空気を送りながらゆっくりと加えていく。

注 3 ）沈殿が大きすぎて白濁する場合は pH が高くなっている可能性があり，導入効率が極端に低下する。また全く白濁せず透明のままであっても良くない。

注 4 ）細胞が剥がれやすくなっているので注意する。

・ウイルスベクターの濃縮

回収したウイルス液を6,000×g，4℃で16時間遠心し，上清を捨てペレットを新鮮な培地で溶解する[注]。または50,000～68,000×gで1.5～2時間遠心をする超遠心法によっても濃縮が可能である。

注）回収したウイルス液の1/100容程度の培地で溶解する。このとき泡ができないようにゆっくりとピペッティングする。また常に低温を維持するため時々氷上に戻す。

・力価の測定

評価に使用する細胞を1.5 ml遠心チューブに入れ濃縮ウイルスを100 μl，50 μl，10 μl加え，更にポリブレンを終濃度8 μg/mlになるよう添加する。37℃，CO_2インキュベータで4時間静置する。

⬇

培地を除去した後，新鮮な培地で洗浄する。新しい培地を加えてプレートまたはフラスコに移し，37℃，5％CO_2インキュベータで48～72時間培養をする。

⬇

細胞を回収し，フローサイトメーターでGFP発現細胞の割合を測定し，細胞数，感染に使用したウイルス量よりウイルス力価を算出する[注]。

注）力価はTU（transduction unit）/mlで表される。

・抑制効果の評価

感染は力価測定のときの方法と同様に感染させる[注]。EGS発現ウイルスベクターを感染後，標的ウイルスの感染を行う。またはstableなtransformantを得たのちに標的ウイルスを感染させても良い。

⬇

数日毎に培養上清を回収し，産生したウイルス量をELISAなどで測定する。または細胞から標的のRNA，タンパク質を抽出し，RT-PCRやウエスタンブロットにより標的遺伝子の切断や発現抑制が起こっているか確認する。

注）MOI（multiplicity of infection）は1～200くらいの間で振り，細胞へのダメージなど検討する。

2.3　実験例

HIV-1の*gag*領域に存在するステムループを標的としたEGS-SL4を設計した。コントロールはステムループを組まない*gag* p24領域を標的とした（図-4A）。このEGSsをレトロウイルスベクターに組み込み，Jurkat細胞へ感染させ，stableにEGSsを発現する細胞の構築をした後，HIV-1をMOI＝0.01で感染し，経時的に培養上清中の*gag* p24抗原量を化学蛍光酵素免疫測定法（CLEIA）で測定した。その結果，ステムループを組まないEGS-*gag* p24よりもステムループを組むEGS-SL4の方がHIV-1発現抑制効果が高いことを確認した（図-4B）（参考論文15を参照されたし）。

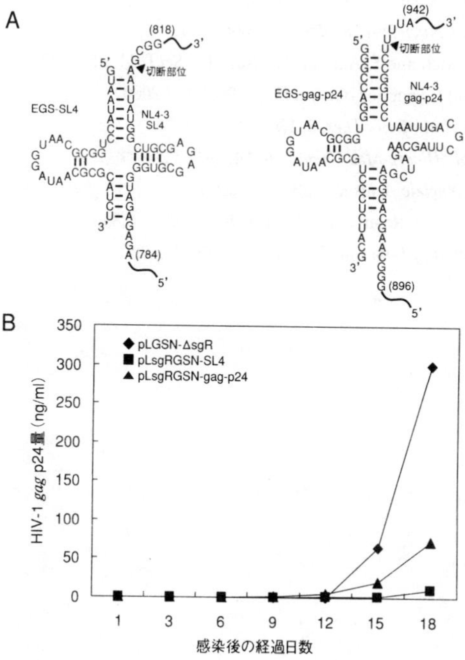

図4　EGS発現レトロウイルスベクターの立体構造とHIV-1発現抑制効果

文　　献

1） C. Guerrier - Takada *et al.*, *Cell*, **35**, 849（1983）
2） J.G. Castano *et al.*, *J Biol Chem*, **260**, 9002（1985）
3） Nashimoto M: *Nucleic Acids Res*, **23**, 3642（1995）
4） M. Mayer *et al.*, *Biochemistry*, **39**, 2096（2000）
5） O. Pellegrini *et al.*, *EMBO J*, **22**, 4534（2003）
6） M. Morl and A. Marchfeler, *EMBO Rep*, **2**, 17（2001）
7） S. V. Tavtigian *et al.*, *Nat Genet*, **27**, 172（2001）
8） S. Schiffer *et al.*, *EMBO J*, **21**, 2769（2002）
9） H. Takaku *et al.*, *Nucleic Acids Res*, **31**, 2272（2003）
10） H. Takaku *et al.*, *Nucleic Acids Res*, **32**, 4429（2004）
11） D. Plehn - Dujowich and S. Altman *Proc Natl Acd Sci USA*, **95**, 7327（1998）
12） C. Cobaleda and I. Sanchez - Garcia *Blood*, **95**, 731（2000）
13） H. J. Hnatyzyn *et al.*, *Gene Ther*, **8**, 1863（2001）
14） J. S. Banor *et al.*, *Bioorg Med Chem Lett*, **14**, 4941（2004）
15） Y. Habu *et al.*, *Nucleic Acids Res*, **33**, 235（2005）
16） A. D. Miller and G. J. Rosman *Bio Techniques*, **7**, 980（1989）
17） H. Sumimoto *et al.*, *J Immunol Methods*, **271**, 153（2002）

3　リボソームの立体構造と抗生物質の作用機序

北原　圭[*1]，鈴木　勉[*2]

3.1　はじめに

リボソームは巨大なRNA-タンパク質複合体でありタンパク質の合成工場である。多くの抗生物質がリボソームを標的とすることが知られており，抗生物質の作用機序はタンパク質合成の分子メカニズムと密接にリンクしている。近年，構造生物学の進展により，リボソームの立体構造が原子レベルで解析され，タンパク質合成の素過程の解明と抗生物質の作用機序の理解に大きく前進した。

3.2　タンパク合成のメカニズム

原核生物のリボソームは70Sの沈降係数をもつ球状の分子であり，30Sの小サブユニットと50Sの大サブユニットから構成される。30Sサブユニットは約1600塩基からなる16S rRNAと21個のリボソームタンパク質からなり，50Sサブユニットは約2900塩基の23S rRNA，約120塩基の5S rRNAと34個のリボソームタンパク質から構成されている。30SサブユニットはmRNAと結合しコドンを正確に解読する役割を担っている。50Sサブユニットはペプチド転移反応を触媒しアミノ酸を重合する反応を担う。また，内部には新生ペプチドの通り道であるトンネルを有している。リボソーム上には3つのtRNAが結合する部位があり，それぞれA部位，P部位，E部位と呼ばれている。

30SのA部位はmRNA上のコドンと，アミノ酸を受容したtRNA(アミノアシルtRNA)のアンチコドンが結合する場であり，コドン-アンチコドンの正確な対合を16S rRNAの暗号解読中心(decoding center)が監視している。アミノアシルtRNAはEF-Tu/GTPとの三者複合体としてリボソームに運ばれ，アンチコドン領域がA部位上のmRNAのコドンと対合する（A/T state)。その対合が正しければ，16S rRNAの暗号解読中心に存在する保存された3つの塩基(A1492、A1493、G530)が，コドン-アンチコドンの二重らせん構造を厳密に認識する。この状態は，mRNAとtRNAとrRNAの三者が直接結合する瞬間であり，この相互作用によって16S rRNAに大規模な構造変化が誘起され，30Sは後述するようなclosed formと呼ばれる状態になる。この構造変化が50S側に何らかの方法で伝えられ，50SのGTPaseセンターに結合しているEF-TuのGTPase活性を誘導する。EF-Tuは自身のGTPを加水分解することで構造変化を引き起こし，アミノアシルtRNAから解離する。tRNAの3'末端と結合したアミノ酸は，50SのA部位に導入される（A/A

＊1　Kei Kitahara　東京大学　大学院工学系研究科　化学生命工学専攻　大学院生
＊2　Tsutomu Suzuki　東京大学　大学院工学系研究科　化学生命工学専攻　助教授

state)。その後23S rRNAのペプチド転移反応活性中心(peptidyltransferase center)が触媒するペプチド転移反応により，P部位に結合したペプチジルtRNAのペプチジル基をアミノ酸のアミノ基が求核攻撃することで，ペプチドが1残基伸張する(A/P state)。続いてEF-Gによるトランスロケーション（転座反応）によってアンチコドン領域がmRNAとともにP部位へと移行（P/P state）することで空のA部位が生じる。なお元々P部位にあったtRNA(P/P state)はトランスロケーションに伴いE部位に移行し，最終的にはリボソームから遊離する(図1)。

近年4つのグループにより独立にリボソームの立体構造が解かれ，リボソームの機能と構造が原子レベルで解明されている。さらに，リボソームと各種抗生物質との複合体の結晶構造の解析により，リボソーム結合性の抗生物質の作用機序や耐性菌の出現メカニズムが明らかにされようとしている[1]。

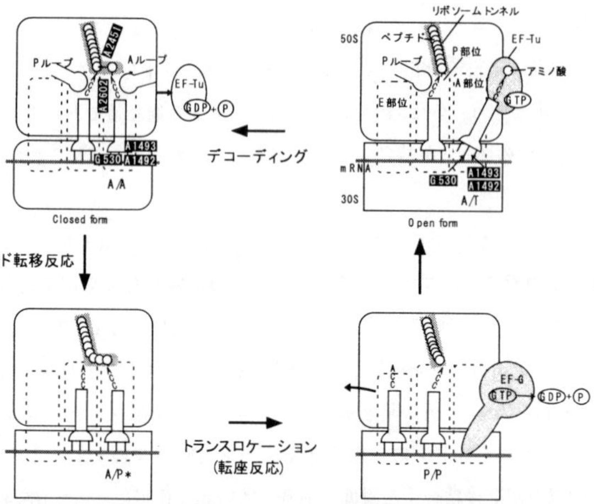

図1 ペプチド伸長反応の概略

アミノアシルtRNAはEF－Tu/GTPとの三者複合体としてリボソームに運ばれ，アンチコドン領域がA部位上のmRNAのコドンと対合する（A/T state）。この対合は16S rRNAのA1492，A1493，G530にモニターされ，30Sの構造変化が引き起こされる(closed form)。この構造変化が50S側に何らかの方法で伝えられ，50SのGTPaseセンターに結合しているEF-TuのGTPase活性を誘導する。EF-TuはtRNAから離れ，アミノアシルtRNAの3'アミノ酸部位は50SのA部位に入る(A/A state)。その後23S rRNAのペプチド転移反応活性中心が触媒するペプチド転移反応により，P部位に結合したペプチジルtRNAのペプチジル基をアミノ酸のアミノ基が求核攻撃することで，ペプチドが1残基伸張する(A/P state)。続いてEF-Gによるトランスロケーションによってアンチコドン領域がmRNAとともにP部位へと移行（P/P state）することで空のA部位が生じる。

3.3　30Sの立体構造と暗号解読の分子機構

2000年，YonathらとRamakrishnanらは高度好熱菌*Thermus thermophilus* の30Sの構造をそれぞれ独立に約3Åの分解能で解析した[2~6]。30Sの全体的な構造は16S rRNAが形作っており，ほとんどのリボソームタンパク質は50Sとの会合面とは反対側に存在し，RNAの隙間を埋めるように分布している。しかし，翻訳精度の調節に重要なS12タンパク質はサブユニット間の会合面に存在し，16S rRNAのヘリックス(h)44とともに暗号解読中心（decoding center）を構成していることが明らかとなった（図2）。

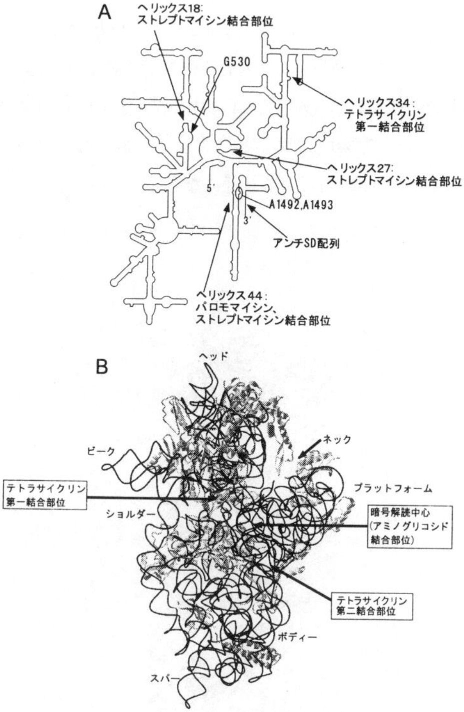

図2（A）16S rRNAの二次構造

パロモマイシン，ストレプトマイシン，テトラサイクリンの結合部位を示した。A1492、A1493、G530は暗号解読中心を構成している塩基である。アンチSD配列は翻訳開始時にmRNAのSD（シャイン・ダルガルノ）配列と対合する。

（B）*T. thermophilus*のリボソーム小サブユニットの立体構造

30Sサブユニットはヘッド，ネック，プラットフォーム，ボディー，スパー，ショルダー，ビークの各部位から構成される。テトラサイクリンの第一，第二結合部位と暗号解読中心(アミノグリコシド結合部位)の位置を示した。

Ramakrishnanらはウリジンの6量体からなるmRNAと，それに対応するフェニルアラニンtRNAのアンチコドンステムループ，および30Sの共結晶の構造を報告した[7]。この結晶構造ではh44のA1492とA1493が内部ループよりフリップアウトしており，またヘリックス18のG530もdecoding center に接近しA1492と相互作用している。A1492-G530，およびA1493は，A部位のコドン-アンチコドンのワトソン-クリック型塩基対を副溝側から，Aマイナーモチーフ(A-minor motif)という相互作用で厳密に認識している様子が観察された（図3）。コドン1字目-アンチコドン3字目のペアの副溝をA1493が認識（I型Aマイナーモチーフ）し，コドン2字目-アンチコドン2字目のペアの副溝はA1492-G530に認識（II型Aマイナーモチーフ）されていた。コドン3字目-アンチコドン1字目のペアは，しばしばよろめき塩基対(wobble base pair)が見られる位置であり，非ワトソン-クリック型の塩基対合を許容できるよう，rRNAによる認識は緩くなっていることが判明した。すなわち，A1492, A1493, G530はコドン-アンチコドン対合を厳密にモニターするためのセンサーであり，この認識によって，30Sのショルダー部位に大きな構造変化が誘起され，30Sはclosed formと呼ばれる状態になる[8]。

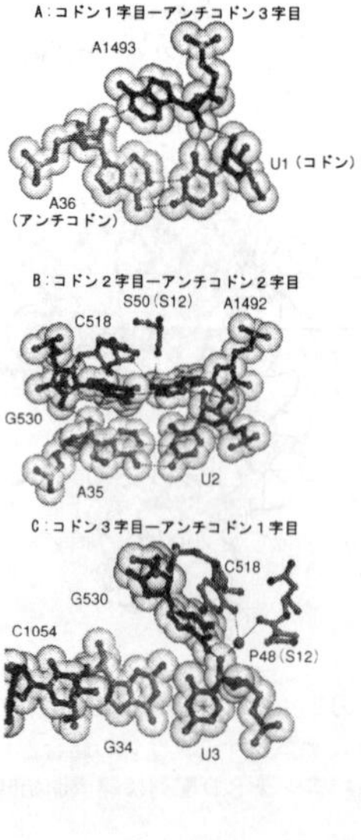

図3　コドンーアンチコドンの対合部位と小サブユニットとの相互作用
UUUコドンと，それに対応するGAAアンチコドンの対合が小サブユニットにモニターされている。第一塩基対と第二塩基対はAマイナーモチーフで厳密に認識されているが，第三塩基対では認識は緩くなっている[文献7より転載]。

3.4　誤翻訳を誘発する抗生物質：アミノグリコシド系

3.4.1　パロモマイシン

Ramakrishnanらは30Sの結晶にパロモマイシン(paromomycin)をsoakingすることで，この抗生物質の結合部位と相互作用様式を明らかにしている[6]（図4）。パロモマイシンは16S rRNAのh44の内部ループに結合することで，A1492とA1493をループの外にフリップアウトさせることが判明した（図4 B）。この構造は，これらの塩基がコドン-アンチコドン対合をモニターしているときの配置（図4 C）であり，パロモマイシンの結合により，コドン-アンチコドン対合がより認識されやすくなっていることが示唆された。したがってコドン-アンチコドンの対合が多

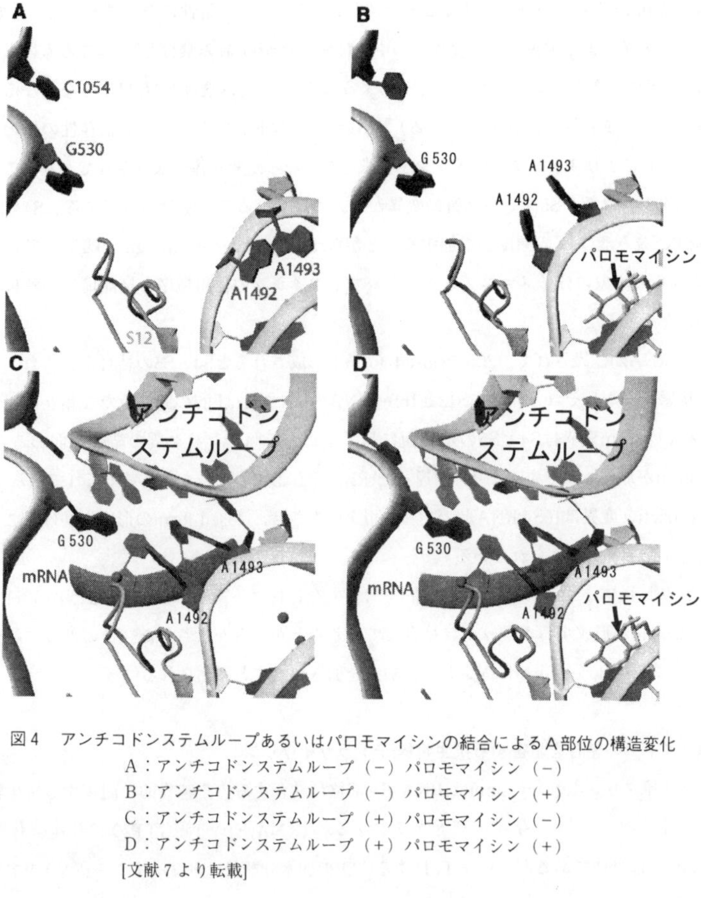

図4　アンチコドンステムループあるいはパロモマイシンの結合によるA部位の構造変化
A：アンチコドンステムループ（－）パロモマイシン（－）
B：アンチコドンステムループ（－）パロモマイシン（＋）
C：アンチコドンステムループ（＋）パロモマイシン（－）
D：アンチコドンステムループ（＋）パロモマイシン（＋）
[文献7より転載]

少曖昧でもA1492とA1493のセンサーが働いてしまい，誤翻訳が誘発されるというモデルが提唱されている。なお，同じアミノグリコシド系抗生物質のネオマイシン(neomycin)，ゲンタマイシン(gentamicin)，カナマイシン(kanamycin)なども同様の作用機序で誤翻訳を誘発していると考えられている[5]

3.4.2 ストレプトマイシン

ストレプトマイシン(streptomycin)を特定の栄養要求性変異株の培地に添加すると，要求される栄養源が存在しない条件でも生育できるようになることが知られている。そのような変異は代謝系の特定の酵素のナンセンス変異が原因であり，ストレプトマイシンが終止コドンを"読み飛ばし"(read through)させることにより完全な酵素が得られるようになるからである。S12の変異(restrictive mutation)は誤翻訳を防ぐことでストレプトマイシン耐性になることが知られている。ナンセンス変異による栄養要求性変異株の中には僅かながら"読み飛ばし"が起こるものも知られているが，S12の変異と組み合わさるとそのような僅かな"読み飛ばし"も起こらなくなる（ストレプトマイシン依存性変異株と呼ばれる）[5]。しかし，ストレプトマイシン依存性の株の中から二次的な変異によりストレプトマイシンを要求しなくなった変異体が取得されており，これらの株にはS4タンパク質やS5タンパク質に変異が導入されていることが分かっている。S4やS5の変異は単独で"読み飛ばし"の頻度が増加することからram (ribosomal ambiguity)変異と呼ばれている[5]。これらの現象の分子メカニズムやストレプトマイシンの作用機序も結晶構造の解析により明らかになってきた。

正確なtRNAが認識されて，30Sでclosed formが形成されるとS4とS5の結合がはずれ，引き離された状態になる。それと同時にS12と16S rRNAのh44またはh27の間に新たな相互作用が生じる[9]（図５）。ram変異はS4とS5の境界面に起こることで両タンパク質の結合を弱めるために，closed formが形成されやすくなり，間違ったtRNAでも認識してしまうと考えられている。逆に，S12のrestrictive変異は16S rRNAとの相互作用を低下させ，closed formの形成を妨げることで翻訳精度が向上すると考えられている。

30Sとストレプトマイシンの共結晶[6]では，ストレプトマイシンはS12と16S rRNAのh1,h18,h27,h44が形成するポケットに結合していることが明らかにされた。この部位に結合することにより30Sをclosed formに固定し，誤翻訳を引き起こすと考えられる[9]。

3.5 Aサイトへの結合を阻害する抗生物質:テトラサイクリン

テトラサイクリン(tetracycline)はtRNAがA部位に結合するのを特異的に阻害する抗生物質である。テトラサイクリン存在下でもアミノアシルtRNA,EF-Tu,GTPの三者複合体の結合(A/Tstate) は可能であるが，EF-TuによるGTPの加水分解後はアミノアシルtRNAのアクセプ

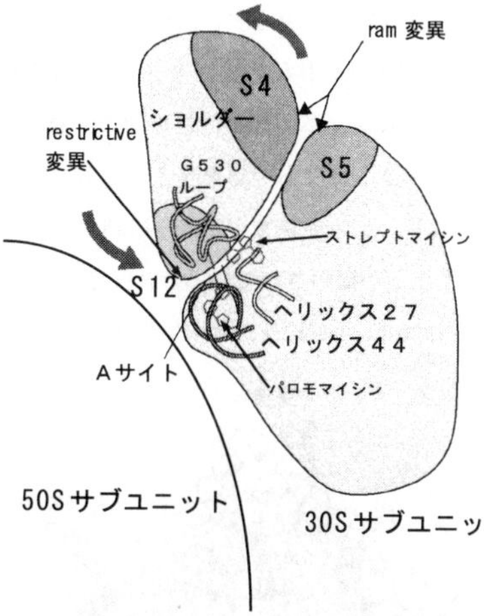

図 5　tRNAの結合による小サブユニットの構造変化
tRNAが結合すると矢印で示した方向に小サブユニットのショルダー部位が構造変化する。ストレプトマイシンとパロモマイシンの結合部位も示してある。[文献 9 より転載]

ターステムがA部位に入れずに（A/A stateになれずに）tRNAはリボソームから遊離することが知られている。YonathらとRamakrishnanらはそれぞれ独立にテトラサイクリンとリボソームの複合体の構造を解析し，テトラサイクリンの結合部位を同定した。テトラサイクリンの結合部位は複数存在しており，Yonathらは6箇所[10]，Ramakrishnanらは 2 箇所[11]の結合部位を同定している。それらの内，第一結合部位はA部位を構成している16S rRNAのh34とh31であった（図 2 B）。テトラサイクリンはこの位置に結合することにより，EF-Tu解離後のA/A stateのアミノアシルtRNAに対してのみ立体的にA部位への結合を阻害しているというメカニズムが提唱されている。

3.6　50Sの立体構造

2000年にSteitzとMooreのグループは，好塩性古細菌*Haloarcula marismortui* の50Sの結晶構造を2.4 Åで解析している[12]ほか，Yonathらは放射線耐性細菌*Deinococcus radiodurans*の50Sを解析している[13]。23S rRNAの6つのドメインは立体的に折たたまり，50Sの基本的な骨格を形成している（図 6 ）。リボソームタンパク質は，30Sとの会合面には少なく，背中側にRNAの隙間を埋める様に外側から配置し，全体的に滑らかな半球型の50S粒子の形成に寄与している。30Sとの会合面には深い溝が存在し，この部分に3つのtRNAが結合する。溝の中央には23S rRNAのドメインVで構成されているペプチド転移反応活性中心(PTC; peptidyltransferase center)が存在し，この部分でアミノ酸が重合する。ペプチド転移反応は，ドメインVの保存されたA2451により触媒されるという説[14]が提唱されたが，反論が多く未だに最終的な決着はついていない。他の説としては，ドメインVで形成されたポケットは反応の場を与えているだけで触媒に関与する特定の塩基はなく，マグネシウムが触媒するという説や，P部位に結合したtRNAの末端塩基A76の2'OH基が反応を触媒するという説などが提唱されている。PTCの奥には新生ペプチドが通り抜ける約100Åのトンネル(peptide exit tunnel)が続き，背中側に抜けている。

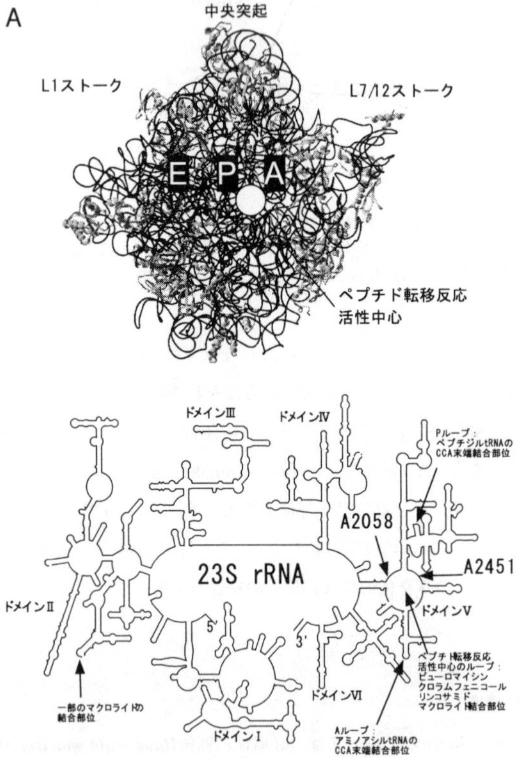

図6　大サブユニットの立体構造

A：*Haloarcula marismortui*の50Sサブユニットを会合面側から見た図

A,P,Eはそれぞれ A部位，P部位，E部位の位置を示している。

B：23S rRNAの二次構造

ピューロマイシン，クロラムフェニコール，リンコサミド，マクロライドは主にペプチド転移反応の活性中心のループ（ドメインV）に結合する。AループとPループはそれぞれアミノアシルtRNAとペプチジルtRNAのCCA末端が結合する部位である。

3.7　ペプチド転移反応を阻害する抗生物質

3.7.1　ピューロマイシン

ピューロマイシン(puromycin)はメトキシチロシンがアミド結合を介してアデニンのリボースに結合したような構造をしている抗生物質である。この構造はチロシンを結合したアミノアシルtRNAの3'末端に対応しており，50SのA部位に結合する。続いて，ペプチド転移反応が生じ，ポリペプチド鎖の末端にピューロマイシン(ペプチジルピューロマイシン)が付加される。ペプチジルピューロマイシンはリボソームから解離し，タンパク合成がストップする。

SteitzらはCCdAp-ピューロマイシンをペプチド転移反応の反応中間体のアナログに見立て，50Sサブユニットに結合させることにより，ペプチド転移反応の活性中心を同定した[14]。この物質はYarusらが作成したペプチド転移反応の阻害剤[15]であり，ペプチジルtRNAの末端部分(CCdA)とピューロマイシンのメトキシチロシンのアミノ基がリン酸基で結合している(図7)。この構造はちょうどアミノアシルtRNAのカルボニル基を求核置換攻撃している四面体構造のペプチド結合反応中間体のアナログとみなすことができる。アナログは23S rRNAのドメインVに結合しており，アナログのリン原子を中心とすると最も近傍に位置しているL3タンパク質から18Å以上離れていた。L3と同様にペプチド結合への関与[16]が指摘されていたL2とも20Å以上離れており，ペプチド転移反応の触媒はRNAであることが結論付けられた。

3.7.2　クロラムフェニコール

クロラムフェニコール(chloramphenicol)の結合部位はYonathとFranceschiらのグループが*D. radiodurans*の50Sの結晶を用いて同定した[17]。クロラムフェニコールは23S rRNAの7塩基と相互作用しており，それら結合の多くは2つのマグネシウムイオンを介していた(図8A)。クロ

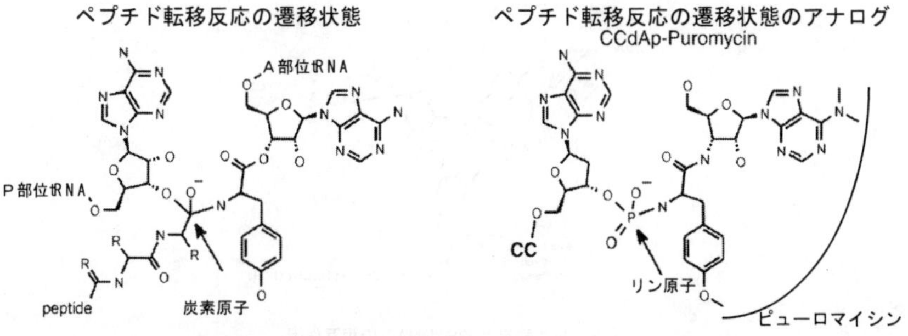

図7　ペプチド転移反応の遷移状態と遷移状態のアナログ

ラムフェニコールの結合部位はピューロマイシンの結合部位と一部が共通しており，アミノアシルtRNAのアミノアシル残基の配置を空間的に阻害することによりペプチド転移反応を阻害すると考えられた。

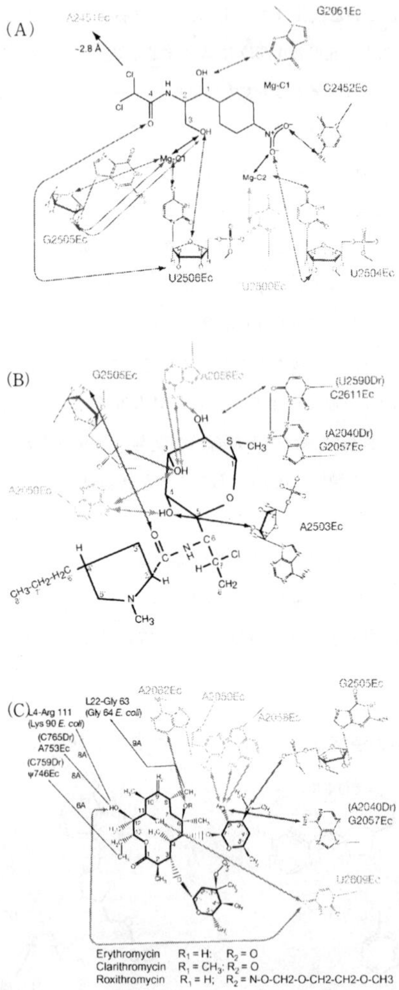

図８　抗生物質と23S rRNAとの相互作用

Ａ：クロラムフェニコール

Ｂ：クリンダマイシン

Ｃ：マクロライド

3.7.3　リンコサミド

リンコサミド(lincosamide)系抗生物質であるクリンダマイシン(clindamycin)はA部位とP部位へのtRNAの末端の結合を阻害するほか，新生ペプチドのトンネルへの侵入を妨げる。リボソームへの結合はクロラムフェニコールやマクロライド系のエリスロマイシンの結合と競合することが知られている。クリンダマイシンはペプチド転移反応の活性中心でA部位とP部位にまたがって結合している[17]。さらに，糖残基はペプチド脱出トンネルの方向でA2058、A2059、U2505と結合しており，マクロライドの結合部位の一部と共通している（図 8 - B）。A2058やA2059の点変異あるいはA2058のジメチル化が起きるとリンコサミドだけではなくマクロライドにも耐性になる[ストレプトグラミンB(streptogramin B)も加えてMLS_B変異と呼ばれている]ことが知られていたが，その理由は結合部位が共通であるためであることが明らかになった。

3.8　ペプチド脱出トンネルに作用する抗生物質：マクロライド系

50Sのペプチド脱出トンネルは，ペプチド転移反応の活性中心で合成された新生ペプチドが細胞質に放出されるまでに通り抜ける直径約15Å,長さ100Åほどのトンネルであり，大半は23S rRNAで構成されている。しかし，トンネルの狭窄部位と呼ばれるところではL4タンパク質とL22タンパク質の球状ドメインから長く延びたペプチド鎖(extension)が，トンネル出口付近にはL23とL29タンパク質が配置している。トンネルはあらゆる性質の新生ペプチドを通過させられるように構成されており，これらの部位には親水性で電荷を持たないアミノ酸残基が多い[14]。ただし，いくつかのポリペプチド配列はリボソームの内壁と相互作用することにより翻訳アレストと呼ばれる現象が起こることが知られている[18]。

マクロライド系の抗生物質は8～20員環ラクトンにアミノ糖や中性糖が結合した構造をしている。多数のマクロライドと50Sとの共結晶がYonath，FranceschiらのグループとSteizらのグループにより解析され，結合部位が特定されている[17,19～21]（図 8 - C）。マクロライド系抗生物質はいずれもペプチド転移反応の活性中心近くのトンネル内部に結合し，ペプチド転移反応を阻害するか新生ペプチドが通れないようにトンネルを塞ぐ（多くのマクロライドはこちらの作用機序である）ことにより抗生物質としての機能を発揮する[22]。例えばカルボマイシンA(carbomycin A)はラクトン環のC 5位から伸びる側鎖が長いためペプチド転移反応の活性中心(A2451, A2452)まで届き，ペプチド転移反応を完全に阻害してしまう。一方，エリスロマイシン(erythromycin)のようにC5位の側鎖が短いものではペプチド転移反応を阻害するのではなく，トンネル内部を塞ぐことにより新生ペプチドの伸長を阻害する。その結果，翻訳開始直後にオリゴペプチジルtRNAがリボソームから放出されることになる。このとき，細胞内にオリゴペプチジルtRNAが蓄積してしまい，フリーのtRNAが少なくなってしまうことが毒性の一因であると考えられている。

マクロライド(macrolide)はC 5 位に結合した糖が23S rRNAのドメインⅤのG2057、A2058、A2059, G2505の各塩基と相互作用している。また，タイロシン(tylosin)のようにC14位にも糖が結合して23S rRNAのドメインⅡのA748やL22タンパク質と相互作用するものもある。A2058のメチル化あるいはA2058G変異によりマクロライド耐性菌が出現することが知られているが，これらの変異により前述の相互作用ができなくなるため，耐性が獲得される。タイロシンの場合はA748のメチル化でも相互作用が崩れるため，耐性が獲得される。

マクロライド耐性はトンネルを構成するリボソームタンパク質の変異でも起きることが知られている。大腸菌ではL4の点変異あるいはL22の一部の欠失変異によりエリスロマイシン耐性が獲得される[23]。エリスロマイシンはこれらのタンパク質と直接相互作用しているわけではないが，トンネルのコンフォメーションの変化が耐性をもたらしていることがクライオ電子顕微鏡による解析で明らかになっている[24]。L4の変異体ではトンネルの入り口部分の内径が狭まっており，エリスロマイシンが結合できなくなっていることが耐性の原因である。逆にL22タンパク質の変異体ではトンネルの内径が広がっており，エリスロマイシンが結合した状態でも新生ペプチドを通過させるのに十分な幅であるためトンネルを塞ぐという作用機序が成立しなくなるため，耐性が獲得される。

3.9 新規抗生物質デザイン

抗生物質とリボソームの共結晶の解析により抗生物質の作用機序やリボソームの機能そのものについての理解は飛躍的に進歩した。しかし，現在，医療現場で使用されている抗生物質には例外なく耐性菌が出現してしまっている。例えば，新規クラスの抗生物質としては35年ぶりに発売されたオキサゾリジノン系の抗生物質であるリネゾリド(linezolid)はリボソームを標的とする抗生物質であるが，使用され始めて一年もたたないうちに23S rRNAの変異による耐性菌が出現している。

新規の抗生物質の開発は急務であるが，抗生物質のターゲットとなりうるrRNAの機能部位に対してどのような突然変異が起こりうるのかということすらよく分かっていないのが現状である。近年大腸菌のrRNAに変異を導入するための分子遺伝学的な手法が整備されてきている[25,26]。このような手法を用いてリボソームの本質的な機能を探究することで新たな抗生物質の開発にも結びつくと考えられる。また，Steizらは最近リボソームの立体構造に基づいた抗生物質の開発を行うためにRib-Xというベンチャー企業を設立している。立体構造を基にした特異性のより高い抗生物質の開発が進歩することが期待される[27]。

文　　献

1）D.Wilson,"Protein synthesis and ribosome Structure", p.449-527, WILEY-VCH (2004)
2）F.Schluenzen *et al., Cell*, **102**, 615-623 (2000)
3）B.Wimberly *et al., Nature*, **407**, 327-339 (2000)
4）D.Brodersen *et al., J. Mol. Biol.*, **316**, 725-68 (2002)
5）J.Ogle *et al., Annu. Rev. Biochem.* (2005)
6）A.Carter *et al., Nature*, **407**, 340-348 (2000)
7）J.Ogle *et al., Science*, **292**, 897-902 (2001)
8）J.Ogle *et al., Cell*, **111**, 721-732 (2002)
9）J.Ogle *et al., Trends. Biochem. Sci.*, **28**, 259-266 (2003)
10）M.Pioletti *et al., EMBO J.*, **20**, 1829-1839 (2001)
11）D.Brodersen *et al., Cell*, **103**, 1143-1154 (2000)
12）N.Ban *et al., Science*, **289**, 905-920 (2000)
13）J.Harms *et al., Cell*, **107**, 679-688 (2001)
14）P.Nissen *et al., Science*, **289**, 920-930 (2000)
15）M.Welch *et al., Biochemistry*, **34**, 385-390 (1995)
16）P.Khaitovich *et al., Proc. Natl Acad. Sci. U.S.A.*, **96**, 85-90 (1999)
17）F.Schlunzen *et al., Nature*, **413**, 814-821 (2001)
18）H.Nakatogawa *et al., Cell*, **108**, 629-636 (2002)
19）J.Hansen *et al., Mol. Cell*, **10**, 117-128 (2002)
20）R.Berisio *et al., Nat. Struct. Biol.*, **10**, 366-370 (2003)
21）R.Berisio *et al., J. Bacteriol.*, **185**, 4276-4279 (2003)
22）T.Tenson *et al., J. Mol. Biol.*, **330**, 1005-1014 (2003)
23）H.Chittum *et al., J. Bacteriol.*, **176**, 6192-6198 (1994)
24）I.Gabashvili *et al., Mol. Cell*, **8**, 181-188 (2001)
25）E.Laios *et al., Arch. Pathol. Lab. Med.*, **128**, 1351-1359 (2004)
26）T.Asai *et al., Proc. Natl Acad. Sci. U.S.A.*, **96**, 1971-1976 (1999)
27）T.Steitz, *FEBS Lett.*, **579**, 955-958 (2005)

参考図書

・「第6章　リボソーム(ribosome is ribozyme)」，鈴木　勉　わかる実験医学シリーズ「RNAがわかる」（羊土社）p130-136

4 核酸医薬の安定化戦略

和田 猛[*1]，宮川 伸[*2]

4.1 はじめに

近年発展のめざましいsiRNA，miRNA，RNAアプタマー，リボザイムをはじめとするRNA型核酸医薬の開発は，現在 *in vitro* の実験系から *in vivo*，さらに医薬として実用化するための研究へと展開されている。また，比較的古くから研究されているアンチセンス核酸やアンチジーン核酸，デコイ核酸なども，目的に応じて遺伝子の発現制御に用いることができる。これらの核酸医薬を生体内の標的細胞に効率良くデリバリーし，かつ高い活性を発現させるためには，天然型の核酸を化学修飾して分解酵素に対する耐性を高め，さらに細胞内導入効率を向上させる必要がある。本稿では，核酸医薬を安定化するための戦略を構造のタイプ別に概観し，それらの特徴と今後の展望について述べる。

4.2 リボース部位修飾（図1）

4.2.1 2'-修飾核酸

核酸のリボース部位を化学修飾することにより，ヌクレアーゼ耐性を向上させたり，相補的な塩基配列を有するRNAとの二重鎖形成能を向上させることが可能である。特に，2'位に電気陰性度の高い置換基を導入すると，リボース環のコンフォメーションが立体電子効果によりC3'-*endo*型（N型）に偏る傾向があり，標的とするRNA鎖と形成する二重鎖の安定性が向上することが知られている。しかし，修飾の種類によっては，核酸医薬の薬理活性（RNAi活性やアンチセンス核酸の場合のRNase H活性）が失われる場合もあるので注意を要する。

2'-酸素原子にエーテル結合を介して様々なアルキル置換基を導入する試みがなされている[1]。炭素数が1から 4 の2'-O-アルキル誘導体は相補的なRNAに対する結合親和性はほとんど天然型のRNAと変わらない。しかもこれらの誘導体はホスホロチオエートDNAよりもヌクレアーゼ耐性が高い。2'-OMe体をはじめとする2'-O-アルキル化RNAをアンチセンス核酸として用いる場合，相補的なmRNAと形成する二重鎖は RNase H の基質とならない。

2'-F修飾体はリボース環のコンフォメーションがN型に偏り，相補的なRNAとの二重鎖形成能が向上する[2]。2'-F修飾体とmRNAが形成する二重鎖は RNase H の基質となるが，2'-F修飾体はヌクレアーゼ耐性が低いため，リン酸ジエステル結合をホスホロチオエート型に置換する必要がある。

＊1 Takeshi Wada 東京大学 大学院新領域創成科学研究科 メディカルゲノム専攻 助教授
＊2 Shin Miyakawa （株）リボミック

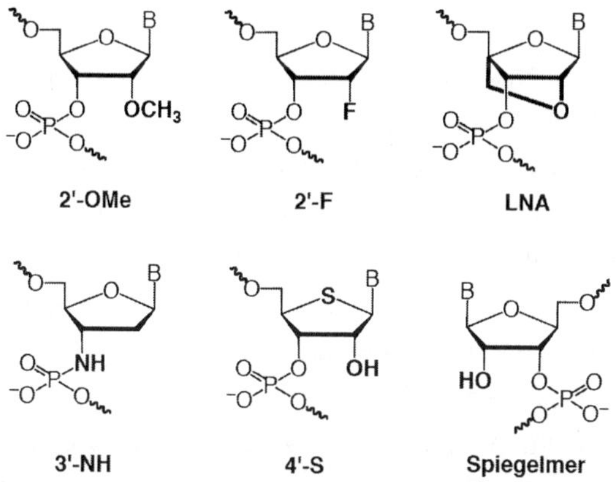

図1　代表的なリボース部位修飾核酸

2'-修飾RNA誘導体を用いるRNAiの研究から，RNAi活性の発現にsiRNAの2'-水酸基は本質的に必要ないという事実が明らかとなった[3]。たとえば，EGFPを標的とする21量体からなる二本鎖siRNA中のセンス鎖またはアンチセンス鎖のどちらか一方の鎖に含まれるすべてのウリジンとシチジンをそれぞれ2'-フルオロウリジン（2'-FU）[2]と2'-フルオロシチジン（2'-FC）[2]に置換しても80～90%のRNAi活性は保持される（アデノシンとグアノシンは未修飾）。特に，センス鎖のみに2'-FUと2'-FCを導入した場合は，未修飾のsiRNAを用いた場合とほぼ同等の活性を示す。センス鎖とアンチセンス鎖双方すべてのウリジンとシチジンを2'-FUと2'-FCに置換した場合にも80%以上の活性を保持する。さらに，上記の2'-FUおよび2'-FC修飾に加えて，残されたアデノシンとグアノシンをすべて2'-デオキシアデノシンと2'-デオキシグアノシンに置換して2'-水酸基を全く持たない分子に変換しても40%以上のRNAi活性を保持する。一方，未修飾のsiRNAと同じ塩基配列を有する二本鎖DNAは全くRNAi活性を示さず，アンチセンス鎖のみをDNAに置換した場合も同様である。センス鎖のみをDNAに置換した場合は40%程度のRNAi活性を示す。これらの実験結果は二本鎖siRNAおよびsiRNA-mRNA二本鎖の高次構造がRNAiの活性発現に重要であることを示唆している。一方，2'-位がメトキシ（OMe）基で置換されたRNA[4]を含む二本鎖は，安定な天然型RNAと比較してより安定な二重鎖を形成するにもかかわらず，アンチセンス鎖とセンス鎖がすべて2'-OMeで置換されたsiRNAは活性を全く示さない。これは，2'-位のメチル基がRISC中で何らかの立体障害となり，RNAi活性を阻害していることが考えられる。しかし，アンチセンス鎖またはセンス鎖の一方のみを2'-OMe置換したsiRNAは低いながらも活性を示すことから（15～25%），2'-OMeを含む二本鎖siRNAのTmが高く，二本鎖が融解する過程が律速になるため見かけの活性が低いということも考えられる。

4.2.2 LNA

LNA（Locked Nucleic Acid）[5,6]はリボース環の2'位と4'位をメチレンを介して架橋した構造をしており，リボース環がN型に固定化されている。このため，リボース環の構造的ゆらぎが減少し，標的RNAに対して強固にかつ配列特異的に結合する。LNAはヌクレアーゼに対して安定であり，RNAの3'末端にLNAを1残基導入することでRNAの安定性を向上させることができる。また，LNAは天然RNAの構造に近い構造をしており，硫黄などの原子を含んでいないので，細胞毒性が低いと考えられている。また，すべてLNAからなるアンチセンス核酸は2'-OMe-RNA同様，RNase H活性が無いため，天然型とのキメラが用いられる。

4.2.3 3'-N-ホスホロアミデートDNA

3'-N-ホスホロアミデートDNA[7]は2'-デオキシリボヌクレオシドの3'水酸基をアミノ基に置換した誘導体で，キラリティーの無いホスホロアミデート型のインターヌクレオチド結合を有する。3'-アミノ修飾は，立体電子効果によりリボース環のコンフォメーションをN型に固定化する効果があり，相補的なRNAと極めて安定なA型二重鎖を形成する。この化合物も優れたヌクレアーゼ耐性を示すが，相補的なRNAと形成する二重鎖は RNase H の基質とならない。

4.2.4 4'-S-RNA

リボース環 4 '位の酸素原子を硫黄原子に置換した4'-S-RNA誘導体は，優れたヌクレアーゼ耐性を有し，相補的なRNA分子と安定な二重鎖を形成することが知られている[8]。さらに，4'-チオリボヌクレオシド5'-トリリン酸はRNAポリメラーゼの基質となることから，酵素法による合成や *in vitro* selection によるアプタマーの合成も試みられている[9]。今後，4'-S-RNA誘導体を用いるRNAiや様々なアプタマーの創製が期待される。

4.2.5 シュピーゲルマー

シュピーゲルマー（Spiegelmer）とはアプタマーの鏡像体のことで，ミラーイメージ *in vitro* セレクションによって作製される[10]。例えば，非天然型であるD-アミノ酸を標的としたセレクションを天然型のD-RNA（リボースがD型）を用いておこない，アプタマーを取得する。そして，このアプタマーの鏡像体であるL-RNAを化学合成する。このL-RNAが天然型であるL-アミノ酸に結合する場合，これをシュピーゲルマーと呼ぶ。シュピーゲルマーは非天然物質であるためヌクレアーゼ耐性である。また，天然型の核酸とハイブリダイズしないため，毒性が低いと考えられている。今までにアルギニン，アデノシン，バソプレッシン，神経ペプチドであるノシセプチンなどに対するシュピーゲルマーの作製が報告されている。

4.3　バックボーン修飾（図2）

4.3.1　ホスホロチオエートDNA/RNA

ホスホロチオエート型核酸[11]は最も古くから研究されているリン原子修飾核酸であり，DNA類縁体はアンチセンス薬として市販されているものもある。ヌクレアーゼに対して安定であり，相補的なRNAと形成する二重鎖は RNase H の基質となる。問題は，細胞内の蛋白質と非特異的に相互作用することに起因する細胞毒性が高いことである。ホスホロチオエートDNAのリン原子は不斉であるが，現在使用されているDNA類縁体は様々な立体異性体の混合物である。ホスホロチオエートDNAはリン原子の立体配置によって分解酵素耐性や二重鎖系性能が異なるので，立体を制御した合成が望まれる。ヌクレオシド5'-α-チオ-トリリン酸はポリメラーゼの基質となるため，立体化学的に純粋なRp型の立体配置を有するオリゴマーは入手可能であるが，Sp型の立体配置を有するオリゴマーは酵素的には合成できない。最近，立体選択的なホスホロチオエートDNAの合成法が開発され，両立体のオリゴマーが入手可能となった[12, 13]。また，ホスホロチオエートRNAは，RNAiの基質として用いられる場合も多い。一般に，siRNA分子のリン酸ジエステルをホスホロチオエートに置換すると，RNAi活性は若干低下する。センス鎖のみを置換した場合は60%程度の活性を保持するのに対して，アンチセンス鎖を置換したものおよび双方の鎖とも置換したものは40%程度の活性を保持する[3]。アンチセンスDNAの研究ですでに明らかにされているホスホロチオエート型核酸と細胞内タンパク質の非特異的な結合や，細胞毒性の問題はこ

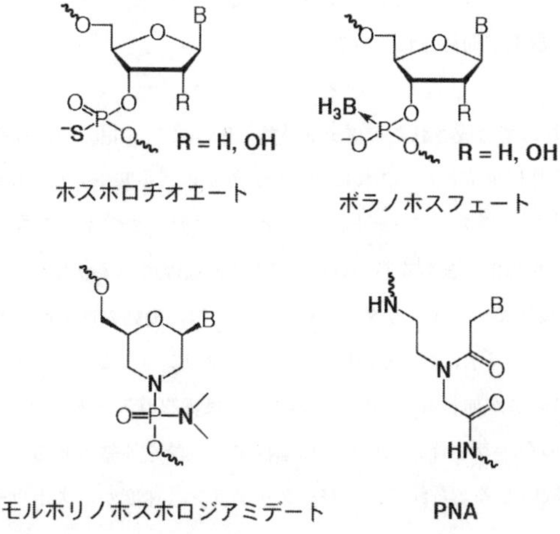

図2　代表的なバックボーン修飾核酸

こでも注意すべき問題である。また，ここで用いられているホスホロチオエートsiRNAのリン原子の立体化学は全く制御されていないことも注意を要する。特に，リン原子の立体配置によって二本鎖RNAの熱的安定性や酵素に対する基質特異性が大きく異なることが知られているため，リン原子の立体配置がRNAi活性に及ぼす影響については今後慎重に検討する必要がある。

4.3.2 ボラノホスフェートDNA/RNA

ボラノホスフェート型核酸[14]はごく最近化学合成法が確立された新しいタイプの核酸類縁体である。DNA，RNA誘導体ともに酵素的にも合成が可能であるが，アンチセンス核酸としての有用性は未知である。ただし，ボラノホスフェートDNAと相補的なRNAが形成する二重鎖はRNase Hの基質となる。従来，ボラノホスフェートDNAは合成化学的な制約から，ホモチミジル酸誘導体しか合成できなかった。ボラノホスフェート型ホモチミジル酸誘導体と相補的なDNAおよびRNAは生理的条件下で安定な二重鎖を形成しないことが知られており，核酸医薬としての有用性が疑問視されていたが，ごく最近，著者らによって4種類の核酸塩基を含むボラノホスフェートDNA12量体が合成され，相補的なDNAおよびRNAと生理的条件下でも安定な二重鎖を形成することが明らかとなった[15]。特に，ボラノホスフェートDNAはDNAよりもRNAに対する親和性が高く，細胞毒性の低いアンチセンス核酸として有望である。現在，化学合成によって得られるボラノホスフェートDNAのリン原子の立体は制御されていないが，立体選択的な合成法も開発中である[15]。

Shawらは，酵素的に合成したボラノホスフェート型siRNAを用い，RNAi活性を調べている[16]。ボラノホスフェート型siRNAは，天然型siRNAやホスホロチオエート型のsiRNAよりも活性が高い場合があり，今後の展開が期待されている。

4.3.3 ペプチド核酸

Nielsenらによって初めて合成されたペプチド核酸（PNA：Peptide Nucleic Acid）[17]は，2-アミノエチルグリシンを骨格単位とし，これにメチレンカルボニル基を介して核酸塩基を結合させた構造をもった化合物で，ヌクレアーゼとプロテアーゼに対して安定である。PNAにはリン酸の負電荷がないので，相補的な配列を持つDNAやRNAと強固にハイブリダイズすることができる。このため，低塩濃度下でのハイブリダイゼーションや塩基配列の選択性に優れている。一方，リン酸の負電荷がないために水に対する溶解度が低く，プリンヌクレオチドを連続で並べることができない等，配列に制限が加わる。また，そのままでは細胞導入効率が悪く，細胞に導入する場合は天然型DNAとのキメラを合成したり，塩基性アミノ酸を連結させるなどの工夫が必要となる。PNAの毒性は低いと考えられているが，クリアランス速度がホスホロチオエート修飾核酸などと比べて速い。

4.3.4 モルホリノホスホロジアミデート

モルホリノホスホロジアミデート核酸[18]は，リボースの代わりにモルホリンを用いた核酸類縁体で，ホスホロジアミデート結合を有するため，負電荷が取り除かれた中性の分子である。相補的なRNAと形成する二重鎖は，対応する天然型DNA/RNA二重鎖よりも安定であるが，RNase Hに対する基質活性は無い。比較的水溶性にも優れ，酵素耐性も高い。AVI BioPharma社のc-myc遺伝子に対するアンチセンスの応用研究は進んでおり，再狭窄や癌に対する治療薬として治験がおこなわれている。

4.4　塩基部修飾

核酸塩基を修飾することにより，Watson-Crick型の塩基対を安定化させたり，場合によってはヌクレアーゼ耐性を向上させることもできる。二本鎖siRNA中のアンチセンス鎖にA-U塩基対を安定化する効果のある5-ブロモウラシル（5-BrU），5-ヨードウラシル（5-IU）や2,6-ジアミノプリン（DAP）を導入すると，RNAi活性は低下する[3]。また，Watson-Crick型の塩基対形成を阻害する3-メチルウラシル（3-MeU）をアンチセンス鎖の切断サイトに導入するとRNAi活性は完全に失われる。この修飾塩基は，A型RNA二重らせんのメジャーグルーブ側からのタンパク質の結合を阻害することが知られており，これがRNAi効果失活の原因であると考えられる。

4.5　RNAの末端修飾

核酸医薬に用いられるDNAやRNA誘導体の5'末端と3'末端の修飾は，エキソヌクレアーゼ耐性の向上，クリアランスの抑制，デリバリー効率の向上などのためにおこなわれる[15]。修飾方法としては，ヌクレアーゼ対策としてのホスホロチオエート修飾，LNA修飾や逆方向にデオキシチミジンを結合する修飾などのほか，ポリエチレングリコール（PEG），コレステロール，ペプチドなどの比較的大きな分子を結合する方法が用いられる。PEGは水溶性に富み，毒性と免疫原性が低く，Watson-Crick塩基対への影響が少なく，いろいろな分子量のものが利用可能などの利点がある。数 10 kDa のPEGを共有結合で結合したRNAは体内での分解やクリアランスが抑制され，細胞内へのデリバリー効率が向上することが知られている。加齢黄斑変性症に対するRNAアプタマー医薬であるMacugenは5'末端に20 kDaのPEGが結合している。

Soutschekらは[20]コレステロールが結合したsiRNAと結合していないsiRNAを作製し，その *in vivo* における安定性とRNAi活性を比較した。用いたsiRNAはアポリポタンパク質Bの遺伝子に対するもので，以下のような構造をしている。

センス鎖：5'-GUCAUCACACUGAAUACCAAU*-Chol-3'

アンチセンス鎖：5'-AUUGGUAUUCAGUGUGAUGAC†A†C-3'

(Chol：コレステロール，*：ホスホロチオエート，†：2'-O-メチル化)

センス鎖の3'末端のUはリン酸ジエステルをホスホロチオエートに置換したもので，その後ろにコレステロールが結合している。アンチセンス鎖の3'末端のCとAはリボースの2'位がO-メチル化（2'-OMe）されたものである。このsiRNAをラットに血中投与したときの消失半減期は95分であった。一方，コレステロールが結合していないsiRNAの消失半減期はわずか6分であった。また，コレステロールが結合しているsiRNAはコレステロールが結合していないものより効率よくアポリポタンパク質Bの発現を抑制した。

この他，RNAの細胞内へのデリバリー効率を向上させるために，RNAの末端に細胞膜透過性ペプチド（Protein Transduction Domain：PTD）を結合させる場合がある。ペプチドには，HIV-1のTatプロテインの一部である$Tat_{45\text{-}57}$ペプチド（YGRKKRRQRRR），ショウジョウバエの転写調節因子であるAntennapediaの一部であるAntペプチド（RQIKIWFQNRRMKWKK），プラスチャージを帯びたアルギニンリッチなペプチドなどが用いられる。

Healyら[21)]はピリミジンヌクレオチドのリボースの2'位がフルオロ化（2'-F），一部のプリンヌクレオチドがO-メチル化された32残基のRNAの5'末端に 40 kDa のPEG，20 kDaのPEG，コレステロール，Tatペプチド，Antペプチド，Argペプチド（RRRRRRRC）を結合したものをラットに血中投与し，それらの体内動態を検討した。その結果の平均滞留時間を表1に示す。PEG化されたRNAはPEG化されていないRNAよりも平均滞留時間が顕著に長かったが，コレステロール化とペプチド化されたRNAの平均滞留時間は5'末端に修飾のないRNAと同程度もしくはそれ以下であった（表1）。

表1　5'末端修飾の違いによるRNAの平均滞留時間の違い

2'-F化と2'-OMe化された23残基のRNAの5'末端にPEG，コレステロール，ペプチドを付加したものをラットに血中投与した結果（Healyらの結果より[21)]）。

Conjugate	MRT (h)
None	1.7
20 kDa PEG	7.8
40 kDa PEG	16
Cholesterol	0.83
Tat	0.66
Ant	2.0
Arg	2.2

siRNAの末端修飾はRNAi活性に影響を及ぼす場合があるので注意しなければならない。アンチセンス鎖の5'末端にはリン酸基が必要で，例えば5'末端にリン酸基がない状態でO-メチル基を付加するとRNAi活性は失われる。一方，センス鎖の5'末端にはリン酸基は必要なく，コレステロール，リトコール酸，ラウリン酸などを結合することで細胞内へのデリバリー効率が向上する。また，3'末端はアンチセンス鎖，センス鎖ともにコレステロール化などの修飾を加えることができる。しかし，アンチセンス鎖の3'末端に2-ヒドロキシエチルリン酸やルシフェラーゼなどを結合するとRNAi活性が失われることが報告されている。

4.6　RNAアプタマーの修飾

RNAアプタマーは各種疾患に対する新規の治療薬または診断薬として注目されており，世界中で精力的に研究開発が進められている。RNAアプタマーを治療薬または診断薬として用いるためには，天然のRNAでは安定性が不十分であり，修飾を加えてヌクレアーゼ耐性を持たせる必要がある。この修飾方法としてプレ修飾法とポスト修飾法が一般に用いられる。プレ修飾法とはすでに修飾されたヌクレオチドを用いてSELEXをおこなうもので，用いられる修飾ヌクレオチドは転写酵素と逆転写酵素によって認識されるものでなければならない。修飾ヌクレオチドにはピリミジンヌクレオチドのリボースの2'位の水酸基をフッ素原子（2'-F）もしくはアミノ基（$2'-NH_2$）で置換したものが用いられる。この修飾によりリボヌクレアーゼAに対して耐性となる。Kubikら[22]の報告によると，血漿中での天然のRNAの半減期は8秒程度と非常に短いが，フルオロ化もしくはアミノ化すると半減期は数日となり，10000倍以上安定性が向上する。プリンヌクレオチドにも修飾を加えた方が安定性は向上するが，4種類全て修飾したヌクレオチドを用いると転写がうまく進まなくなる。そこで，SELEXにはフルオロ化もしくはアミノ化されたピリミジンヌクレオチドと天然型のプリンヌクレオチドが用いられる場合が多い。転写酵素にはY639Fの変異の入ったT7 RNAポリメラーゼが一般に用いられるが，天然のT7 RNAポリメラーゼでも転写できる。

プリンヌクレオチドの修飾はSELEX終了後におこなう（ポスト修飾法）。このポスト修飾をおこなう上で検討しなければならない点が2つある。1点は，ポスト修飾はRNAアプタマーを化学合成することでおこなわれるので，作製されたRNAアプタマーを化学合成することができる長さまで短くしなければならない点である。ランダム配列が40塩基であるテンプレート（40N）を用いてSELEXをおこなった場合，作製されるアプタマーは70塩基程度の長さとなる。これを標的物質との結合活性を保ったまま30塩基程度の長さまで短くする作業が必要となる。2点目は，全てのプリンヌクレオチドに修飾を加えると結合活性が失われる可能性が高いことである。通常は一部天然型のプリンヌクレオチドが残ったアプタマーとなってしまう。

このように，SELEX法によって作製されたRNAアプタマーのポスト修飾をおこなうには，手間と時間がかかり，しばしば十分な修飾が困難な場合がある。そこで4種類の修飾ヌクレオチドを用いたSELEX法の開発が求められていた。また，フルオロ化またはアミノ化されたヌクレオチドは高価であり，また天然のポリメラーゼの基質となるため *in vivo* で毒性を示す可能性があり，より安価で安全性の高い2'-O-メチル化されたヌクレオチドの使用が望まれていた。しかし，天然あるいはY639Fの変異の入ったT7 RNAポリメラーゼでは2'-O-メチル化されたヌクレオチドを基質として転写することができなかった。PadillaとSousaは[23]・T7RNAポリメラーゼにY639FとH784Aの変異を加えることで，2'-OMeUと2'-OMeCを用いた転写を可能にした。また，Burmeisterら[24]は，この2つの変異の入ったT7 RNAポリメラーゼを用いて，塩濃度やプライマーのデザインを工夫することで，わずかに天然のGが含まれる以外全てO-メチル化されたRNAを得るための転写方法を開発した。

エキソヌクレアーゼ耐性を向上させ，また，クリアランスされ難くするために，SELEX終了後に5'末端と3'末端の修飾がおこなわれる場合がある。たとえば，数10 kDaのPEGを結合したり，逆方向からデオキシチミジンを結合するなどの方法がある。

2004年12月に世界最初のRNAアプタマー医薬であるMacugenが加齢黄斑変性症の治療薬としてFDAによって承認された。このアプタマーは血管新生因子の一種であるVEGF（血管内皮増殖因子）に特異的に結合する27残基のRNAで，ピリミジンヌクレオチドのリボースの2'位がフルオロ化，プリンヌクレオチドがO-メチル化されたもので，2つの天然型のアデノシンを含んでいる。また，5'末端はPEG化（20 kDa），3'末端は逆方向にデオキシチミジンを結合させた構造をしている（図3）。

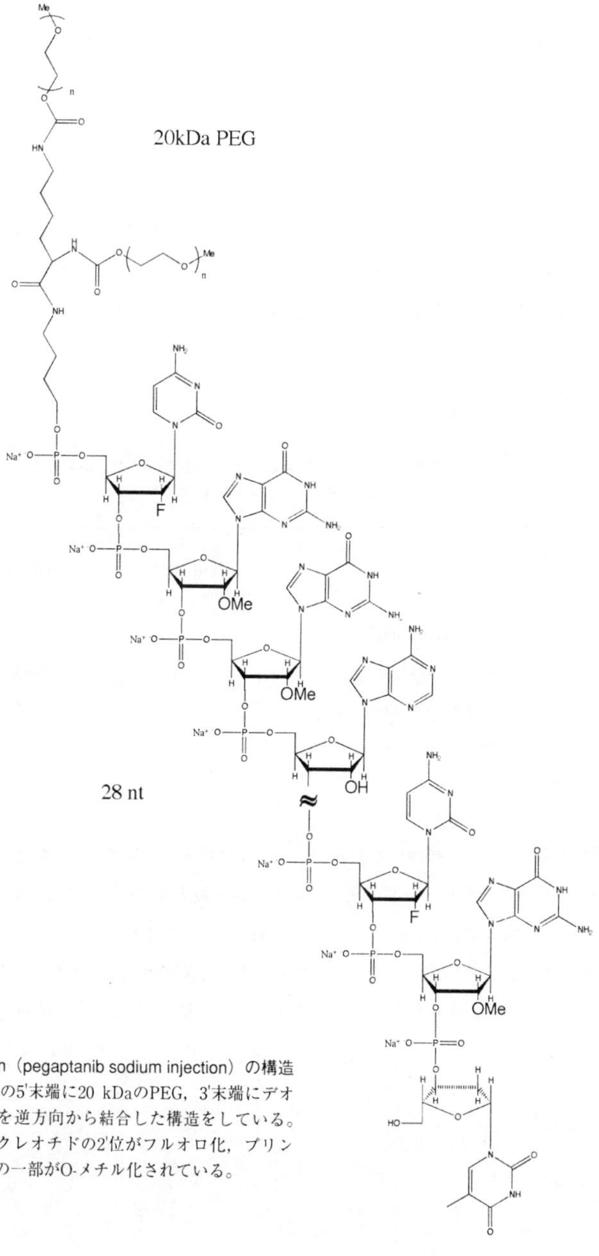

図3　Macugen（pegaptanib sodium injection）の構造
28残基のRNAの5'末端に20 kDaのPEG，3'末端にデオキシチミジンを逆方向から結合した構造をしている。ピリミジンヌクレオチドの2'位がフルオロ化，プリンヌクレオチドの一部がO-メチル化されている。

アプタマーの安定性は標的物質と結合したり塩基対を形成することで飛躍的に向上する。例えば，グアノシンを多く含む核酸はG-カルテット構造を形成する場合があるが，この構造は核酸を安定化することが知られている。Bishopら[25]はHIV-1に対するDNAアプタマーのヌクレアーゼ耐性を詳しく調べた。G-カルテット構造を形成しないDNA（Type 3）の37℃におけるウシ血清中での半減期は3分と非常に短かったが，G-カルテット構造を形成するDNA（Type 2）の半減期は5時間と安定性は100倍以上向上した（表2）。また，G-カルテット構造を形成するDNAの5'末端と3'末端のリン酸ジエステルをホスホロチオエートに置換したDNA（Type 1）の安定性は更に19倍以上向上し，半減期は4日以上であった。一方，G-カルテット構造を形成しないDNAの5'末端と3'末端のリン酸ジエステルをホスホロチオエートに置換したDNA（Type 4）の半減期は7分程度であった（表2）。

表2　G-カルテット構造の有無と末端修飾の有無によるウシ血清中でのDNAの安定性の違い
*：ホスホロチオエート（Bishopらの結果より[25]）。

DNA	Sequence	G-quartet	Half-life
Type 1	g*tggtgggtgggtggg*t	○	>4日
Type 2	gtggtgggtgggtgggt	○	5時間
Type 3	tgtagctgcaattcacg	×	<3分
Type 4	t*gtagctgcaattcac*g	×	7分

以上，概観して来たように，核酸医薬の安定化には実に様々な方法が利用可能である。目的に応じて最適の分子構造を選択し，核酸医薬としての活性を最大限に引き出す工夫が必要である。しかし，*in vitro* の実験系で活性が最適化された核酸医薬も実際に薬として生体に投与するとほとんどの場合が標的部位まで到達せずに分解されてしまい，顕著効果を示さない。今後は，核酸医薬の標的の探索とともに，実用化レベルでのデリバリーと安定化のより高度な戦略が求められる。

文　　献

1） E. A. Lesnik *et al.*, *Biochemistry* ,**32**, 7832 (1993)
2） A. M. Kawasaki *et al.*, *J. Med. Chem.* ,**36**, 831 (1993)
3） Y. L. Chiu *et al.*, *RNA* ,**9**, 1034 (2003)
4） B. P. Monia *et al.*, *J. Biol. Chem.*, **268**, 14514 (1993)
5） S. Obika *et al.*, *Tetrahedron Lett.*, **39**, 5401 (1998)
6） A. A. Koshkin *et al.*, *Tetrahedron*, **54**, 3607 (1998)
7） S. Gryaznov *et al.*, *J. Am. Chem. Soc.*,**116**, 3143 (1994)
8） L. Bellon *et al.*, *Nucleic Acids Res.*, **21**, 1587 (1993)
9） Y. Kato *et al.*, *Nucleic Acids Symp. Ser.*, **48**, 223 (2004)
10） V. Axel *et al.*, *Curr. Opin. Drug Disc. Dev.*, **6**, 253 (2003)
11） W. J. Stec *et al.*, *J. Am. Chem. Soc.*, **106**, 6077 (1984)
12） W. J. Stec *et al.*, *J. Am. Chem. Soc.*, **120**, 7156 (1998)
13） N. Oka *et al.*, *J. Am. Chem. Soc.*, **125**, 8307 (2003)
14） J. S. Summers *et al.*, *Curr. Med. Chem.*, **8**, 1147 (2001)
15） T. Wada *et al.*, in preparation.
16） A. H. S. Hall *et al.*, *Nucleic Acids Res.*, **32**, 5991 (2004)
17） P. E. Nielsen *et al.*, *Science*, **254**, 1497 (1991)
18） J. Summerton *et al.*, *Antisense Nucleic Acid Drug Dev.*, **7**, 187 (1997)
19） M. Manoharan, *Curr. Opin. Chem. Biol.*, **8**, 570 (2004)
20） J. Soutschek *et al.*, *Nature*, **432**, 173 (2004)
21） J. M. Healy *et al.*, *Pharmaceutical Res.*, **21**, 2234 (2004)
22） M. F. Kubik *et al.*, *J. Immunol.*, **159**, 259 (1997)
23） R. Padilla and R. Sousa, *Nucleic Acids Res.*, **30**, 138 (2002)
24） P. E. Burmeister *et al.*, *Chem. Biol.*, **12**, 25 (2005)
25） J. S. Bishop *et al.*, *J. Biol. Chem.*, **271**, 5698 (1996)

5　核酸医薬品のデリバリーシステム

北村義浩[*1]

5.1　ウイルス系デリバリーシステム[1)]

組み換えウイルスを作製し，ウイルスの高い感染性を利用し核酸を細胞に導入する方法である。一般に，ウイルスベクターによる遺伝子導入法と呼ばれる。高い導入効率が魅力的である一方，作製の手間と安全性の2点から敬遠する研究者も多い。Kit化されて商品として販売されているものは使いやすい。

5.1.1　レトロウイルス

マウス白血病ウイルス（MLV）とトリ肉腫白血病ウイルス（ASLV）が最もよく研究されている。以下MLVベクターについて記述する。MLVはレトロウイルスでエンベロープを有しゲノムは（+）鎖RNAである。エンベロープには*env*遺伝子産物のEnvタンパク質（ENV）が存在し，

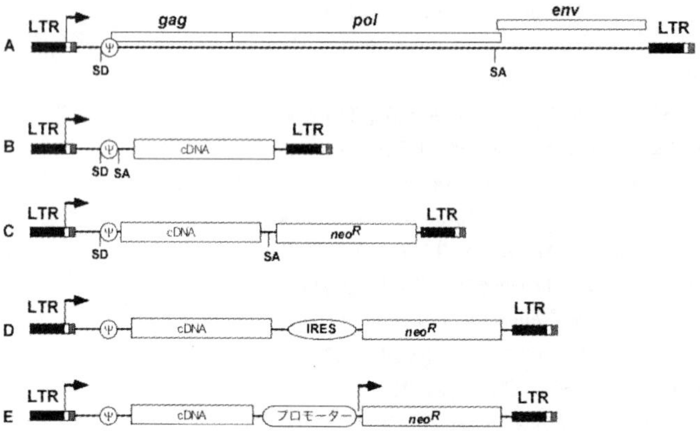

図1　マウス白血病ウイルス（MLV）ベクターの構造

A：MLVのプロウイルスの構造。両端に繰り返し配列（LTR）がある。構造遺伝子として*gag, pol, env*の3つの遺伝子が存在する。*gag*遺伝子の上流にゲノムRNAがウイルス粒子内に取り込まれる際に必須な配列（ψ）がある。さらにその上流にスプライスドナー配列（SD）がある。上流のLTRにはプロモーター活性がある。転写の開始部位を矢印で示した。*gag, pol, env*遺伝子を導入したい遺伝子で置換してベクター（組み換えウイルス）を作製する。

B：最も基本的で単純なMLVベクター

C：2つの遺伝子をスプライスを利用して発現するMLVベクター

D：2つの遺伝子をIRESを利用して発現するMLVベクター

E：2つの遺伝子をもう一つのプロモーター（内部プロモーター）を利用して発現するMLVベクター

＊1　Yoshihiro Kitamura　東京大学医科学研究所　先端医療研究センター　感染症分野　助教授

感染時に標的細胞膜上のウイルスレセプターに結合する。感染後，ゲノムRNAは2本鎖DNAに変換されて細胞染色体に入り込んでプロウイルス（provirus）になる。provirusの両端に0.6kbの順向き繰り返し配列（long terminal repeats, LTR）が存在し，その間に必須遺伝子（*gag, pol, env*）が存在する。LTRに転写プロモーター活性がある（図1A）。上流のLTRから転写され，下流のLTRで終結したmRNAからGag, Polタンパク質が合成され，1回スプライシングしてできるmRNAからENVが合成される。このスプライス前のmRNAは同時にゲノムRNAとしてウイルス粒子内に入る。この反応にはRNA上のスプライシングドナー（SD）配列と*gag*遺伝子との間に存在するパッケージ配列（ψ配列）が必要・充分である。provirus DNAをtransfectすると感染性のあるウイルスが細胞から出てくる。そこでこのprovirus DNAを感染性クローンDNAと呼ぶ。感染性クローンDNAのLTRとψ配列以外の領域を発現させたい遺伝子のcDNA断片で置き換えたものがベクターDNAである（図1B）。同時に2遺伝子を発現させるために様々なタイプも開発された（図1C～E）。ベクターDNAは欠損ウイルスDNAなのでこれだけを単純にtransfectしてもウイルスは産生されない。そこで*gag/pol*遺伝子を発現するベクターDNA（図2C）と*env*遺伝子（図2D）を発現するベクターDNAを細胞に同時にtransfectした時にだけ欠損ウイルス粒子，すなわち，ベクター（組み換えウイルス）が産生される（図2A～D)。ENVとしてecotropic MLVのENV（E-Env），amphotropic MLVのENV（A-Env），ギボンサル白血病ウイルスのENV（G-

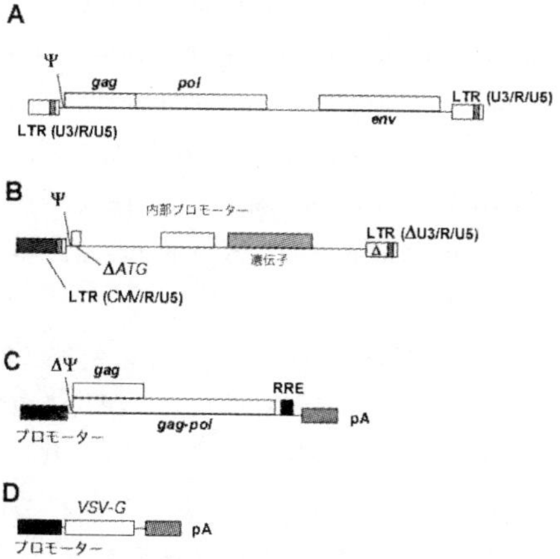

図2　マウス白血病ウイルス（MLV）ベクターの作製
図1Aと同じように模式的にMLVのプロウイルスの構造をパネルAに示す。この構造遺伝子（*gag, pol, env*）を除き目的遺伝子で置換したものがMLVベクターDNAである（パネルB)。これは欠損ウイルスDNAであるので，構造遺伝子発現ベクター（パネルC，D）とco-transfectすることによって組み換えウイルス粒子が産生される。

表1 エンベロープタンパク質と宿主域

標的細胞	使用するEnvタンパク質			
	E-Env	A-Env	G-Env	VSV-G
魚貝類・両生類・鳥類	×	×	×	○
マウス	○	○	×	○
ラット	○	○	○	○
ネコ・イヌ	×	○	○	○
霊長類	×	○	○	○

Env)，水疱性口内炎ウイルスのENV（VSV-G）が利用できる（この技術をpseudotypingという）（表1)。レトロウイルスベクターは，細胞の染色体に目的遺伝子断片を挿入し発現させることができる。従って長期的な遺伝子発現を望めるのが特徴である。増殖中の細胞に最長約7kbまでの長さの遺伝子を導入できる。プロモーターを選べばsiRNAなどのRNA分子の発現も可能である。

5.1.2 レンチウイルス[2~6)]

これまでに，レンチウイルスのうちHuman immunodeficiency virus type 1（HIV-1），HIV-2, Simian immunodeficiency virus，Feline immunodeficiency virus （FIV），Bovine immunodeficiency virus，Equine infectious anemia virus，Caprine arthritis-encephalitis virus，Jembrana disease virus，Visna virusを基にしたベクターが報告された。Murine Leukemia virus （MLV）を基にしたベクターとの差は増殖停止中の細胞に遺伝子導入可能な点だけである。このうち，商品化されているのはHIV-1（Invitrogen社）とFIV（System Biosciences社）[7)]である。本稿ではHIVベクターについて記述する。

基本的にはMLVベクター作製法と同じである。HIV-1のゲノム構成を模式に示した（図3A)。ゲノムの中にはHIVの複製にとってcisに必要なものとtransに必要なものがある。cis配列はLTRとψ配列である。transに不可欠なのはウイルス粒子の構造タンパク質をコードする領域である。すなわちGagタンパク質，Gag-Polタンパク質，エンベロープタンパク質の3種類である。このtransに必要な領域を欠失させ，その代わりに目的の遺伝子を含む発現カセットを挿入したものがレンチウイルスベクターである。Transに必要なタンパク質群は別途発現させてウイルス粒子形成を起こさせる。このときエンベロープタンパク質としてはHIV-1本来のエンベロープタンパク質を発現させる以外に，MLVの場合と同じようにVSV-G,のエンベロープタンパク質が利用できる。VSV-Gでpseudotypeされたベクターはほとんどすべての脊椎動物細胞に遺伝子導入可能である。LTR配列に挟まれた目的遺伝子発現ユニットDNA（ベクターDNA）を不可欠なコンポーネント発現プラスミドを共存させるとウイルスができあがる。第1世代のシステムではenvの一部を欠失させただけで，ベクター内にほとんどのHIV-1由来配列が残っていた。第2世代では，envに加えてgag, pol, rev, vpu, vpr, vifを欠失させたけれども，tatを使用していた。現在主流の第3世代[8, 9]のベクター（図3B）ではベクターにはcisに必須な配列であるLTR，ψ，が残っており，HIV-1のほとんどの配列は欠失している。ただし，必須ではないけれどもRNA量を上昇させて産生効率を上げるためにRRE配列が挿入され，遺伝子導入時の組み込み効率を上昇させるためcPPT配列[10, 11]が挿入されていることが多い。さらにRNAの安定性を高める目的でウッドチャック肝炎ウイルス由来配列（woodchuck hepatitis virus posttranscriptional regulatory element, WPRE）が挿入されていることもある[12, 13]。安全性を高める目的で下流のLTRのU3の大部分が欠失させてあるベクター（Self-inactivating vector, SINベクター）もある。このベクターDNAに

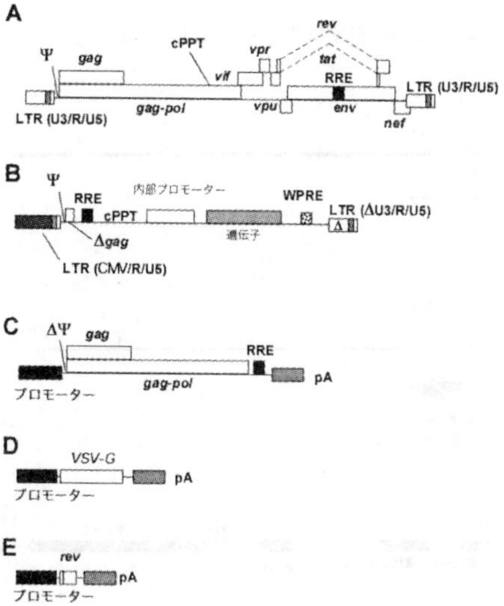

図3　レンチウイルスベクターの作製
A：HIV-1のプロウイルスの構造を模式的に示した。
B：典型的な第3世代のHIVベクターDNAの模式図。
外来遺伝子の発現カセットの他にゲノムのパッケジング配列（Y）と両端のLTRが必須である。このほかに，産生の効率を上げるために，中央部多プリン配列（cPPT），Rev反応性配列（RRE），ウッドチャック肝炎ウイルス由来のRNA安定化配列（WPRE）が存在する。
C：ヘルパープラスミドのうち*gag/pol*遺伝子を発現するものの模式図。
D：ヘルパープラスミドのうちVSV-Gを発現するものの模式図。
E：ヘルパープラスミドのうちRevを発現するものの模式図。

加えてさらに3種類のヘルパープラスミドを同時に共存させると粒子が産生される。すなわちGag/Pol発現プラスミド（図3C），VSV-G 発現プラスミド（図3D），Rev発現プラスミド（図3E），の3者である。市販品の他，理化学研究所にいくつか優れたベクターがdepositされている（http://www.brc.riken.go.jp/lab/cfm/main/lentivirus.html）。

5.1.3 アデノウイルス（図4）

約36kbの長さの2本鎖DNAウイルスである（図4A）。中でも5型アデノウイルスベクターは，よく研究されており商品化されている（Takara，BD，Stratagene，Q-Biogene）。このウイルスは多くの動物種由来の細胞（特に接着性細胞）において高い効率で感染する。アデノウイルスDNAからE1（E1AとE1B）とE3を欠失させたアデノウイルスベクターが頻用されている（図4B）。ベクターDNAの左側のE1を欠失させた場所に発現カセット（プロモーター：遺伝子：ポリアデニル化配列）を挿入する。このカセットを有するE1/E3欠失DNAはヒト胎児腎由来の293細胞（E1が発現している）にtransfectしたときのみ組み換えウイルスが産生される。しかし，アデノウイルスが感染していない一般の細胞ではウイルス産生（ウイルスゲノムの複製）は起こらない。

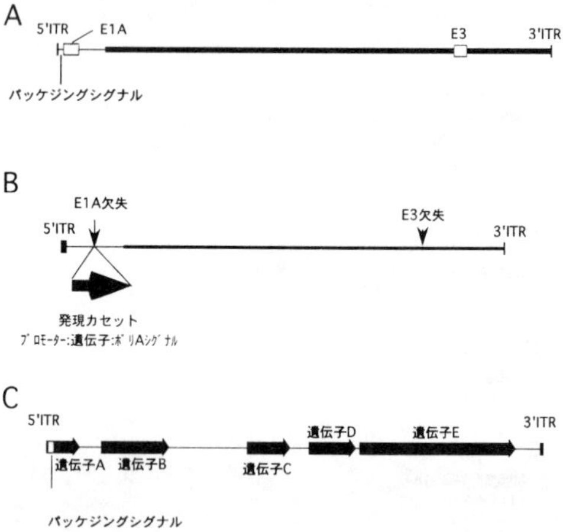

図4　アデノウイルスベクターの構造

A：野生型アデノウイルスの構造を模式的に示した。両端に繰り返し配列（inverted terminal repeats，ITR）がある。左のITRの下流にウイルスゲノムのウイルス粒子へのパッケージングシグナル配列（ψ）がある。5'ITRと3'ITRとψがcisに必要な配列である。E1A遺伝子はすべてのアデノウイルス遺伝子の発現に必須である。

B：最もありふれたアデノウイルスベクターの構造を示す。

C：上述のcis配列以外をすべて除き発現させたい遺伝子カセット群で置換した形のアデノウイルスの模式図。ここでは，例としてA～Eの5つの遺伝子カセットを有するベクターを示した。

しかし，発現カセットからの遺伝子発現は起こる。発現カセットとして約7kb程度を挿入できる。プロモーターを選べばsiRNAなどのRNA分子の発現も可能である。一般的には発現カセットを有する左側領域を含むベクターと右側のほとんどの領域を含む第二のベクターを相同組み換えで全長ベクターDNAを作製させる。相同組み換えを293細胞内で行わせる標準的な方法（COS-TCP法）の他に大腸菌内で行わせる方法（AdEasy法，Qbiogene社）もある。さらに最近は全長のアデノウイルスベクターDNAを一つのプラスミド上で操作する相同組み換えが不要な方法（Gatewayシステム，Invitrogen社）も登場した。最近，ヘルパー依存型アデノウイルスベクター（helper-dependentアデノウイルスベクター）といって両端の繰り返し配列とパッケージシグナル配列以外をすべて欠失させ，発現させたい複数の遺伝子で置換したベクター[14]も登場した（図4C，ただし市販されていない）。二十数kbもの挿入を行える点が特徴である。さらに，宿主域を決定しているウイルス粒子のファイバータンパク質を5型のものから11型や35型[15]のものに置換したアデノウイルスベクターも市販されている（プライミューン社）。血液細胞・樹状細胞へ遺伝子導入が高効率な点が特徴である。いずれにしても，従来とは比較にならないくらいにアデノウイルスベクター作製が簡単になった。気軽に試せるようになった。

5.1.4　アデノ随伴ウイルス（Adeno-associated virus, AAV）[16, 17]

小型の1本鎖DNAウイルスである。単独で増殖できず，アデノウイルスなどのウイルスの補助で増殖する。病原性はないか，あってもきわめて低い。19番目の染色体の特定の領域に組み込まれる（ベクターにおいてはこの特定領域への組み込み特性は失われている）。4kb程度を挿入できる。染色体に組み込まれて遺伝子発現を行うので，比較的長期間の安定した遺伝子発現が望める。従来，AAV-2が用いられてきた。しかし，他のserotypeを用いることで様々な宿主域・組織域を有するAAVベクターが作製され始めている[18]。

5.1.5　センダイウイルス（HVJ）[19, 20]

パラミクソウイルス科に属する（-）鎖一本鎖線状RNAをゲノムとして有するウイルスである。ウイルスの本来存在する遺伝子を破壊することなく外来性の異種遺伝子を挿入したものが第一世代のHVJベクターである。自立複製が可能で発育鶏卵で大量に産生できる。増殖に必須であるF遺伝子を欠失させた第二世代のHVJベクターは自立増殖できない非伝播性ベクターである（産生にはF発現ヘルパー細胞が必要である）。どちらも増殖細胞，非増殖細胞にかかわらずほとんどのほ乳細胞，鳥類細胞に感染できる。高い遺伝子発現効率が得られるのが特徴である。増殖サイクルはすべて細胞質で行われ細胞核内での出来事がない。つまりすべて細胞質でRNA合成・翻訳が行われるのでいわゆるスプライシング・核外輸送などの手間がかからないことが高発現の理由の一つと考えられている。第一世代ベクターは細胞障害性が強いので物質産生系としての応用が主である。第二世代ベクターは遺伝子治療を含む核酸デリバリーシステムの一つとして応用が期待される。残念ながら市販のキットはまだ無い。

5.2 非ウイルス系デリバリーシステム[21]

ウイルスベクターによらない遺伝子導入法すべてがこの非ウイルス系デリバリーシステムの範疇に属する。簡単で安全性が高いのが特徴である。従来，低い遺伝子導入効率が問題であったが，近年大きく改善されている。大きく分けて物理的方法と化学的方法に分類できる。前者には，電気穿孔法 electroporation，マイクロインジェクション法 microinjection，遺伝子銃 gene gunの3つがある。後者には，膜融合型リポソーム法 liposome, fusion type，非膜融合型リポソーム法 liposome non-fusin type，DEAE Dextran 法がある。

5.2.1 電気穿孔法[21~23]

高電圧下で細胞膜に微少な孔穴を開けてそこを通してDNA，RNA分子を導入する方法である。この方法は物理的な現象に基づくものであるので，ほとんどの細胞にも適用できるという適用の汎用性を有している点が特徴である。従来は動物個体に用いられることが少なかった。最近は，動物胚に導入することも可能になっている。高価な機器が必要な点と最適条件の決定が容易でない点が欠点である。私見では，機器さえそろうなら培養細胞においては遺伝子導入のファーストチョイスといえよう。

5.2.2 膜融合型リポソーム法[24~26]

センダイウイルス（Sendai virus，あるいはHemmagglutining virus of Japan; HVJ）の高い感染性・強い膜融合活性を利用したのがHVJ-エンベロープ包埋法である。HVJ-エンベロープ内に導入したい核酸分子を封入し偽HVJ粒子とする。この偽HVJ粒子を標的細胞あるいは組織に接触させると，偽HVJ粒子のHVJエンベロープ上のHNタンパク質が標的細胞膜上のシアル酸レセプターと特異的に結合する。次いでHVJ膜エンベロープ上のFタンパク質の働きによって膜融合が起こり，細胞質に封入されていた核酸分子が導入される。その後，何らかのメカニズムで細胞核内に運ばれて遺伝子発現が開始される。

後述する通常のリポソームのようにリソソームによる分解を受けることがないので，高い導入効率が得られる。偽HVJ粒子が細胞に結合するために必要なシアル酸レセプターは，ほとんどの動物細胞・組織の細胞膜上に存在するとされており，汎用的である。接着性・浮遊性の各種培養細胞，初代培養細胞への適用が可能である。動物個体での適用も可能である。市販品がある。

5.2.3 非膜融合型キャリア法

一般に核酸を細胞に導入する際のキャリアーはプラスに帯電したポリマーが用いられている。最も多く利用されているのがカチオン性脂質である。また，ポリアミンや塩基性アミノ酸のポリマーも利用されている。このプラスに帯電したキャリアがマイナスに帯電した核酸に静電的相互作用で安定な複合体を形成する。この複合体が細胞に結合して細胞に取り込まれるのである。

カチオン性脂質を主成分とした様々な非ウイルス性トランスフェクション試薬が市販されている。カチオン性脂質を至適な条件で水中で分散させると直径が100～400nm程度の単層のリポソームが形成される。このリポソームの表面は正に荷電している。核酸分子は負に帯電しているので，まとわりつく様にカチオン性脂質のリポソームが核酸分子に結合する（従来の中性脂質を用いた場合はDNA分子はリポソーム内に包み込まれる）。この核酸・リポソーム複合体が負に荷電した細胞膜表面に静電的に引きつけられ結合する。この結合した核酸・脂質複合体はエンドサイトーシスによって細胞内に取りこまれる。その多くはリソソームによって核酸も脂質もともに分解される。しかし，一部は分解から免れて細胞質中に放出され，何らかのメカニズムで細胞核に移動する。

ポリアミドアミンデンドリマー[27]，塩基性アミノ酸（リジン，アルギニン）のポリマーは，カチオン脂質に比べると使用頻度は低いものの特定の細胞では高い遺伝子導入効率が望める。

5.2.4 DEAE Dextran 法

DEAE Dextranやポリブレンなどのプラスに帯電したポリマーも従来よく使用されてきた。培養細胞レベルでは頻繁に利用されてきたが，カチオン脂質による遺伝子導入効率が高まってきたので，近年は利用されなくなった。陰電荷を有するDNA分子とDEAE-Dextran分子が複合体を形成し細胞膜に結合する。この状態の細胞をDMSOやグリセロールなどを用いた浸透圧ショックにより細胞内に導入する。一過性発現に適している。

文　献

1） Mah, C., B.J. Byrne, and T.R. Flotte, *Clinical Pharmacokinetics*, **41**(12): p. 901-11 (2002)
2） Romano, G., *Drug News Perspectives*, **18**(2): p. 128-34 (2005)
3） Lever, A.M., P.M. Strappe, and J. Zhao, *J Biomedical Science*, **11**(4): p. 439-49 (2004)
4） Kafri, T., *Methods in Molecular Biology*, **246**: p. 367-90 (2004)
5） Blesch, A., *Methods*, **33**(2) : p. 164-72 (2004)
6） Poeschla, E.M., *Curr Opin Mol Ther*, **5**(5) : p. 529-40 (2003)
7） Saenz, D.T. and E.M. Poeschla, *J Gene Med*, **6 Suppl 1** : p. S95-104 (2004)
8） Naldini, L., *et al.*, *Science*, **272**(5259) : p. 263-7 (1996)
9） Naldini, L., *et al.*, *Proc Natl Acad Sci U S A*, **93**(21) : p. 11382-8 (1996)
10） Zennou, V., *et al.*, *Nat Biotechnol*, **19**(5) : p. 446-50 (2001)
11） VandenDriessche, T., *et al.*, *Blood*, **100**(3) : p. 813-22 (2002)

12) Yam, P.Y., *et al., Mol Ther,* **5**(4) : p. 479-84 (2002)
13) Zufferey, R., *et al., J Virol,* **73**(4) : p. 2886-92 (1999)
14) Palmer, D.J. and P. Ng, *Hum Gene Ther,* **16**(1) : p. 1-16 (2005)
15) Nilsson, M., *et al., J Gene Med,* **6**(6) : p. 631-41 (2004)
16) Goncalves, M.A., *Virol J,* **2**(1) : p. 43 (2005)
17) Lu, Y., *Stem Cells Dev,* **13**(1) : p. 133-45 (2004)
18) Grimm, D. and M.A. Kay, *(AAV) Curr Gene Ther,* **3**(4) : p. 281-304 (2003)
19) Bitzer, M., *et al., J Gene Med,* **5**(7) : p. 543-53 (2003)
20) Iida, A. and M. Hasegawa, *Tanpakushitsu Kakusan Koso,* **48**(10) : p. 1371-7 (2003)
21) Niidome, T. and L. Huang, *Gene Ther,* **9**(24) : p. 1647-52 (2002)
22) Wells, D.J., *Gene Ther,* **11**(18) : p. 1363-9 (2004)
23) Nakamura, H., *et al., Mech Dev,* **121**(9) : p. 1137-43 (2004)
24) Yonemitsu, Y., *et al., Int J Oncol,* **12**(6) : p. 1277-85 (1998)
25) Kotani, H., *et al., Curr Gene Ther,* **4**(2) : p. 183-94 (2004)
26) Kaneda, Y., *Curr Drug Targets,* **4**(8) : p. 599-602 (2003)
27) Kono, K., *et al., Bioconjug Chem,* **16**(1) : p. 208-14 (2005)

6　人工RNA結合ペプチド

原田和雄*

6.1　はじめに

RNA - ポリペプチド相互作用は遺伝子発現の制御ばかりではなく，リボソームやスプライソソームのような分子機械の構築およびその機能，ウイルスの複製など，様々な生命現象に関わっている。そのため，RNA に結合するペプチド（ポリペプチド）を同定することが出来れば，RNA - ポリペプチド相互作用のメカニズムおよびその生理学的な役割の解析，抗ウイルス剤などの医薬品の開発につながることが期待される。また，このようなRNAおよびポリペプチドを「材料」として用いた分子機械の構築など，ナノバイオテクノロジーへの応用が考えられる。

近年，RNA - ポリペプチド相互作用に関する理解は急速に進んでいるが，RNA - 結合ペプチドのラショナル・デザイン（rational design）が可能な段階には至っていない。そのため，RNA配列空間を探索するSELEX（*in vitro* selection）と同じように，ランダム・ポリペプチド・ライブラリーをスクリーニングするための遺伝的な手法がいくつか開発されている。本稿の前半では，このような実験法を用いて人工RNA結合ペプチドを同定するためのアプローチについて，それぞれの検出法の特徴，および，スクリーニングの際に用いる「RNA結合候補ペプチド・ライブラリー」のデザインも含めて紹介する。本稿の後半では我々が開発したアンチターミネーション・システムを用いたRNA結合ペプチドについて具体的な例により紹介する。なお，遺伝的な手法によらないRNA結合小分子のデザインも近年盛んに行われており，総説などを参照されたい[1]。

6.2　人工RNA結合ポリペプチドを候補ポリペプチドのライブラリーから同定するためのアプローチ

6.2.1　RNAはポリペプチドによってどのように認識されているか？

RNAは一本鎖として存在するため，規則正しい二重らせん構造を持つDNAとは対照的に，ポリペプチドのように複雑な二次構造，三次構造を形成する。代表的な例として，tRNAのクローバーリーフ型の二次構造，L字型の三次構造が挙げられる。このような複雑な立体構造を形成するRNAのタンパク質（ポリペプチド）による認識のメカニズムは多様であり，これまでに同定されているアミノアシルtRNA合成酵素によるtRNAの認識はそれぞれ異なっている。一方，RNAのA型二重らせん構造においてはメジャー・グルーブが狭いため，一般にループやバルジなどの一本鎖領域が認識される場合が多い。

---

*　Kazuo Harada　東京学芸大学　教育学部　助教授

6.2.2 RNA－ポリペプチド相互作用検出系の比較

本稿で紹介するRNA－ポリペプチド相互作用検出系では，ポリペプチド・ライブラリーが遺伝的にコードされており，細胞内（*in vivo*）検出系と試験管内（*in vitro*）検出系に分類できる。表1には実際にライブラリーのスクリーニングに用いられて来た検出系の特徴についてまとめた。

表1　RNA結合ポリペプチドの同定に用いられている主な遺伝的検出系

検出系	検出原理	細胞種	レポーター遺伝子	特徴	文献
A	抗転写終結	大腸菌	*lacZ*, NPTII	正のセレクション 人工ライブラリー，S/N比大（1000x） ライブラリーのNタンパク質との融合が必要	2, 3
B	転写活性化 （Three-hybrid system）	酵母菌	*HIS3*, *lacZ*	正のセレクション，核での発現 cDNAライブラリー ライブラリー/標的RNAのタンパク質/RNAとの融合が必要	4
C	転写活性化	哺乳細胞	GFP（FACS）	正のセレクション，細胞核での発現 人工ライブラリーのプロトプラストによる導入 ライブラリーのTatタンパク質との融合が必要	5
D	翻訳抑制	大腸菌	*lacZ*	負のセレクション｛S/N比小（50x）｝ タンパクの他のドメインへの融合が不要 ライブラリーのタンパク質などとの融合が不要	6
E	翻訳抑制 （TRAP法）	酵母菌	GFP（FACS）	負のセレクション 細胞質での発現 タンパクの他のドメインへの融合が不要	7
F	*in vitro* binding （ファージ・ディスプレー）	*in vitro*	N/A	任意の結合条件 人工ライブラリー ライブラリーのファージ表面への提示， ～10^{10}配列の検索可能	-
G	*in vitro* binding （mRNA-peptide fusion/ *in vitro* virus）	*in vitro*	N/A	任意の結合条件 人工ライブラリー，mRNAとの融合 ～10^{14}配列の検索可能	8, 9

*in vivo*検出系は，細胞内におけるRNAとポリペプチドの相互作用をレポーター遺伝子の発現とリンクさせることにより検出する方法である（図1；表1，A-E）[2~7]。具体的には，RNAとポリペプチドの相互作用によるアンチターミネーション（表1-A）や転写活性化（表1-B, C）によりレポーター遺伝子の発現の増加を利用する系（ポジティブ・セレクション）（図1-a, c），および，レポーター遺伝子の5'-UTRへのポリペプチドの結合による翻訳抑制を利用する系（ネガティブ・セレクション）（図1-b；表1-D,E）が開発されている。これらの系の最大の特徴は，陽性クローンの選択が細胞内で「自動的に」行われ，生物学的に「意味のある」相互作用が同定できる可能性が高い点が挙げられる。

*in vitro*検出系は，ファージ提示法（phage display）（表1-F）あるいはmRNA－ポリペプチド融合法（mRNA-polypeptide fusion）（表1-G）により発現したポリペプチド・ライブラリーの中から，特定のRNAと結合する分子を*in vitro*で「引張り出す」方法であり，結合の条件は

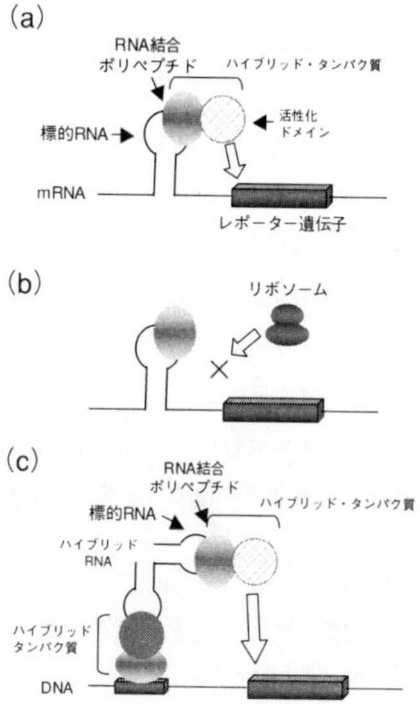

図 1　細胞内 RNA - ポリペプチド相互作用検出法

実験者が任意に設定することができる[8, 9]。また，一度に数多くのポリペプチドの検索が可能であり，mRNA-ポリペプチド融合系の場合には原理的に～10^{13} 種類のポリペプチドが検索できる。

上記の方法は，いずれも cDNA ライブラリーおよび人工ライブラリーからのスクリーニングが可能であるが，最も良く用いられて来た実験法は three-hybrid system（図 1-c）であり，特に cDNA ライブラリーからの新規 RNA 結合タンパク質の同定に威力を発揮してきた。これに対して，*de novo* 人工 RNA 結合ポリペプチドの同定については，ファージ・ディスプレー，および本稿で詳しく紹介するアンチターミネーション・システムを用いた成功例が報告されている。

6.2.3　ライブラリーのデザイン

ポリペプチド・ライブラリーは，単量体であるアミノ酸が 20 種類，DNA レベルでコードされた場合は 32 コドンあり，数残基を完全にランダム化するだけで膨大な数の配列が生まれる。最もサイズの小さい RNA 結合モチーフであるアルギニン・リッチ・モチーフは 15 - 20 アミノ酸から成る。15 残基のペプチドを全 20 アミノ酸を用いて遺伝的にコードされたライブラリーを作製した場合，可能なコドン配列の組み合わせは $32^{15} = 3.8 \times 10^{22}$ 種類ある。我々が開発した大腸菌を用いた検出系を用いてアッセイできる配列の数が 10^{8} 程度であることを考えると，配列の複雑さ（complexity）を抑える工夫が必要となる。つまり，セレクションという irrational なアプローチにおいて，如何にrationalな戦略を導入するかがカギとなる。

ペプチド・ライブラリーを作製する際の「変異導入」の方法は，「ランダム化」，「ドーピング」，「シャッフリング」に分類できる（図2）。

「ランダム化」は，任意のポジションに特定のアミノ酸のセットを導入する方法であり，新しい結合活性の創製に適していると考えられる（図2-a）。この場合，「配列の複雑さ」を制限する最も簡単な方法は，少数のポジションだけをランダム化する方法である。もう一つは，各ポジションに導入するアミノ酸の種類を減らす方法がある。これは，DNA合成の際に，任意の1，2，あるいは，3種のアミダイトの混合物を合成カラムに送ることにより行う。

「ドーピング」は，あるプロトタイプ配列に変異を導入し，部分的にランダム化する方法である（図2-b）。変異を導入する方法は，変異原性（mutagenic）PCR，あるいは，DNA合成の際「ドープ」したアミダイト（各アミダイトに他のアミダイトを少量ずつ混ぜたもの）を用いて

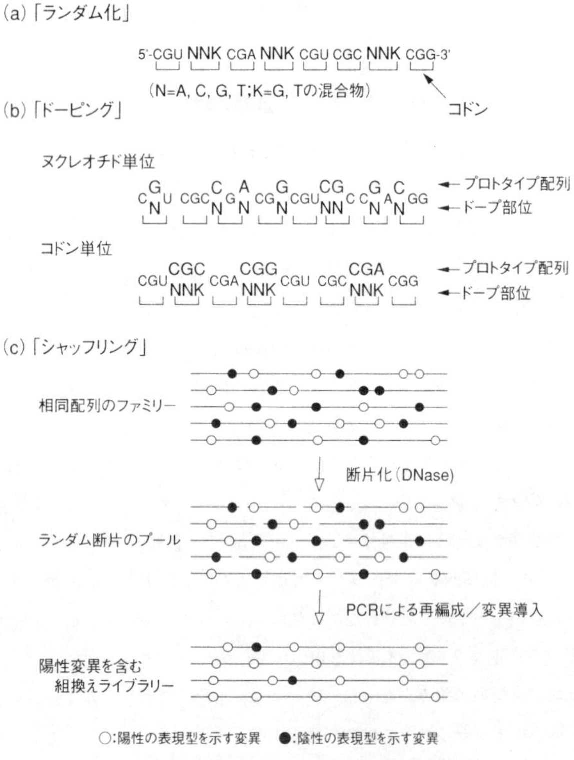

図2　ポリペプチドへの変異導入法

表2　代表的な人工ペプチド・ライブラリーからのセレクション実験

標的RNA	ポリペプチド・ライブラリー枠組み	変異導入法（配列の組合わせ）	検出系	文献
5S rRNA	Zn フィンガー（TFIIIA タンパク質）	ランダム化（～10^{18}）	E	12
tRNA（anticodon loop）	ランダム・ライブラリー	ランダム化（32 コドン×10 残基＝～1×10^{15}）	E	13
RRE	アルギニン・リッチ	ランダム化（4 コドン×14残基＝～3×10^{8}	A	2
	RSG - 1.2 peptide	ドーピング（コドン単位変異導入法）	A	14
	Rev peptide	ランダム化（18 コドン×4残基＝～1×10^{5}）	C	5
	Zn フィンガー（TFIIIA タンパク質）	ランダム化（～10^{18}）/シャッフリング	E	12
	アルギニン・リッチ	ドーピング（コドン単位変異導入法）	A	3
λ boxB	λ N ペプチド	ランダム化	F	15

ヌクレオチド単位で行うことが一般的である。しかし，ヌクレオチド単位で変異を導入した場合，よほど高い割合で行わない限り，通常は 1 つのコドン当たり 1 塩基しか置換されず，可能な 19 アミノ酸のうち，5.7 アミノ酸への置換しか生み出されない。これに対して，コドン単位の変異導入法はライブラリーの目的とする位置にランダムなコドンを確実に導入できるので，ポリペプチド配列空間の検索を飛躍的に効率化できる。詳しいライブラリー作製法および変異体の分布の統計的な処理については，これまでに解説されている[10, 11]。

「シャッフリング」は相同的な配列の組換えを行うことによって多様性を生む方法である（図 2 - c）。この方法では，相同的な配列の混合物を DNase によりランダムに切断し，生じた DNA 断片の相同性を利用した PCR による再編成を行う。シャッフリング前の配列に含まれる陽性の表現型（○）を示す塩基と陰性の表現型（●）があった場合，「シャッフリング」により陽性の表現型だけを持つ配列が生まれる可能性があるので，効率良く目的とする活性を持つタンパク質への改変が可能となる。

表2には，これまでに標的とされて来たRNA，および作製されたライブラリーについてまとめた。

6.3 ファージλNタンパク質によるアンチターミネーションを利用したRNA結合ペプチドの同定

6.3.1 アンチターミネーション法の原理

λNタンパク質はRNAポリメラーゼとともにアンチターミネーション複合体を形成し，これによってRNAポリメラーゼは転写終結配列（ターミネーター）で解離することなく，下流の遺伝子を発現できるようになる。アンチターミネーション複合体を形成するためには，Nタンパク質と転写されたRNA上のboxBと呼ばれるRNAステムループ構造が特異的に結合する必要がある。ユタ大学のFranklinは，NとboxBの相互作用を正確にモニターするため，2つのプラズミドを用いた大腸菌レポーター系を開発した（以下，アンチターミネーション・システムとする）[16]。

アンチターミネーション・システムでは，図3に示した2種のプラズミドを用いる。Nタンパクは pBR系のN-発現プラズミドからつくられる。pACYC184由来のレポータープラズミド上の *tac* プロモーターの下流には，boxB配列，ターミネーター，およびレポーター遺伝子であるLacZの順で配置されている。このため，NがboxB RNAに結合してアンチターミネーション複合体ができた時だけにβ-ガラクトシダーゼが発現される。我々は，図3に示した制限酵素を用いることにより，boxBを他の標的RNA構造と取替えたり，NタンパクのRNA結合部位を他のRNA結合ドメインあるいはポリペプチド・ライブラリーと取替えることにより，多様なRNAとポリペプチドの相互作用解析に利用できることを示した[2,17]。また，レポーター遺伝子としてカナマイシン耐性遺伝子であるNPT IIを導入することにより，セレクション系とすることが出来，検索できる配列数が飛躍的に増大し，その結果として高い活性を持つペプチドが効率良く得られることがわかった[3]。LacZレポーター［pAC（LacZ）plasmid］を用いたBlue-Whiteスクリーニングの場合，検索できる配列は10^6～10^7程度であるのに対して，NPT IIレポーター（pACK plasmid）を用いたセレクションにより，10^8～10^9の配列を網羅することが出来るようになった。

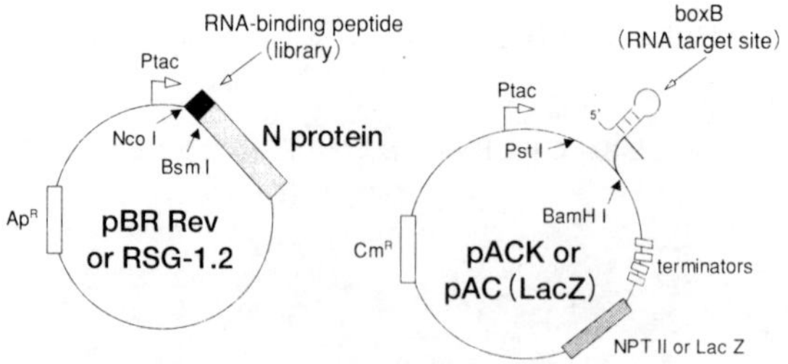

図3　Two-plasmid antitermination system

6.3.2 LacZ レポーターを用いた HIV RRE 結合ペプチドの単純な（Low-Complexity）ライブラリーからの「スクリーニング」

我々はアンチターミネーション・システムを用いたHIV RRE結合ペプチドの同定をいくつかのライブラリーを用いて行って来た。まず，比較的Complexityが低いライブラリーとしては，3～4種類のアミノ酸からなる“ランダム”ライブラリーを作製した。アルギニン，セリン，アスパラギン，ヒスチジンの4つのアミノ酸からなるRSNHライブラリーからは本来の結合相手であるRevと類似したペプチドが得られた。また，アルギニン，セリン，グリシンの3つのアミノ酸からなるRSGライブラリーからは，Revと異なったRRE結合様式を持つペプチドが得られた[2]。さらに，RSGライブラリーから同定したRSG-1ペプチドによるRRE結合親和性を「進化的に」最適化する目的で，RSG-1ペプチドをプロトタイプとしたドープ・ライブラリーをコドン単位の変異導入法を用いて作製し，いっそう高いアンチターミネーション活性を示すRSG-1変異体のセレクションを行った。その結果，RSG-1よりも6～7倍強くRREと結合し，15倍高い特異性を持つRSG-1.2ペプチドを得た[14]。このことは，本アッセイにおいてRNAとペプチドの結合親和性がアンチターミネーション活性と対応しており，濃い青色を呈するクローンを選択することにより高いRNA親和性を持つペプチドを同定できることを示している。また，RSG-1.2ペプチドとRREとの複合体のNMR構造が解析され，Revペプチドとは全く異なるRREとの結合様式が見られた（図4）。特定のRNAを認識する方法が複数存在することから，RNA-ペプチド相互作用の結合様式の多様性を示す結果となった。

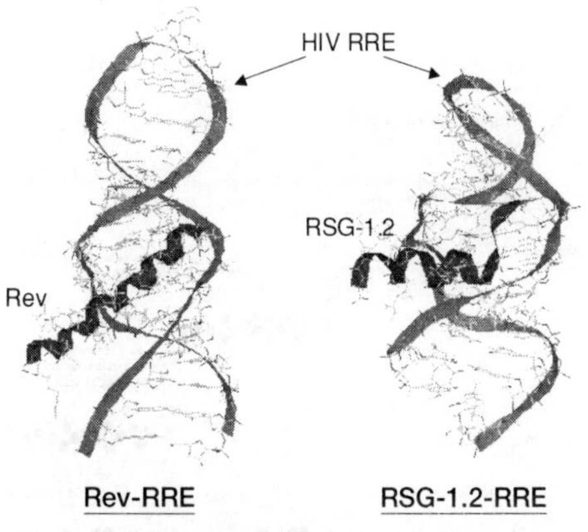

図4　Rev-RRE及びRSG-1.2-RRE複合体の立体構造

6.3.3 NPT II レポーターを用いた HIV RRE 結合ペプチドの複雑な（High-Complexity）ライブラリーからの「セレクション」

我々は，多様なRNAに結合するペプチドを含む「複雑な」ライブラリーとして，ポリアルギニン15残基にコドン単位で50％の割合で極性側鎖のアミノ酸（VVKコドン）を導入したArginine-rich peptide library 1（ARPL1）を作製した。このライブラリーを用いてRRE結合ペプチドのLacZレポーターを用いたスクリーニングを行ったところ（10^5配列），単純なライブラリーからのスクリーニング，および進化的な最適化を経て同定されたRSG-1.2ペプチドと同等，あるいはそれ以上の活性を有するペプチドが得られ，ライブラリーの有効性が示された。また，NPT IIレポーターを用いて同様にRREを標的としたセレクションを行ったところ（10^7配列），より高いアンチターミネーション活性を持つペプチドが同定出来た[3]。

NPT IIレポーターを用いたARPL1ライブラリーからのRRE結合ペプチド同定の手順を以下に示す（図5）[3]。アンチターミネーション・システムでは，レポータープラズミド由来の疑似陽性クローンが0.1-0.5％程度の割合で出現する。つまり，1ラウンドのセレクション（スクリーニング）による陽性のクローンの濃縮は200倍から1000倍程度である。そのため，1ラウンドのセレクション後にライブラリー・プラズミドを単離し，再びセレクション繰り返す必要がある。また，四次スクリーニングとして，RREレポーターの他にBIV TARレポーターに対してアッセーすることにより，非特異的にアンチターミネーション活性を示すクローンを取り除く必要がある（下記の実験例では見られなかった）。これまでに得られて来た非特異的なクローンの配列にはコンセンサスは見られず，現在，その出現の原因は解っていない。

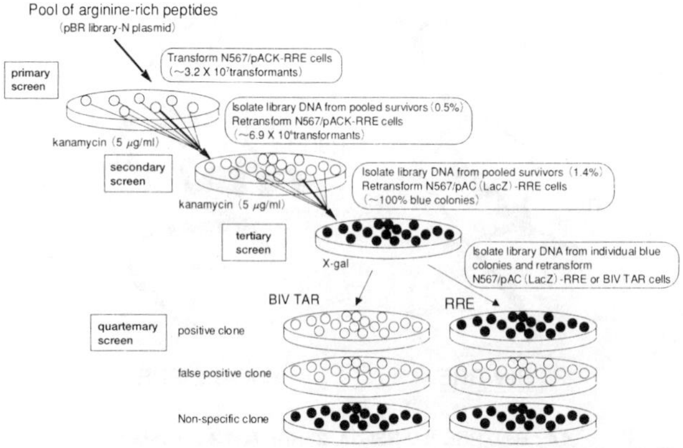

図5　ARPL1からRRE結合ペプチドのセレクション

〔実験例：ARPL1からのRRE結合ペプチドのセレクション/スクリーニング〕

材料：

・pBRライブラリー・プラズミド（pBRベクターにライブラリーDNAインサートを導入したライゲーション反応溶液）

・エレクトロ・コンペテントN567/pACK-RREレポーター細胞

・トリプトン培地，プレート

方法：

(1) 一次スクリーニング：エレクトロポレーション法によりpBRライブラリー・プラズミド（ベクター，2.6 μg；ライブラリー・インサート，0.3 μg）をN567/pACK-RREレポーター細胞に導入し，カナマイシン（5 μg/ml）を含むトリプトン・プレートに広げた。室温で3日培養後，～3.2×10^{7}の形質転換体（1.1×10^{7}の独立したクローン）のうち，1.7×10^{5}コロニー（0.5%）が生存した。生存したコロニーをプールし，pBRライブラリー・プラズミドを単離した。

(2) 二次スクリーニング：一次スクリーニングで得られたプラズミド（80 ng）を再びエレクトロポレーション法によりN567/pACK-RREレポーター細胞に導入し，カナマイシン（10 μg/ml）を含むトリプトン・プレートに広げた。室温で3日培養後，～6.9×10^{6}の形質転換体（2.3×10^{6}の独立したクローン）のうち，9.6×10^{4}コロニー（1.4%）が生存した。生存したコロニーをプールし，pBRライブラリー・プラズミドを単離した。

(3) 三次スクリーニング：二次スクリーニングで得られたライブラリー・プラズミド（8 ng）をN567/pAC（LacZ）-RREレポーター細胞に導入し，X-galを含むトリプトン・プレートに広げた。37℃で48時間培養後，～100%のコロニーが青色を呈した。

(4) 四次スクリーニング：最も濃い青色を呈した46コロニーからそれぞれライブラリー・プラズミドを単離し，それぞれRREおよびBIV TARレポーターを含むN567細胞に導入し，X-galを含むトリプトン・プレートに広げた。すべてのクローンがRRE特異的にアンチターミネーション活性（青色を呈した）を示した。ライブリー・プラズミドをシーケンシングすることにより，RRE結合ペプチドの配列を決定する。

6.4 おわりに

本稿では，人工RNA結合ペプチドの同定法について，アンチターミネーション・システムによるHIV RREを標的とした実験を中心にまとめた。これら実験で同定された新規RRE結合ポリペプチドの構造解析，生化学的な解析，さらなるライブラリー実験を行うことにより，RRE-ポリペプチド相互作用がポリペプチドによるRNA認識のルールが次第に明らかになって行くことを期待している。

今後，人工RNA結合ペプチドを同定する上での課題は，より多様なRNA構造に結合するペプチドを含むライブラリーのデザインであると思われる。Znフィンガーや ARM は比較的サイズが小さいため，ライブラリーの複雑さを抑える上で有効な枠組みであると考えられるが，これらのモチーフによって認識できない構造もあるかもしれない。たとえば，RNA 一本鎖領域のように特定の立体構造をもたない RNA の認識には RNP モチーフが適していると考えられる。各 RNA 結合モチーフによる RNA 構造認識の特性が明らかになるとともに，本稿で取り上げた遺伝的な手法がさらに改良されることにより，RNA 結合ペプチドのラショナルなセレクションが可能になるものと考える。

文　　献

1） A. C. Cheng, V. Calabro, and A. D. Frankel, *Curr. Opin. Struct. Biol.*, **11**, 478（2001）
2） K. Harada, S. S. Martin, and A. D. Frankel, *Nature*, **380**, 175（1996）
3） H. Peled-Zehavi, S. Horiya, C. Das, K. Harada, and A. D. Frankel, *RNA*, **9**, 252-261（2003）
4） D. J. SenGupta, B. Zhang, B. Kraemer, P. Pochart, S. Fields, and M. Wickens, *Proc. Natl. Acad. Sci. USA*, **93**, 8496-8501（1996）
5） R. Tan and A. D. Frankel, *Proc. Natl. Acad. Sci. USA*, **95**, 4247-4252（1998）
6） C. Jain and J. G. Belasco, *Cell*, **87**, 115-125（1996）
7） E. Paraskeva, A. Atzberger, and M. W. Hentze, *Proc. Natl. Acad. Sci. USA*, **95**, 951-956（1998）
8） R. W. Roberts and J. W. Szostak, *Proc. Natl. Acad. Sci. USA*, **94**, 12297-12302（1997）
9） N. Nemoto, E. Miyamoto-Sato, Y. Husimi, and H. Yanagawa, *FEBS Letts.*, **414**, 405-408（1997）
10） K. Harada and A. D. Frankel, "*RNA-Protein Interactions : A Practical Approach*"（C.W.J. Smith ed.）, IRL Press, pp 217（1998）
11） 原田和雄, 蛋白質核酸酵素, **44**, 1572（1999）
12） W. J. Friesen and M. K. Darby, *Nature Struct. Biol.*, **5**, 543（1998）
13） P. F. Agris *et al.*, *J. Protein Chem.*, **18**, 425-435（1999）
14） K. Harada, S. S. Martin, R. Tan, and A. D. Frankel, *Proc. Natl. Acad. Sci., USA*, **94**, 11887（1997）
15） J. E. Barrick, T. T. Takahashi, J. Ren, T. Xia, and R. W. Roberts, *Proc. Natl. Acad. Sci., USA*, **98**, 12374（2001）
16） N. C. Franklin, *J. Mol. Biol.*, **231**, 343-360（1993）
17） 原田和雄, 実験医学, **19**, 2213-2217（2001）

《CMCテクニカルライブラリー》発行にあたって

弊社は、1961年創立以来、多くの技術レポートを発行してまいりました。これらの多くは、その時代の最先端情報を企業や研究機関などの法人に提供することを目的としたもので、価格も一般の理工書に比べて遙かに高価なものでした。

一方、ある時代に最先端であった技術も、実用化され、応用展開されるにあたって普及期、成熟期を迎えていきます。ところが、最先端の時代に一流の研究者によって書かれたレポートの内容は、時代を経ても当該技術を学ぶ技術書、理工書としていささかも遜色のないことを、多くの方々が指摘されています。

弊社では過去に発行した技術レポートを個人向けの廉価な普及版**《CMCテクニカルライブラリー》**として発行することとしました。このシリーズが、21世紀の科学技術の発展にいささかでも貢献できれば幸いです。

2000年12月

株式会社　シーエムシー出版

RNA工学の基礎と応用 (B0937)

2005年12月27日　初　版　第1刷発行
2010年 9月23日　普及版　第1刷発行

監　修　中村　義一
　　　　大内　将司
発行者　辻　　賢司
発行所　株式会社　シーエムシー出版
　　　　東京都千代田区内神田1-13-1　豊島屋ビル
　　　　電話03 (3293) 2061
　　　　http://www.cmcbooks.co.jp

Printed in Japan

〔印刷　倉敷印刷株式会社〕

ISBN978-4-7813-0266-9 C3045 ¥4000E

CMCテクニカルライブラリーのご案内

ナノサイエンスが作る多孔性材料 監修／北川　進 ISBN978-4-7813-0189-1　B915 A5判・249頁　本体3,400円＋税（〒380円） 初版2004年11月　普及版2010年3月	**構成および内容：**【基礎】製造方法（金属系多孔性材料／木質系多孔性材料　他）／吸着理論（計算機科学　他）【応用】化学機能材料への展開（炭化シリコン合成法／ポリマー合成への応用／光応答性メソポーラスシリカ／ゼオライトを用いた単層カーボンナノチューブの合成　他）／物性材料への展開／環境・エネルギー関連への展開 **執筆者：中嶋英雄／大久保達也／小倉　賢　他27名**
ゼオライト触媒の開発技術 監修／辰巳　敬／西村陽一 ISBN978-4-7813-0178-5　B914 A5判・272頁　本体3,800円＋税（〒380円） 初版2004年10月　普及版2010年3月	**構成および内容：**【総論】【石油精製用ゼオライト触媒】流動接触分解／水素化分解／水素化精製／パラフィンの異性化【石油化学プロセス用】芳香族化合物のアルキル化／酸化反応【ファインケミカル合成用】ゼオライト系ピリジン塩基類合成触媒の開発【環境浄化用】NO_x選択接触還元／Co-βによるNO_x選択還元／自動車排ガス浄化【展望】 **執筆者：窪田好浩／増田立男／岡崎　肇　他16名**
膜を用いた水処理技術 監修／中尾真一／渡辺義公 ISBN978-4-7813-0177-8　B913 A5判・284頁　本体4,000円＋税（〒380円） 初版2004年9月　普及版2010年3月	**構成および内容：**【総論】膜ろ過による水処理技術　他【技術】下水・廃水処理システム　他【応用】膜型浄水システム／用水・下水・排水処理システム（純水・超純水製造／ビル排水再利用システム／産業廃水処理システム／廃棄物最終処分場浸出水処理システム／膜分離活性汚泥法を用いた畜産廃水処理システム　他）／海水淡水化施設　他 **執筆者：伊藤雅喜／木村克輝／住田一郎　他21名**
電子ペーパー開発の技術動向 監修／面谷　信 ISBN978-4-7813-0176-1　B912 A5判・225頁　本体3,200円＋税（〒380円） 初版2004年7月　普及版2010年3月	**構成および内容：**【ヒューマンインターフェース】読みやすさと表示媒体の形態的特性／ディスプレイ作業と紙上作業の比較と分析【表示方式】表示方式の開発動向（異方性流体を用いた微粒子ディスプレイ／摩擦帯電型トナーディスプレイ／マイクロカプセル型電気泳動方式　他）／液晶とELの開発動向【応用展開】電子書籍普及のためには　他 **執筆者：小清水実／眞島　修／髙橋泰樹　他22名**
ディスプレイ材料と機能性色素 監修／中澄博行 ISBN978-4-7813-0175-4　B911 A5判・251頁　本体3,600円＋税（〒380円） 初版2004年9月　普及版2010年2月	**構成および内容：**液晶ディスプレイと機能性色素（課題／液晶プロジェクターの概要と技術課題／高精細LCD用カラーフィルター／ゲスト-ホスト型液晶用機能性色素／偏光フィルム用機能性色素／LCD用バックライトの発光材料　他）／プラズマディスプレイと機能性色素／有機ELディスプレイと機能性色素／LEDと発光材料／FED　他 **執筆者：小林駿介／鎌倉　弘／後藤泰行　他26名**
難培養微生物の利用技術 監修／工藤俊章／大熊盛也 ISBN978-4-7813-0174-7　B910 A5判・265頁　本体3,800円＋税（〒380円） 初版2004年7月　普及版2010年2月	**構成および内容：**【研究方法】海洋性VBNC微生物とその検出法／定量的PCR法を用いた難培養微生物のモニタリング　他【自然環境中の難培養微生物】有機性廃棄物の生分解処理と難培養微生物／ヒトの大腸内細菌叢の解析／昆虫の細胞内共生微生物／植物の内生窒素固定細菌　他【微生物資源としての難培養微生物】EST解析／系統保存化　他 **執筆者：木暮一啓／上田賢志／別府輝彦　他36名**
水性コーティング材料の設計と応用 監修／三代澤良明 ISBN978-4-7813-0173-0　B909 A5判・406頁　本体5,600円＋税（〒380円） 初版2004年8月　普及版2010年2月	**構成および内容：**【総論】【樹脂設計】アクリル樹脂／エポキシ樹脂／環境対応型高耐久性フッ素樹脂および塗料／硬化方法／ハイブリッド樹脂【塗料設計】塗料の流動性／顔料分散／添加剤【応用】自動車用塗料／アルミ建材用電着塗料／家電用塗料／缶用塗料／水性塗装システムの構築　他【塗装】【排水処理技術】塗装ラインの排水処理 **執筆者：石倉慎一／大西　清／和田秀一　他25名**
コンビナトリアル・バイオエンジニアリング 監修／植田充美 ISBN978-4-7813-0172-3　B908 A5判・351頁　本体5,000円＋税（〒380円） 初版2004年8月　普及版2010年2月	**構成および内容：**【研究成果】ファージディスプレイ／乳酸菌ディスプレイ／酵母ディスプレイ／無細胞合成系／人工遺伝子系【応用と展開】ライブラリー創製／アレイ系／細胞チップを用いた薬剤スクリーニング／植物小胞輸送工学による有用タンパク質生産／ゼブラフィッシュ系／蛋白質相互作用領域の迅速同定　他 **執筆者：津本浩平／熊谷　泉／上田　宏　他45名**

CMCテクニカルライブラリーのご案内

水溶性高分子の基礎と応用技術 監修／野田公彦 ISBN978-4-7813-0153-2　B898 A5判・241頁　本体3,400円＋税（〒380円） 初版2004年5月　普及版2009年11月	**構成および内容：**【総論】概説【用途】化粧品・トイレタリー／繊維・染色加工／塗料・インキ／エレクトロニクス工業／土木・建築／用廃水処理【応用技術】ドラッグデリバリーシステム／水溶性フラーレン／クラスターデキストリン／極細繊維製造への応用／ポリマー電池・バッテリーへの高分子電解質の応用／海洋環境再生のための応用　他 **執筆者：金田　勇／川副智行／堀江誠司　他21名**
機能性不織布 —原料開発から産業利用まで— 監修／日向　明 ISBN978-4-7813-0140-2　B896 A5判・228頁　本体3,200円＋税（〒380円） 初版2004年5月　普及版2009年11月	**構成および内容：**【総論】原料の開発（繊維の太さ・形状・構造／ナノファイバー／耐熱性繊維　他）／製法（スチームジェット技術／エレクトロスピニング法　他）／製造機器の進展【応用】空調エアフィルタ／自動車関連／医療・衛生材料（貼付剤／マスク）／電気材料／新用途展開（光触媒空気清浄機／生分解性不織布）他 **執筆者：松尾達樹／谷岡明彦／夏原豊和　他30名**
RF タグの開発技術Ⅱ 監修／寺浦信之 ISBN978-4-7813-0139-6　B895 A5判・275頁　本体4,000円＋税（〒380円） 初版2004年5月　普及版2009年11月	**構成および内容：**【総論】市場展望／リサイクル／EDI と RF タグ／物流【標準化，法規制の現状と今後の展望】ISO の進展状況　他【政府の今後の対応方針】ユビキタスネットワーク　他【各事業分野での実証試験及び適用検討】出版業界／食品流通／空港手荷物／医療分野　他【諸団体の活動】郵便事業への活用　他【チップ・実装】微細 RFID　他 **執筆者：藤浪　啓／藤本　淳／若泉和彦　他21名**
有機電解合成の基礎と可能性 監修／淵上寿雄 ISBN978-4-7813-0138-9　B894 A5判・295頁　本体4,200円＋税（〒380円） 初版2004年4月　普及版2009年11月	**構成および内容：**【基礎】研究手法／有機電極反応論　他【工業的利用の可能性】生理活性天然物の電解合成／有機電解法による不斉合成／選択的電解フッ素化／金属錯体を用いる有機電解合成／電解重合／超臨界 CO_2 を用いる有機電解合成／イオン性液体中での有機電解反応／電極触媒を利用する有機電解合成／超音波照射下での有機電解反応 **執筆者：跡部真人／田嶋稔樹／木瀬直樹　他22名**
高分子ゲルの動向 —つくる・つかう・みる— 監修／柴山充弘／梶原莞爾 ISBN978-4-7813-0129-7　B892 A5判・342頁　本体4,800円＋税（〒380円） 初版2004年4月　普及版2009年10月	**構成および内容：**【第1編　つくる・つかう】環境応答（微粒子合成／キラルゲル　他）／力学・摩擦（ゲルダンピング材　他）／医用（生体分子応答性ゲル／DDS 応用　他）／産業（高吸水性樹脂　他）／食品・日用品（化粧品　他）他【第2編　みる・つかう】小角 X 線散乱によるゲル構造解析／中性子散乱／液晶ゲル／熱測定・食品ゲル／NMR　他 **執筆者：青島貞人／金岡鍾局／杉原伸治　他31名**
静電気除電の装置と技術 監修／村田雄司 ISBN978-4-7813-0128-0　B891 A5判・210頁　本体3,000円＋税（〒380円） 初版2004年4月　普及版2009年10月	**構成および内容：**【基礎】自己放電式除電器／ブロワー式除電装置／光照射除電装置／大気圧グロー放電を用いた除電／除電効果の測定機器　他【応用】プラスチック・粉体の除電と問題点／軟 X 線除電装置の安全性と適用法／液晶パネル製造工程における除電技術／湿度環境改善による静電気障害の予防　他【付録】除電装置製品例一覧 **執筆者：久本　光／水谷　豊／菅野　功　他13名**
フードプロテオミクス —食品酵素の応用利用技術— 監修／井上國世 ISBN978-4-7813-0127-3　B890 A5判・243頁　本体3,400円＋税（〒380円） 初版2004年3月　普及版2009年10月	**構成および内容：**食品酵素化学への期待／糖質関連酵素（麹菌グルコアミラーゼ／トレハロース生成酵素　他）／タンパク質・アミノ酸関連酵素（サーモライシン／システイン・ペプチダーゼ　他）／脂質関連酵素／酸化還元酵素（スーパーオキシドジスムターゼ／クルクミン還元酵素　他）／食品分析と食品加工（ポリフェノールバイオセンサー　他） **執筆者：新田康則／三宅英雄／秦　洋二　他29名**
美容食品の効用と展望 監修／猪居　武 ISBN978-4-7813-0125-9　B888 A5判・279頁　本体4,000円＋税（〒380円） 初版2004年3月　普及版2009年9月	**構成および内容：**総論（市場　他）／美容要因とそのメカニズム（美白／美肌／ダイエット／抗ストレス／皮膚の老化／男性型脱毛）／効用と作用物質／ビタミン／アミノ酸・ペプチド・タンパク質／脂質／カロテノイド色素／植物性成分／微生物成分（乳酸菌、ビフィズス菌）／キノコ成分／無機成分／特許から見た企業別技術開発の動向／展望 **執筆者：星野　拓／宮本　達／佐藤友里恵　他24名**

※書籍をご購入の際は、最寄りの書店にご注文いただくか、
㈱シーエムシー出版のホームページ（http://www.cmcbooks.co.jp/）にてお申し込み下さい。